油 品 计 量 基 础

（第三版）

曾强鑫 编

中国石化出版社

内 容 简 介

本书介绍了石油计量的初级基础知识，按照中国石油化工股份有限公司石油计量教学大纲的要求，该书分为十二章编写，即：概述、计量机构、法制计量管理、法定计量单位、误差理论基础、石油基础知识、散装油品测量方法、容器容积表的使用方法、石油产品质量计算、石油产品自然损耗的管理、流量及流量计计算、容器和衡器的自动化计量。油品计量幻灯教材、油品计量换算程序和习题集答案等可以在中国石化出版社网站 www.sinopec-press.com 下载。

本书还可作为工具书使用。书中不仅从理论上对石油计量进行了阐述，还介绍了很多具体的使用(操作)方法，而且收录了不少与之相关的文字与数据，便于计量员在工作中应用。

本书适合于从事石油计量工作的人员、石油院校的学生以及对石油计量感兴趣的人员阅读。

图书在版编目（CIP）数据

油品计量基础 / 曾强鑫编 . —3 版 .
—北京：中国石化出版社，2016.1（2022.7 重印）
ISBN 978-7-5114-3831-7

Ⅰ.①油… Ⅱ.①曾… Ⅲ.①石油产品–计量–基本知识 Ⅳ.①TE626

中国版本图书馆 CIP 数据核字（2016）第 014674 号

中国石化出版社出版发行

地址：北京市东城区安定门外大街 58 号
邮编：100011　电话：(010)57512500
发行部电话：(010)57512575
http://www.sinopec-press.com
E-mail:press@ sinopec.com
北京富泰印刷有限责任公司印刷
全国各地新华书店经销

*

787×1092 毫米 16 开本 12.25 印张 307 千字
2016 年 2 月第 3 版　2022 年 7 月第 3 次印刷
定价：40.00 元

目　　录

IV

第一章 概 述

第一节 计量工作简史

一、概述

计量是"实现单位统一、量值准确可靠的活动"。此定义的"单位"指计量单位。《中华人民共和国计量法》规定："国家采用国际单位制。国际单位制计量单位和国家选定的其他计量单位，为国家法定计量单位。"此定义的"活动"，包括科学技术上的、法律法规上的和行政管理上的活动。

人类为了生存和发展，必须认识自然、利用自然和改造自然。而自然界的一切现象、物体和物质，是通过一定的"量"来描述和体现的。也就是说，"现象、物体或物质的特性，其大小可用一个数和一个参照对象表示。"这里的"量"，是指可测的量，它必须借助于计量器具测得。它区别于可数的量。因此，要认识大千世界和造福人类社会，就必须对各种"量"进行分析和确认，既要区分量的性质，又要确定其量值。计量正是达到这种目的的重要手段之一。量可指一般概念的量或特定量，其参照对象可以是一个测量单位、测量程序、标准物质或其组合。

随着科技、经济和社会的发展，计量的内容也在不断地扩展和充实，通常可概括为 6 个方面：计量单位和单位制；计量器具（或测量仪器），包括实现或复现计量单位和计量基准、标准与工作计量器具；量值传递与量值溯源，包括检定、校准、测试、检验与检测；物理常量、材料与物质特性的测定；不确定度、数据处理与测量理论及其方法；计量管理，包括计量保证与计量监督等。

测量是"通过实验获得并可合理赋予某量一个或多个量值的过程。"如：测量是通过实验获得，说明测量在一定的控制条件下，其结果是可以重复获得的；其目的是为了合理的赋予某量一个或多个量值。"合理的赋予"说明测量必须要符合相应的测量程序、测量方法、测量仪器及其测量结果的处理，不是随意的一种操作，而随着量的扩展和测量仪器的发展，不是只获得一个量值，也可以获得多个量值，进行多参数的测量。明确了测量是一个"过程"，即是一项活动，什么是过程？过程是指"一组将输入转化为输出的相互关联相互作用的活动。"测量过程有三个要素：①输入 确定被测量及对测量的要求（包括资源）；②测量活动 它需要进行策划，要确定测量原理、方法、程序、配备资源、选择具有测量能力的人员、控制测量条件、识别测量过程中影响量的影响、实施测量的操作；③输出 按输入的要求给出测量结果。

测量不适用于标称特性。如：人的性别；油漆样品的颜色；化学中斑点测试的颜色；ISO 两个字母的国家代码；在多肽中氨基酸的序列。

测量意味着量的比较并包括实体的计数。

测量的先决条件是对测量结果预期用途相适应的量的描述、测量程序以及根据规定测量程序（包括测量条件）进行操作的经校准的测量系统。

测量结果是"与其他有用的相关信息一起赋予被测量的一组量值。"

由于整个测量活动的不完善以及测量误差的必然性，通常，测量结果只是我们对被测量的真值作出的估计。所以，在给出测量结果时应同时说明本结果是如何获得的，是示值，还是平均值；已作修正，还是未作修正；不确定度是如何评定的；置信概率和自由度为多少等。

测量方法是"对测量过程中使用的操作所给出的逻辑性安排的一般性描述。"测量的方法有：替代测量法、微差测量法、零位测量法、直接测量法、间接测量法、定位测量法等。此外还有按被测对象的状态分类的，如静态测量、动态测量、瞬态测量以及工业现场的在线测量、接触测量、非接触测量等。

计量究其科学技术是属于测量的范畴，但又严于一般的测量，在这个意义上可以狭义地认为，计量是与测量结果置信度有关的、与不确定度联系在一起的规范化的测量。

计量是一门科学。

二、计量工作简史

计量在历史上称为度量衡，其含义包括长度、容积、质量的计量，所用的主要器具是尺、斗、秤。在英语中尺子和统治者是一词——ruler，我国古代把砝码称为"权"，至今仍用天平代表法制与法律的公平。这些都表明计量是象征着权力和公平的活动。

计量发展的历史是与社会的进步联系在一起的，它是人类文明的一个重要组成部分。早在 100 多万年以前人类的祖先——猿人，为了加工木棒、打制石器和分吃食物，就逐渐萌发出长短、轻重、多少的概念。起初他们只是靠眼、手等感觉器官进行分辨估量，随着生产力的发展和人类改善生活条件的客观需要，人类社会最早的计量器具——度量衡脱颖而出。古代人从"布指知寸"、"布手知尺"、"舒肘为寻"、"迈步定亩"，自然而然地过渡到以人体的某一部分为标准的客观自然物长度标准。

据《史记、夏本记》记载"禹，声为律，身为度，称以出"。即说大禹把自己的身长作为当时的长度标准。国外也是如此。如英国以英王查理曼大帝的足长为"一英尺"，以英王埃德加姆的拇指关节之间长度为"一英寸"，以英王亨利一世的手臂向前平伸时，从他的鼻尖到其指尖的距离为"一码"；法国则以国王脚长的 6 倍定义为"脱瓦斯尺"。这些当时是长度的"标准器"。古埃及最早的尺——"腕尺"是用人的臂膊肘至指尖的距离来确定的，长约 46cm。尔后人们根据"布手知尺"的原则，即以人手的大拇指和食指分开的距离作为一尺的长度(大约 16cm 左右)，精心制作出了最早的尺。现在已经发现并传世的我国最早的两支商代象牙尺，一支长 15.78cm(藏于中国历史博物馆)，另一支长 15.80cm(藏于上海博物馆)，均刻有十寸，每寸刻十分，是"布手知尺"和我国长度单位上应用十进制的有力证据。

春秋战国时期各诸侯国先后确立，社会制度发生了巨大变革，对度量衡的发展也产生了很大影响，并且发明了用黄钟律管作为度量衡的单位量值标准，使度量衡 3 个量值单位都有了比较准确的依据。就是说只要有一支黄钟律管，就可以得到长度、容量和质量三个量的单位量值。《汉书、律历表》中记载的上述史实，国际上的一些计量专家、学者对此作过很高的评价："中国古代早已采用律管作为长度的标准器，而过了几千年，世界上才提出了采用光的波长作为长度基准的方案"。

公元前 221 年，秦始皇统一中国，颁发了统一度量衡的诏书，废除其他各诸侯国的度量衡制度，确立了秦国的度量衡制度。秦代度量衡制度为我国古代计量奠定了一个牢固的基础，对封建社会的发展起了重要的作用，至今仍被广为传颂。该制度在当时是较先进的，其中的度、量制的大部分皆采用了十进制。秦代不仅颁布了度量衡制度，还实行了定期检定等严格的法制管理，以保证度量衡的准确统一。另外，还明文规定了各种度量衡器具的允许误差。这时，计量已从原始的度量衡发展为比较完善的古典度量衡。直到 19 世纪中叶清朝末期，米制正式传入我国止，两千多年的历代封建王朝的度量衡制度，基本上都是沿用了秦制，这与古代我国经济发展速度缓慢，社会生产力水平相对较低是相一致的。但是计量管理上我国也曾一度走在世界前列，在世界计量史上留下光辉的篇章。

1790 年，法国资产阶级的社会革命和工业革命，推动了社会生产力和自然科学的发展，其中牛顿力学和热力学理论的建立使力学计量和温度计量获得很快的发展。机械工业的兴起和发展，促使长度计量（几何量）技术迅速发展，欧姆定律、法拉第电磁感应定律和麦克斯韦电磁波理论的创立，开始了电磁计量。由法国天文学家穆顿和威日根提出新的十进计量制度和建立以自然物为计量单位的设想，则在较短的时间内就得到了世界上很多国家的科学家的认可与赞同，从而使西欧各国的计量技术很快走在了世界各国的前列。

1792 年，法国天文学家德拉布里和麦卡恩领导一支测量队，对法国敦刻尔克至西班牙的巴塞罗那之间的地球子午线长度（后又延至地中海的福尔门特拉岛）进行了精确测量，以此确定北极至赤道的子午线长度，再取其四千万分之一作为一米。定义为：米为地球子午线长度的四千万分之一。与此同时，拉瓦锡尔等人也仔细地测量了在温度 4℃ 时 1 立方分米的纯水质量，并定义为 1 千克。根据上述定义，用铂铱合金制作了米原器和千克原器，于 1799 年 6 月 22 日保存于法国巴黎的共和国档案局里。因此，又称做"档案局米"和"档案局千克"。尔后，逐步形成了一个以长度单位"米"为基础的新的计量单位制，这就是"米"制。

1875 年 3 月，法国政府召开"米制外交会议"。当年 5 月 20 日正式签署了"米制公约"，设立了国际计量局（BIPM）。用含 90% 的铂和 10% 铱铂铱合金制作了 30 支米原器，选出一根最接近于"档案局长"尺寸的作为国际米原器，其余分配给签字国作为这些国家的国家米原器，并定期与国际米原器进行对比。于 1889 年召开第一届国际计量大会（CGPM），批准了国际米原器，宣布了这个米原器以后在水冰点温度时代表长度单位一米。由于米制的构成比较科学，很快就为大部分国家所接受并相继采用。可是由于旧中国一直处于各帝国主义的控制之下，各种计量制度混用，如中国的铁路、航运权，属英美的就用英制，属于俄国的则用俄制，无法统一起来，严重阻碍了米制的推广工作。虽然当时的政府在 1928 年就决定采用米制，但到 1949 年全国解放时，米制仍未能在全国推行。我国近代的计量管理仅局限于度量衡范围，一直落后于世界先进国家。

1949 年中华人民共和国成立后，在当时的中央财经委员会技术管理局设立度量衡处，负责全国度量衡的统一管理工作。1954 年全国人大批准设立国家计量局作为国务院直属机构，其主要任务是"负责米制的推行；计量器具国家检定；建立国家基准器；监督指导计量器具的制造修理、销售和进出口；审定工业计量标准器的设置；起草制定国家有关计量方面的法规、文件等"。

1959 年 6 月 25 日，国务院发布了《关于统一我国计量制度的命令》，确定米制为我国基本计量制度。同时正式采用十两为一斤的市制，废除其他旧杂制。1977 年我国正式参加国际米制公约组织，颁发《中华人民共和国计量管理条例（试行）》，并规定我国逐步采用国际单位制。1984 年 2 月 27 日，国务院发布《关于在我国统一实行法定计量单位的命令》；1985 年全国人大通过《中华人民共和国计量法》；1987 年 1 月 19 日，国务院又发布《中华人民共和国计量法实施细则》。半个世纪以来，我国的计量管理工作取得了很大成绩，突出的有以下几个方面：①在全国范围内实现了计量制度的统一；②基本上形成了全国计量管理网和量值传递网，为统一量值、保证量值准确一致奠定了基础；③加强了计量器具产品的投产和生产过程中的质量监督管理；④加强了对所使用的计量器具的管理；⑤颁发和发布了各种计量检定系统表和计量器具检定规程；⑥广泛开发了计量技术教育培训与计量人员的考证发证工作，形成了一支庞大的计量干部队伍；⑦建立和发展了同国际计量组织的广泛联系与业务交流；⑧在全国范围内形成了一个较完善的计量法规体系，计量管理纳入了法制轨道，使管理更科学更有效。

60多年来，我国的计量事业取得了辉煌的成就，中国的计量单位从杂乱无章到与国际接轨的统一计量单位，从行政管理走向法制管理，这都凝聚着计量工作者的辛勤与汗水。计量在发展生产和科技进步中发挥了不可估量的作用，当代计量科学已经进入了量子计量学阶段，我们要把系统工程等现代化科学技术融入到计量科学技术中去，在贯彻实施《中华人民共和国计量法》的同时，使我国的计量事业不断地发展壮大起来，更快地跨入世界计量科学的先进行列。

第二节　计量的特点与作用

一、计量的特点

计量的特点取决于计量所从事的工作，即为实现单位统一、量值准确可靠而进行的科技、法制和管理活动。概括地说，可归纳为准确性、一致性、溯源性及法制性4个方面。

准确性是指测量结果与被测量真值的一致程度。由于实际上不存在完全准确无误的测量，因此在给出量值的同时，必须给出适应于应用目的或实际需要的不确定度或误差范围。否则，所进行的测量的质量（品质）就无从判断，量值也就不具备充分的实用价值。所谓量值的准确，即是在一定的不确定度、误差极限或允许误差范围内的准确。

一致性是指在统一计量单位的基础上，无论何时、何地，采用何种方法，使用何种计量器具，以及由何人测量，只要符合有关的要求，其测量结果就应在给定的区间内一致。也就是说，测量结果应是可重复、可再现（复现）、可比较的。换言之，量值是确实可靠的，计量的核心实质是对测量结果及其有效性、可靠性的确认，否则，计量就失去其社会意义。计量的一致性不仅限于国内，也适用于国际，例如，国际关键比对和辅助比对结果应在等效区间或协议区间内一致。

溯源性是指"通过文件规定的不间断地校准链，测量结果与参照对象联系起来的特性，校准链中的每项校准均会引入测量不确定度。"这种特性使所有的同种量值，都可以按这条比较链通过校准向测量的源头溯源，也就是溯源到同一个计量基准（国家基准或国际基准），从而使准确性和一致性得到技术保证。否则，量值出于多源或多头，必然会在技术上和管理上造成混乱。所谓"量值溯源"，是指自下而上通过不间断的校准而构成溯源体系；而"量值传递"，则是自上而下通过逐级检定而构成检定系统。量值传递是"通过测量仪器的校准或检定，将国家测量标准所实现的单位量值通过各等级的测量标准传递到工作测量仪器的活动，以保证测量所得的量值准确一致。"

法制性来自于计量的社会性，因为量值的准确可靠不仅依赖于科学技术手段，还要有相应的法律、法规和行政管理。特别是对国计民生有明显影响，涉及公众利益和可持续发展或需要特殊信任的领域，必须由政府主导建立起法制保障。否则，量值的准确性、一致性及溯源性就不可能实现，计量的作用也难以发挥。

二、计量在国民经济中的作用

随着社会生产力的提高、市场经济的不断发展和科学技术的进步，计量的范畴与概念也随之发生了变化。如果说早期的计量仅限于度量衡的概念，局限在商业贸易范围内，那么，现代计量则是渗透到国民经济的各个领域，无论是工农业生产、国防建设、科学实验和国内外贸易乃至人们日常生活都离不开计量，它已经成为科学研究、经济管理、社会管理的重要基础和手段。计量水平的高低已成为衡量一个国家的科技、经济和社会发展程度的重要标志之一。

计量在学科方面具有双重性。从科学技术角度来说，它属于自然科学，从经济与管理学、社会学的概念方面理解，它又属于社会科学范畴。因此，计量具有自然科学与社会科学双重性。这一性质，客观上决定了它在国民经济当中所具有的重要地位及所起的重要作用。

1. 计量与人民生活

计量与人民生活密切相关，商品生产和交换是当代社会的一个特点。人们日常买卖中的计量器具是否准确，家用电表、水表和煤气表是否合格，公共交通的时刻是否准确，都直接关系到人们的切身利益。

粮食是人们生活的必需品，它直接关系到人们的生存和健康。所以粮食及粮食制品的生产、贮存和加工过程都离不开计量测试。

在医疗卫生方面，计量测试的作用更显出重要性。计量和化验的数据不准，将会产生严重的后果。所以计量与人民的生活无时无刻地相联。

2. 计量与工农业生产

计量在工农业生产中的作用和意义是很明显的，计量是科学生产的技术基础。从原材料的筛选到定额投料，从工艺流程到产品质量的检验，都离不开计量。优质的原材料、先进的工艺设备和现代化的计量检测手段，是现代化生产的三大支柱。

农业生产，特别是现代化的农业生产，也必须有计量来保证。事实证明，科学生产和新技术开发应用都离不开计量测试。

3. 计量与国防科学

计量在国防建设中具有非常重要作用，国防尖端系统庞大复杂，涉及许多科学技术领域，技术难度高，要求计量的参数多、精度高、量程大、频带宽，所以计量在国防尖端技术领域更显得尤为重要。

对国防尖端技术系统来说，工作环境比较特殊，往往要在现场进行有效的计量测试且难度较大。例如，飞行器在运输、发射、运行、回收等过程中，要经历一系列的震动、冲击、高温、低温、强辐射等恶劣环境的考验。原子弹、氢弹等核武器的研制与爆炸威力的实验，对计量都有着极其苛刻的特殊的要求。

在国防建设中，计量测试是极其重要的技术基础，具有明显的技术保障作用，它为指挥员判断与决策提供了可靠的依据，对实验成功与否有着极大的关系。

4. 计量与贸易

计量在贸易中起着很重要的作用，从历史上简单的商品交换，到今天发达的国际贸易，每一步都离不开计量。在不同国家与不同民族之间的交易，都要有公正的、统一的计量器具来保障双方交易的公平合理性。按照国际惯例和合同条款要求，货物一般均按上岸后的计量结果来作为结账的依据。过去，我国在出口原油时，缺乏精确可靠的计量手段，为了避免索赔罚款，往往采取多装多运的办法，使大量的原油白白浪费掉，甚至遭到船主以超重为由提出索赔的憾事。如果我们将计量精度提高到接近国际计量水平，可避免不应有的经济损失，同时也提高了我国在国际上的计量声誉。计量是保证产品质量、提高商品市场竞争能力的主要技术保障。对于国际贸易计量更是重要手段之一。计量水平的高低已成为衡量一个国家科技、经济和社会发展进步程度的重要标志。随着我国对外贸易的不断扩展，对计量准确度的要求也将越来越高。

5. 计量与科学技术

科学技术是人类生存与发展的重要基础，没有科学技术就不可能有人类的今天，计量本身就是科学技术的一个组成部分。近几年的科技成果的涌现，如原子对撞机、深水探测机器人、地球资源卫星及卫星测控技术、航天工程"神州号"试验飞船、储氢纳米碳管的研制成功、三峡工程的建设，标志着我国现代科技发展的先进水平。这些先进成果的涌现标志着我国的测量技术也进入了一个新的发展阶段，也将我国的测量技术水平带入新的进程。

60 多年来，计量机构经历了由国家计量局、国家技术监督局、国家质量技术监督局、国家质量监督检验检疫总局的变迁，每一次变迁，计量工作都得到了逐步强化和发展，计量领域越来越宽广，计量工作的地位和作用进一步加强。

第三节 计 量 学

一、计量学及其特点

计量学是"测量及其应用的科学。"计量学是研究测量原理和方法，保证测量单位统一和量值准确的科学。它包括测量理论与实践的各个方面，是现代科学的一个重要组成部分。计量学研究的是与测量有关的一切理论和实际问题。从计量学的发展进程来看，它由科学计量学，发展到法制计量学，进而扩展至工业计量学。计量学涵盖有关测量的理论及不论其测量不确定度大小的所有应用领域。

所谓科学计量学是指：研究计量单位、计量单位制及计量基准、标准的建立、复现、保存和使用；计量与测量器具的特性和各种测量方法；测量不确定度的理论和数理统计方法的实际应用；根据预定目的进行测量操作的测量设备以及进行测量的观测人员及其影响；基本物理常数有关理论和标准物质特性的测量。

所谓法制计量学是指：为满足法定要求，由有资格的机构进行的涉及测量、测量单位、测量仪器、测量方法和测量结果的计量活动，它是计量学的一部分。

所谓工业计量学也称为工程计量学是指：各种工程及工业企业中的应用计量。即为工业提供的校准和测试服务，并利用测量设备，按生产工艺控制要求检测产品特性和功能所进行的技术测量。所以工业计量学也称做技术计量学。

现代计量学已发展为量子物理学和测量误差为基础，以国际单位制确定计量单位，利用激光、超导、传感和转换技术以及现代信息计算技术等最新成就的新兴测量科学。随着生产和科学技术的发展，现代计量学的内容还会更加丰富。

现代计量学作为一门独立的学科，它的主要特点大致如下：

（1）要求建立通用于各行各业的单位制，以避免各种单位制之间的换算。

（2）利用现代科技理论方法，在重新确立基本单位定义时，以客观自然现象为基础建立单位的新定义，代替以实物或宏观自然现象定义单位。使基本单位基准建立为"自然基准"，从而使得可以在不同国家独立地复现单位量值以及大幅度提高计量基准的准确度，使量值传递链有可能大大缩短。

（3）充分采用和吸取了自然科学的新发现和科学技术的新成就，如约瑟夫森效应、量子化霍尔效应、核磁共振及激光、低温超导和计算机技术等，使计量科学面目一新，进入了蓬勃发展的阶段。

（4）现代计量学不仅在理论基础、技术手段和量值传递方式等方面取得很大发展，而且在应用服务领域也获得了极大的扩展。计量学得到了世界各国政府、自然科学界、经济管理界以及工业企业的普遍重视。

二、计量学的分类

（1）计量包括的专业很多，有物理量、工程量、物质成分量、物理化学特性量等。按被测量来分，我国目前大体上将其分为十大类（俗称十大计量）：几何量（长度）计量、温度计量、力学计量、电磁学计量、无线电（电子）计量、时间频率计量、电离辐射计量、光学计量、声学计量、化学（标准物质）计量。每一类中又可分若干项。

（2）从学科发展来看，计量原本是物理学的一部分，或者说是物理学的一个分支。随着科技、经济和社会的发展，计量的概念和内容也在不断地扩展和充实，以致逐渐形成了一门研究测量理论与实践的综合性学科。就学科而论，计量学又可分为：通用计量学、应用计量学、经济计量学等7个分支。

① 通用计量学是研究计量的一切共性问题，而不针对具体被测量的计量学部分。例如，关于计量单位的一般知识（诸如单位制的结构、计量单位的换算等）、测量误差与数据处理、测量不确定度、计量器具的基本特性等。

② 应用计量学是研究特定计量的计量学部分，是关于特定的具体量的计量，如长度计量、频率计量、天文计量、海洋计量、医疗计量等。

③ 技术计量学是研究计量技术，包括工艺上的计量问题的计量学部分。例如，几何量的自动测量、在线测量等。

④ 理论计量学是研究计量理论的计量学部分。例如，关于量和计量单位的理论、测量误差理论和计量信息理论等。

⑤ 品质计量学是研究质量管理的计量学部分。例如，关于原材料、设备以及生产中用来检查和保证有关品质要求的计量器具、计量方法、计量结果的质量管理等。

⑥ 法制计量学是研究法制管理的计量学部分。例如，为了保证公众安全、国民经济和社会的发展，依据法律、技术和行政管理的需要而对计量单位、计量器具、计量方法和计量精确度（或不确定度）以及专业人员的技能等所进行的法制强制管理。

⑦ 经济计量学是研究计量的经济效益的计量学部分。这是近年来人们相当关注的一门边缘学科，涉及面甚广。例如，生产率的增长、产品质量的提高、物质资源的节约、国民经济的管理、医疗保健以及环境保护方面的作用等。

（3）国际法制计量组织还根据计量学的应用领域，将其分为工业计量学、商业计量学、天文计量学、医用计量学等。

第四节　计　量　技　术

计量技术是指研究建立基标准、计量单位制、计量检定和测量方法等方面的科学技术；

也是通过实现单位统一和量值准确可靠的测量，发展研究精密测量，以保证生产和交换的进行，保证科学研究可靠性的一门应用科学技术。

计量技术贯穿于各行各业，是面向全社会服务的横向技术基础，以实验技术为主要特色直接为国民经济与社会服务，是人类认识自然、改造世界的重要手段。随着现代科学技术的发展，计量技术水平也不断提高。目前按计量技术专业分类的十大计量涉猎于现代科学的各个领域，也完全适应于广大人民群众生产和生活的需要。计量比度量衡更确切、更概括、更科学。

几何量是人类认识客观物体存在的重要组成部分之一，用以描述物体大小、长短、形状和位置。它的基本参量是长度和角度。长度单位名称是米，单位符号是 m。角度分为平面角和立体角，其单位名称分别是弧度和球面度，对应的单位符号分别是 rad 和 sr。长度单位米在国际单位制中被列为第一个基本单位，许多物理量单位都含有长度单位因子。因此，不但几何量本身，而且大量导出单位的计量基准的不确定度在很大程度上都取决于长度与角度量值的准确度。在几何量计量中除了使用两个基本参量外，还引入许多工程参量，如直线度、圆度、圆柱度、粗糙度、端面跳动、渐开线、螺旋线等，这些参量都是多维复合参量。

温度是表征物体冷热程度的物理量，它的单位名称是开[尔文]，单位符号是 K，它是国际单位制中七个基本单位之一。从能量角度来看，温度是描述系统不同自由度间能量分布状况的物理量；从热平衡的观点来看，温度是描述热平衡系统冷热程度的物理量，它标志着系统内部分子无规律运动的剧烈程度。

力学计量研究的对象是物体力学量的计量与测试。与其他计量专业相比，力学计量涵盖的内容更广泛。通常分为质量、密度、容量、黏度、重力、力值、硬度、转速、振动、冲击、压力、流量、真空等 13 个计量项目。质量是国际单位制中七个基本单位之一，单位名称为千克，单位符号是 kg。其他力学计量单位均为导出单位。

时间频率计量包括时间与频率计量。时间是国际单位制中七个基本单位之一，单位名称是秒，单位符号是 s。频率是单位时间内周期性过程重复、循环或振动的次数，可用相应周期的倒数表示，它的单位名称是赫[兹]，单位符号是 Hz。

还有电磁学计量、无线电（电子）计量、电离辐射计量、光学计量、声学计量、化学（标准物质）计量等。这十大计量构成了计量领域的完整体系，使科学技术技术不断地向前发展。

习 题

一、填空题

1. 计量是"实现_____，量值_____的活动。"

2. 我国的计量，远在秦始皇称霸的时代，称之为"_____"，其量的单位仅为长度、_____，所用的主要器具是尺、_____、秤。

3.《中华人民共和国计量法》规定："国家采用_____。_____和国家选定的_____计量单位，为国家法定计量单位"。

4. 计量学研究的是与_____有关的一切理论和实际_____。

5. 计量的特性为：准确性、_____性、_____性、法制性。

6. 测量是通过_____获得并可合理赋予某量一个或多个_____的过程。

二、判断题（答案正确的打√，答案错误的打×）

1. 计量是可数的量。　　　　　　　　　　　　　　　　　　　　　　　　（　　）

2. 长度、温度、时间都是一般的量。测得某汽油 30℃ 的密度是 0.7300g/cm³ 则是具体的量。 （　　　）

3. 在线测量一般均属于静态测量。 （　　　）

三、选择题（将正确答案的符号填在括号内）

1. 计量是"实现单位统一，量值准确可靠的活动。"其活动指：（　　　）
    A. 科学技术上的   B. 上层建筑上的
    C. 行政管理上的   D. 法律法规上的

2. 计量：（　　　）
    A. 计量是一门科学
    B. 计量属于测量
    C. 计量不通过计量器具可以统计出物体及现象的数据
    D. 计量就是计量学
    E. 在菜市场买菜过秤过程就是计量过程

四、问答题

1. 什么是量、计量和测量？

2. 计量包括哪些方面的内容？在科学技术上它属于什么范畴？它有哪些特点？

3. 测量主要有哪些方法？

4. 目前我国计量包括哪十大类？我国古代的计量指的是哪些？

5. 新中国成立以来，我国的计量工作取得了哪些方面的成绩？

6. 什么是计量学？它有哪些特点？涵盖哪几个分支？

第二章 计量机构

第一节 国际计量机构与组织

一、米制公约组织

1. 米制公约

米制公约最初是 1875 年 5 月 20 日由 17 个国家的代表于法国巴黎签署的，并于 1927 年做了修改，我国于 1977 年 5 月 20 日加入米制公约组织。

2. 米制公约的组织机构

1）国际计量大会（CGPM）

国际计量大会是由米制公约组织成员国的代表组成，是米制公约组织的最高权力机构，它由国际计量委员会召集，每 4 年在法国巴黎召开一次，其任务是：讨论和采取保证国际单位制推广和发展的必要措施，批准新的基本的测试结果，通过具有国际意义的科学技术决议，通过有关国际计量局的组织和发展的重要决议。

2）国际计量委员会（CIPM）

国际计量委员会是米制公约组织的领导机构，受国际计量大会的领导，并完成大会休会期间的工作，至少每 2 年集会一次。

3）国际计量局（BIPM）

国际计量局是米制公约组织的常设机构，在国际计量委员会的领导和监督下工作，是计量科学研究工作的国际中心。国际计量局设在法国巴黎近郊的色弗尔。

4）咨询委员会（CC.）

咨询委员会是国际计量委员会下属的国际机构，负责研究与协调所属专业范围内的国际计量工作，提出关于修改计量单位值和定义的建议，使国际计量委员会直接作出决定或提出议案交国际计量大会批准，以保证计量单位在世界范围内的同意，以及解答所提出的有关问题等。目前共设有 9 个咨询委员会。

二、国际法制计量组织（OIML）

1. 国际法制计量组织（OIML）

它是 1955 年 10 月 12 日根据美国、前联邦德国等 24 国在巴黎签署的《国际法制计量组织公约》成立的，总部设在巴黎。中国政府于 1985 年 2 月 11 日批准参加该组织，同年 4 月 25 日起成为该组织的正式成员国。

2. 国际法制计量组织机构

1）国际法制计量大会

国际法制计量大会是国际法制计量组织的最高组织形式，每 4 年召开一次。

2）国际法制计量委员会（CIML）

国际法制计量委员会是国际法制计量组织的领导机构，由各成员国政府任命的一名代表组成，代表必须是从事计量工作的职员，或法制计量部门的现职官员。

3）国际法制计量局（BIML）

国际法制计量局是国际法制计量组织的常设执行机构，设于法国巴黎，由固定的工作人员组成。该局的职责主要是保证国际法制计量大会及委员会决议的贯彻执行，协助有关组织机构、成员国之间建立联系，指导与帮助国际法制计量组织秘书处的工作。下设国际法制计量组织秘书处（指导秘书处、报告秘书处）和 18 个技术委员会（TC）。

第二节　国内计量管理体系

一、计量行政管理部门

根据《中华人民共和国计量法》（以下简称《计量法》）规定，我国按行政区域建立各级政府计量行政管理部门，即国务院计量行政管理部门、省（直辖市、自治区）政府计量行政管理部门、市（盟、州）计量行政部门、县（区、旗）政府计量行政部门。它是国家的法定计量机构。是"负责在法定计量领域实施法律或法规的机构"。法定计量机构可以是政府机构，也可以是国家授权的其他机构，其主要任务是执行法制计量控制。

1. 国家质量监督检验检疫总局

为国务院的直属机构。它受国务院直接领导，负责组织研究、建立和审批各项计量基、标准；推行国家法定计量单位、组织起草、审批颁布各项国家计量检定系统表和检定规程；指导和协调各部门和地区的计量工作，对省、自治区、直辖市质量技术监督局实行业务领导。

2. 省（自治区、直辖市）政府计量行政部门

省、自治区、直辖市质量技术监督局，为同级人民政府的工作部门，接受国家计量行政部门的直接领导。

3. 地级市政府计量行政部门

市、地、州、盟质量监督，为省级质量技术监督局的直属机构，接受省级计量行政部门的直接领导。

4. 县（旗）、县级市计量行政主管部门

县（旗）、县级市根据工作需要，可设质量技术监督局，为上一级质量技术监督局的直属机构，并接受其直接领导。

5. 企业计量组织

企业为加强自身的计量管理而组成的计量管理部门。

中国石油化工股份有限公司销售企业的计量管理工作，由中国石化销售有限公司实行统一归口领导，对各省（区、市）石油分公司进行分级管理。

中国石化销售有限公司数质量科技处为销售企业计量管理主管部门，负责销售企业计量管理工作。其职责为：

（1）宣传、贯彻落实国家计量法律、法规和方针、政策，参与指定中国石油化工集团公司和中国石化股份有限公司的有关计量管理制度、工作计划和发展规划。

（2）组织制定销售企业计量管理制度、工作计划和发展规划，并监督检查贯彻执行情况。

（3）组织销售企业计量工作检查、评优和经验交流，推行科学的现代计量管理模式，不断提高计量管理水平。

（4）组织销售企业计量技术与管理人员的培训。

（5）组织销售企业重大计量科研项目研究，计量新技术推广应用，负责审批进出口计量器具的选型，不断提高销售企业计量自动化水平。

（6）仲裁和处理销售企业内重大计量纠纷事宜。

（7）组织、协调与销售企业外相关单位的计量事宜。

（8）集团公司、股份公司委托或授权的其他事宜。

销售企业计量员是指持有"中国石化股份有限公司《计量员证》，从事石油产品的交接计量和监测计量工作的人员"。

主要职责：

① 认真学习计量法律、法规，严格执行计量标准、操作规程和安全规定。

② 掌握本岗位计量器具配备规定和检定周期，正确合理地使用计量器具和进行维护保养，妥善保管，使之保持良好的技术状态。

③ 能按照国家标准和规程，认真进行检测和提供准确可靠的计量数据，保证计量原始数据和有关资料的完整。

④ 计量作业中发生非正常损、溢，应查明原因并及时上报。

⑤ 熟悉损、溢处理及索赔业务。

油品计量是石化企业计量管理工作中最重要的组成部分。原油进厂的准确计量、成品油销售的准确计量，都是直接影响企业经济效益和企业信誉的关键环节，油品计量员是国家计量法的直接执行者，是按照国家标准进行计量的直接操作者，它既要求计量员有较高的文化素质，要熟悉国家法律、法规和有关的计量交接规程，又要求计量员有准确的操作技能，它更要求计量人员热爱本职工作，思想作风正派，有良好的职业道德和风范，才能做到诚实、公正、准确。计量员是企业利益的监督保证者，保证减少和避免不必要的经济损失，同时也是消费者利益的保护者，是一个企业形象的集中体现者。因此，计量员的岗位是一个重要而光荣的岗位，每个计量员都要争取成为执行计量法的模范。

二、计量技术机构

为了保证我国计量单位制的统一和量值的准确可靠，并与国际惯例接轨，国家本着一切从实际出发，既考虑原来按行政区域建立起来的各级计量技术机构，又要符合国家计量检定系统表的要求，依法设置了相应的计量技术机构，为实施《计量法》提供技术保证。

目前，我国建立两个国家级计量技术机构：中国计量科学研究院和中国测试技术研究院。中国计量科学研究院主要负责建立国家最高计量基准、标准，保存国家计量基准和最高标准器，并进行量值传递工作；中国测试技术研究院主要从事精密仪器设备的研究及开展测试技术的研究，直接为生产、建设、科研服务。

县级以上人民政府计量行政部门根据需要也都设置了计量检定机构，执行强制检定和其他检定测试任务。对于各自专业领域的单一计量参数项目，我国陆续授权有关行业、部门建立了专业计量站，负责各自专业领域的量值传递任务。例如：国家轨道衡计量站（北京）、国家原油大流量计量站（大庆）、国家大容器计量抚顺检定站（抚顺）、国家铁路罐车容积检定站（北京）。

依据《计量法》的有关规定，各级政府计量行政部门也相继授权一些在本行政区域内的专业计量站、厂矿计量室对社会开展部分项目的计量检定工作，为社会提供公证数据。

中国石化销售有限公司下设计量管理站，是销售公司计量技术与管理的执行机构。

计量管理站的职责是：

（1）负责提出有关销售企业计量管理制度、工作计划和发展规划的建议，监督、检查销售企业计量工作执行情况。

（2）指导、推动销售企业采用现代科学计量管理模式；负责销售企业计量报表的统计汇总；开展计量工作经验交流和评比工作。

（3）负责组织编写销售企业计量培训教材，负责销售企业计量检定人员和通槽(航)点计量员(工)的培训、考核、发证等具体工作。

（4）开展计量测试技术研究，进口计量器具的选型，计量新技术的推广和应用。

（5）开展国家计量部门授权项目的检定，对销售企业计量器具量值溯源进行技术指导。

（6）协调、处理销售事业部委托或授权的其他事宜。

（7）对计量器具生产厂家产品进行评价，做好推荐工作。

（8）股份公司、销售事业部委托或授权的其他事宜。

除此之外，随着市场经济的不断发展，各部门和企、事业单位为了适应生产，提高产品质量，保障生产安全，满足工作的需要，也建立了统一管理本单位计量工作的计量检定机构。

上述机构为我国计量法制监督提供了技术保证，同时也对社会提供了各种计量技术服务。

三、其他计量组织

1. 全国专业计量技术委员会(MTC)

简称"技术委员会"，是由国家质量监督检验检疫总局组织建立的技术工作组织，它根据国家计量法律、法规、规章和政策，积极采用国际法制计量组织(OIML)"国际建议"、"国际文件"的原则，结合我国具体情况在本专业领域内，负责制定、修订和宣贯国家计量技术法规以及开展其他有关计量技术工作。

2. 中国计量测试学会

它是中国科协所属的全国性学会之一，是计量技术和计量管理工作者按专业组织起来的群众性学术团体，是计量行政部门在计量管理上的助手，也是计量管理机关与管理对象联系的桥梁。该学会于1961年2月19日建立，现已成为国际计量技术联合会中较有影响的成员。

中国计量测试学会的主要任务：开展学术交流活动，推广先进的计量测试技术；开展计量测试技术咨询、技术服务和决策咨询活动；开展对计量科技人员的继续教育活动；开展国际交往活动，加强同国外有关科学技术团体和计量测试科技工作者的友好联系；编辑出版学术刊物和科普读物；指导地方测绘学会的工作。

习 题

1. 米制公约何时由哪些国家在何地签署？我国在什么时候加入米制公约组织？

2. 我国的计量管理体系包括哪些？

3. 石油计量员的主要职责是什么？

第三章 法制计量管理

第一节 计量立法

计量法是"定义法定计量单位、规定法制计量任务及其运作的基本架构的法律"。

我国现行的《中华人民共和国计量法》(以下简称《计量法》)是1985年9月6日经第六届全国人民代表大会常务委员会第十二次会议审议通过,并以第28号主席令正式公布的。于1986年7月1日起开始实行,现行生效版本为2015年4月24日修正版。计量法共6章35条。其宗旨是:为了加强计量监督管理,保障国家计量单位制的统一和量值的准确可靠,有利于生产、贸易和科学技术的发展,适应社会主义现代化建设的需要,维护国家人民的利益。

《计量法》的颁布,标志着我国计量事业的发展进入了一个新的阶段。它以法律的形式确定了我国计量管理工作中应遵循的基本准则,也是我国计量执法的最高依据,对加强我国计量工作管理、完善计量法制具有根本的意义。

《计量法》的颁布,把整个计量管理工作纳入法制的轨道,为确保国家计量单位制的统一和全国量值传递的统一准确,促进生产、科技和贸易的发展,保护国家和消费者的利益,都起到了法律保障作用。

计量保证是指"法制计量中用于保证测量结果可信性的所有法规、技术手段和必要的活动。"计量管理是计量保证的活动之一。

计量管理与其他一切管理一样必须讲究科学的管理方式。依据计量工作的性质和特点,为了保证量值的准确、可靠,我国现行计量管理方式大致可归纳为以下7种类型,即:法制管理方式、行政管理方式、技术管理方式、经济管理方式、标准化管理方式、宣传教育方式、现代科学管理方式等。

其中法制管理方式和行政管理方式如下。

1. 法制管理方式

法制管理方式主要包括:制定计量法律、法规;制定贯彻计量法律的具体实施细则、办法和规章制度,或以政府名义发布通告、公告,建立计量执法机构和队伍,开展计量监督管理,依法执行处罚、仲裁、协调等。

2. 行政管理方式

行政管理方式主要实质按行政管理体系,对所管理的对象发出命令、指示、规定和指令性计划以及组织协调、请示汇报等。

从法律方面看,分为基本法律和其他法律,如《中华人民共和国刑法》属于前者,《中华人民共和国计量法》属于后者。

从法规方面看,分为行政法规和地方法规,如《中华人民共和国计量法实施细则》属于前者,地方法规则是国家权力机构制定在被行政区域内实行的法规。

从规章方面看,分为部门规章和地方规章,如国家质量监督检验检疫总局发布的《加油站计量监督管理办法》属于前者，地方规章则是地方政府用于本行政管理工作的规定办法等规范性文件。

法律、法规、规章的权力层次按序传递。

第二节 法制计量管理的对象

一、法制计量管理的对象与范围

法制计量管理属于上层建筑范畴，是国家和政府管理部门的任务，具有国家强制力。在不同的国家，由于社会制度、经济管理体制的不同，决定了法制计量管理的对象也不同。例如：美国的法制计量管理范围比较窄，主要是对商业，特别是零售商业使用的计量器具进行管理，用于安全防护、医疗卫生和环境监测用的计量器具未列入强制管理范围，贸易结算用的电度表也不由计量部门管理，而是由其他政府部门负责。我国的法制计量管理的对象主要就是"县级以上人民政府计量行政部门对社会公用计量标准器具，部门和企业、事业单位使用的计量标准器具，以及用于贸易结算、安全防护、医疗卫生、环境监测方面的列入强制检定目录的工作计量器具"。我国的法制计量管理的范围主要是对可能影响生产建设和经济秩序的有关计量工作，其中包括计量标准的建立，计量检定、社会公用计量器具的生产、进口、销售、修理、使用，计量认证及监督管理等实行法制计量管理。

二、量值传递

通过对测量仪器的校准或检定，将国家测量标准所实现的单位量值通过各等级的测量标准传递到工作测量仪器的活动，以保证测量所得的量值准确一致称之为量值传递。

量值准确一致是指：对同一量值，运用可测量它的不同计量器具进行计量，其计量结果在所要求的准确度范围内达到统一。

量值准确一致的前提是被计量的量值必须具有能与国家基准直至国际计量基准相联系的特征，亦即被计量的量值具有溯源性。

为使新制造的、使用中的、修理后的及各种形式的，分布于不同地区，在不同环境下测量同一种量值的计量器具都能在允许的误差范围内工作，必须逐级进行量值传递。

量值传递的目的就是确定计量对象的量值，为工农业生产、国防建设、科学实验、贸易结算、环境保护以及人民生活、健康、安全等方面提供计量保证。

量值传递在技术上需要严密的科学性和坚实的理论依据，并要有较完整的国家计量基准体系、计量标准体系；在组织上需要有一整套的计量行政机构、计量技术机构及其他有关机构；还要有一大批从事计量业务工作的专门人才。

测量标准是指"具有签订确定的量值和相关联的测量不确定度，实现给定量定义的参照对象"。

在我国，测量标准按其用途分为计量基准和计量标准。给定量的定义可通过测量系统、实物量具或有证标准物质复现。测量标准经常作为参照对象用于为其他同类量确定量值及其测量不确定度。通过其他测量标准、测量仪器或测量系统对其进行校准，确定其计量溯源性。这里所用的"实现"是按一般意义说的。"实现"有三种方式：一是根据定义，物理实现测量单位，这是严格意义上的实现；二是基于物理现象建立可高度复现的测量标准，它不是根据定义实现的测量单位，所以称"复现"；三是采用实物量具作为测量标准，如 1kg 的质量测量标准。测量标准的标准不确定度是用该测量标准获得的测量结果的合成标准不确定度的分量。通常，该分量比合成标准不确定度的其他分量小。量值及其测量不确定度必须在测量标准使用的当时确定。几个同类量或不同类量可由一个装置实现，该装置通常也称测量标准。术语"测量标准"有时用于表示其他计量工具。

量制传递的测量标准是指：

（1）国际测量标准。"由国际协议签约方承认的并在世界范围使用的测量标准。如国际千克原器"。

（2）国家测量标准（简称国家标准）。"经国家权威机构承认，在一个国家或经济体内作为同类量的其他测量标准定值依据的测量标准"。

（3）原级测量标准（简称原级标准）。"使用原级参考测量程序或约定选用人造物品建立的测量标准。如水的三相点瓶作为热力学温度的原级测量标准"。

（4）次级测量标准（简称次级标准）。"通过用同类量的原级测量标准对其进行校准而建立的测量标准"。

（5）参考测量标准（简称参考标准）。"在给定组织或地区内指定用于校准或检定同类量其他测量标准的测量标准"。

（6）工作测量标准（简称工作标准）。"用于日常校准或测量仪器或测量系统的测量标准"。

三、技术机构的计量授权及管理

贯彻实施《计量法》，加强计量监督管理，涉及大量的执法技术保障工作。这些工作除依靠政府计量行政部门所属的法定计量检定机构承担外，还可以充分发挥社会上的技术力量，打破部门和地区管辖的限制，按照经济合理、就地就近和方便生产、利于管理的原则，选择有条件的单位，由政府计量行政部门考核合格后，授权他们承担上述的一部分工作。这种由政府计量行政部门授权有关单位承担一部分计量执法技术保障任务和对外开展非强制检定技术服务的形式，统称为计量授权。

四、基、标准器及其他设备的考核

按申报项目所配置计量标准器的各项指标，必须符合国家计量检定系统表和检定规程的要求，并有法定或授权计量检定机构的检定合格证书，其配套设备应齐全，属于计量器具的要具有计量检定机构的检定合格证书，其他设备必须满足技术要求。

五、检定人员的考核

国家法定计量检定机构的计量检定人员，必须经县级以上人民政府计量行政部门考核合格，并取得计量检定证件。其他单位的计量检定人员，由其主管部门考核发证。无计量检定证件的，不得从事计量检定工作。主要考核内容有：是否具有称职的计量标准的保管、维护和使用人员，使用人员是否取得所从事的检定项目的计量检定证件（每个检定项目应有 2 人以上持证）；计量标准的责任人员是否具有良好的技术素质和计量法规意识；是否能认真执行《计量检定人员管理办法》，按照国家、部门、地方规程准确地进行工作，并能独立解决检定工作中出现的问题，正确进行数据处理和误差分析。

六、环境条件

检定环境条件必须达到检定规程的技术要求，以满足计量标准正常工作所需的环境条件，其内容包括：温度、湿度、防震、防磁、防尘等必须符合有关技术要求；室内设备布局合理、整洁、便于操作，无灰尘；室内人员按规定着装；应有对环境条件进行监测、控制的记录，并有相应的监测控制设备。

七、技术法规

计量检定规程是"为评定计量器具的计量特性，规定了计量性能、法制计量控制要求、检定条件和检定方法以及检定周期等内容，并对计量器具作出合格与否的判定的计量技术法规。"计量检定规程是计量器具检定工作的指导性文件，是计量检定人员在检定工作中必须共同遵守的技术依据，也是法制性的技术文件。它是在检定计量器具时，对计量器具的计量性能、检定条件、检定项目、检定方法、检定结果的处理、检定周期等内容所作的技术规定。检定规程分为：国家计量检定规程、部门计量检定规程和地方计量检定规程三种。

当采用计量检定规程作为处理计量纠纷和索赔等方面的技术依据时，国家计量检定规程的效力高于部门的或地方的计量检定规程。地方计量检定规程是区域内处理跨部门的计量纠纷的主要依据。部门计量检定规程是处理部门纠纷的主要依据。

八、计量器具的管理

"单独或与一个或多个辅助设备组合，用于进行测量的装置"为计量器具，它也可称为测量仪器。计量器具的技术指标主要包括：标称范围、量程、测量范围、器具示值误差、器具最大允许误差、器具准确度、准确度等级、器具的重复性、器具的稳定性等。

计量器具实行强制检定及非强制检定。

关于计量器具的检定（简称计量检定）是指"查明和确认测量仪器符合法定要求的活动，它包括检查、加标记和/或出具检定证书。"

检定具有法制性，其对象是法制管理范围内的计量器具。检定的依据是按法定程序审批公布的计量检定规程。《中华人民共和国计量法》规定："计量检定必须按照国家计量检定系统表进行。国家计量检定系统表由国务院计量行政部门制定。计量检定必须执行计量检定规程。国家计量检定规程由国务院计量行政部门制定。没有国家计量检定规程的国务院有关主管部门和省、自治区、直辖市人民政府计量行政部门分别制定部门计量检定规程和地方计量检定规程，并向国务院计量行政部门备案。"

检定分为首次检定和后续检定。

对不同的计量器具采取"统一立法，区别管理"，即社会公用计量标准器具，部门和企业、事业单位使用的最高计量标准器具，以及用于贸易结算、安全防护、医疗卫生、环境监测方面被列入强制检定计量器具目录的工作计量器具实行强制检定。强制检定是指由"县级以上人民政府计量行政部门所属或授权的计量检定机构对用于贸易结算、安全防护、医疗卫生、环境监测方面，并列入本办法所附《中华人民共和国强检检定的工作计量器具目录》的计量器具实行定点定期的检定"（中华人民共和国强制检定的工作计量器具检定管理办法第二条）。强制检定的特点主要表现在：强制检定由政府计量行政部门实行管理，持有这些计量器具的个人或单位，不管其是否愿意，都必须按规定申请检定。

列入国家强制检定目录的石油计量器具见表3-1。

表3-1 石油计量器具

器 具 名 称	检 定 周 期	规程编号
钢卷尺(测深钢卷尺、普通钢卷尺、钢围尺等)	一般为半年，最长不得超过1年	JJG 4—1999
工作用玻璃液体温度计	最长不超过1年	JJG 130—2011
工作玻璃浮计(密度计)	1年，但根据其使用及稳定性等情况可为2年	JJG 42—2011
立式金属罐	首次检定不超过2年，后续检定4年	JJG 168—2005

器 具 名 称	检 定 周 期	规程编号
卧式金属罐	最长不超过 4 年	JJG 266—96
球形金属罐	5 年	JJG 642—1996
汽车油罐车	初检 1 年,复检 2 年	JJG 133—2005
质量流量计	2 年(贸易结算的为 1 年)	JJG 897—95
液体容积式流量计(腰轮流量计、椭圆齿轮流量计等)	1 年(贸易结算及优于 0.5 级的为半年)	JJG 667—97
速度式流量计(涡轮流量计、涡街流量计等)	半年(0.5 级及以上);2 年(低于 0.5 级)	JJG 198—94
燃油加油机	以加油机使用情况而定,一般不超过半年	JJG 443—2006
非自行指示轨道衡	半年	JJG 142—2002
动态称量轨道衡	1 年	JJG 234—90
固定式杠杆秤	1 年	JJG 14—97
移动式杠杆秤	1 年	JJG 14—97
套管尺	1 年	JJG 473—95
液位计	一般不超过 1 年	JJG 971—2002
船舶液货计量舱	一般不超过 3 年,对于载重量 ≥3000t 的油船可延长至 6 年	JJG 702—2005

对除以上范围之外的检定为非强制检定。非强制检定是指对强制检定范围以外的计量器具所进行的一种依法检定。今后大量的非强制的计量器具为达到统一量值的目的可以采用校准的方式。校准是"在规定条件下的一组操作,其第一步是确定有测量标准提供的量值与相应示值之间的关系,第二步则是用此信息确定由示值获得测量结果的关系,这里测量标准提供的量值与相应示值都具有测量不确定度。"校准结果既可给出被测量的示值,又可确定示值的修正值;也可确定其他计量特性;其结果可以记录在校准证书或校准报告中。

校准的依据是校准规范或校准方法,可作统一规定也可自行制定。

校准和检定的主要区别如下:

(1) 校准不具法制性,是企业自愿溯源的行为。

检定具有法制性,是属法制计量管理范畴的执法行为。

(2) 校准主要用以确定测量器具的示值误差。

检定是对测量器具的计量特性及技术要求的全面评定。

(3) 校准的依据是校准规范、校准方法,可作统一规定也可自行制定。

检定的依据必须是检定规程。

(4) 校准不判断测量器具合格与否,但当需要时,可确定测量器具的某一性能是否符合预期的要求。

检定要对所检的测量器具作出合格与否的结论。

(5) 校准结果通常是发校准证书或校准报告。

检定结果合格的发检定证书,不合格的发不合格通知书。

因为检定是属于法制计量范畴,其对象应该是强制检定的计量器具。所以,为实现量值溯源,大量的采用校准。实际上"校准"是大量存在着,在我国,一直没有把它作为是实现量值统一和准确可靠的主要方式,却用检定来代替它。"这一观念正在转变,而且越来越多地为人们所接受,它在量值溯源中的地位将被确立。

习 题

一、填空题

1.《中华人民共和国计量法》是_____年9月6日经_____全国人民代表大会常务委员会第_____会议审议通过，并以第28号主席会正式公布的。于_____年7月1日起开始实行。《计量法》共_____章_____条。

2.《计量法》的宗旨是：为了加强_____管理，保障国家_____的统一和量值的_____，有利于_____、_____和_____的发展，适应社会主义现代化建设的需要，维护_____、_____的利益。

3. 用于_____、_____、环境监测和_____方面的计量器具为_____检定计量器具。

4. 计量检定必须按照国家计量_____进行。国家计量检定系统表由国务院_____制定。计量检定必须执行计量_____。

5. 油罐计量检定规程号和检定周期：卧式金属罐检定规程号为_____，检定周期为最长不超过_____年；立式金属罐检定规程号为_____，检定周期初检为为_____年，复检为_____年；球形金属罐检定规程号为_____，检定周期为_____年；汽车油罐车的检定规程号为_____，检定周期初检_____年，复检_____年。

二、判断题(答案正确的打√，答案错误的打×)

1. 量值传递是自下而上通过逐级检定而构成检定系统。 （　　）

2. 持有计量器具的个人或单位，都必须按规定申请计量器具检定。 （　　）

3. 计量检定人员要保证计量检定的原始数据和有关技术资料的完整。 （　　）

4. 计量员必须持职业资格证书上岗。 （　　）

三、问答题

1. 简述《中华人民共和国计量法》立法和实行时间，并说明其重要意义。

2. 计量管理方式有哪几种类型？

3. 法制计量管理的对象和范围是哪些？

4. 什么是量值传递？

5. 什么是检定、强制检定、非强制检定和校准？哪些方面的计量器具属于强制检定范围？

6. 请写出石油计量器具的检定周期和规程编号。

第四章　法定计量单位

第一节　量、量制和量纲

一、[可测量的]量

1. 量

"现象、物体或物质的特性，其大小可用一个数和一个参照对象表示。"定义为量。其具体意义是指大小、轻重、长短等概念，如导线长度、物体质量等。量的广义含义是指现象、物体和物质的定性区别，即可以把量区分为长度、质量、时间、温度、硬度、电流、电阻等量。

量可用数学式表示，如：$A = \{A\} \cdot [A]$

式中　$[A]$——量 A 所选用的计量单位；

　　　$\{A\}$——用计量 $[A]$ 表示时，量 A 的数值。

量的表示都必须在其数值后面注明所用的计量单位。量的大小并不随所用计量单位而变，即可变的只是单位和数值，这是各种单位制单位互相换算的基础，也是量的一种基本特性。

可计量的量不仅包括物理量、化学量，还包括一些非物理量，如硬度、表面粗糙度、感光度等。这些非物理量是约定可计量的量，这类量的定义和量值与计量方法有关，相互之间不存在确定的换算关系。在计量学中，有一些量具有两重含义，如时间可以是时刻的概念，也可以是时间间隔的概念。物理量一般具有可作数学运算的特性，能用数学公式表示。同一种物理量可以相加减，几种物理量又可以相乘除。用如下数学式表示：

（1）同一种量可以相加　$A_1 + A_2 = \{A_1 + A_2\} \cdot [A]$

（2）同一种量可以相减　$A_1 - A_2 = \{A_1 - A_2\} \cdot [A]$

（3）几种量可以相乘　$AB = \{A\}\{B\} \cdot [A][B]$

（4）几种量可以相除　$A/B = \{A/B\} \cdot [A/B]$

2. 量值

量值是"用数和参照对象一起表示的量的大小。"如给定杆的长度：5.34m 或 534cm。

量的真值(简称真值)是"与量的定义一致的量值。"

量的约定值(简称约定值)是"对于给定目的，由协议赋予某量的量值。"

量的数值(简称数值)是"量值表示中的数，而不是参照对象的任何数字。"

3. 量的分类

根据量在计量学中所处的地位和作用，存在不同的分类方式。即可分为"基本量和导出量"，也可分为"被测量和影响量"，以及"有源量和无源量"等。

1）基本量和导出量

基本量是"在给定量制中约定选取的一组不能用其他量表示的量。"

导出量是"量制中由基本量定义的量。"

基本量和相应导出量的特定组合构成整个科学领域或某个专业领域的"量制"。

基本量的数目不可能很多。而导出量是根据它的物理公式，由几个基本量推导出来的，因而数目比较多。

2）被测量和影响量

按量在计量中所处的地位，又可分为"被测量"和"影响量"。

被测量是"拟测量的量。"我们对被测量的说明要求了解量的种类，以及含有该量的现象、物体或物质状态的描述，包括有关 成分及所涉及的化学实体。测量包括测量系统和实施测量的条件，它可能会改变研究中的现象、物体或物质，使被测量的量可能不同于定义的被测量。在这种情况下，需要进行必要的修正。

影响量是"在直接测量中不影响实际被册的量、但会影响示值与测量结果之间关系的量。"如测量某杆长度时册微计的温度(不包括杆本身的温度，因为杆的温度可以进入被测量的定义中)。间接测量涉及个直接测量的合成，每项直接测量都可能受到影响量的影响。

3）有源量与无源量

有源量是计量对象本身具有一定的能量，观察者无需为计量中的信号提供外加能量的量，如电流、电压、功率等。

无源量是计量对象本身没有能量，为了能够进行计量，必须从外界获取能量的量，如电阻、电容、电感等电路元件的参量。

4）具体量与一般量

测量某个被测物体的值，这都是具体的。如加油站油品计量中的某油罐的周长，某油品的温度、密度，某个油罐的油品体积、质量等，这些量还称为"特定量"。而从无数特定同种量中抽象出来的量，如长度、温度、质量、体积等，则是一般的量。

5）同种量与同类量

可按彼此相对大小排序的量称为同种量，如砝码组中各砝码的质量。某些在定义和应用上有些特点的同种量如长度、厚度、周长、距离、高度、宽度、半径、直径等，可组合成同类量。同类量在计量学上意味着可用同一个单位表示其量值，但可用同一单位表示其量值的量不一定是同类量。如力矩和功虽然都可以用牛·米作单位，但并非同类量；压力和应力都可用帕[斯卡]作单位，也不是同类量；各学科中有大批无量纲的量，它们的单位都是"-"，但并不是同类量。

4. 量的特点

（1）能表达为某个数与某单位之积；

（2）独立于单位，其表述可用不同单位，如某桌子长度既可以是 1 米，也可能是 3 尺，还可能是 3.28084 英尺。此外，量的定义中，不涉及单位。

（3）存在于某量制之中。

（4）独立于测量程序，或者说与测量操作无关。

（5）一般来说，量是不能"计数"的而只是通过测量(比较)给出其值的。

二、量制与量纲

量制是"彼此间由非矛盾方程联系起来的一组量。"

量纲是"给定量与量制中各基本量的一种依从关系，它用与基本量相应的因子的幂的乘积去掉所有数字因子后的部分表示。"

由于导出量的量纲形式可表示为基本量量纲之积，故也称为"量纲积"。量纲的一般表达式为：

$$\mathrm{dim}Q = A^{\alpha}B^{\beta}C^{\gamma}$$

式中　$\mathrm{dim}Q$——量 Q 的量纲符号，亦可以用正体大写字母 Q 表示；

　　A、B、C——基本量 A、B、C 的量纲；

　　α、β、γ——量纲指数。

在国际单位制中，规定长度、质量、时间、电流、热力学温度、物质的量和发光强度七个量为基本量，它们的量纲分别用正体大写字母表示为 L、M、T、I、Θ、N 和 J。因此，包括基本量在内的任何量的量纲一般表达式为：

$$\mathrm{dim}Q = L^{\alpha}M^{\beta}T^{\gamma}I^{\delta}\Theta^{\varepsilon}N^{\zeta}J^{\eta}$$

具体的量的量纲式表示，如长度为 $\mathrm{dim}L = L$、质量为 $\mathrm{dim}M = M$、时间为 $\mathrm{dim}T = T$。

无量纲量是量纲表达式中，基本量量纲的全部指数均为零的量，如摩擦系数、相对密度等都是无量纲量。

量纲的实际意义在于定性地确定量之间的关系，在这里数值并不主要。任何量的表达式，其等号两边必须具有相同的量纲式，这一规则称为"量纲法则"。应用这个法则可以检查物理公式的正确性，尤其是过去多种量制并存的时候，量纲法则更是检验量的表达式的有力工具。

量纲在确定一贯制单位中有重要作用。如果量制中基本量的单位已经确定，导出量的量纲式已经列出，那么只要将基本单位的符号取代导出量量纲式中的基本量量纲的符号，即可得出该量的导出单位。导出量量纲式只能给出导出量和基本量之间的定性关系，而导出量单位表达式却用以表明导出单位与基本单位之间的定量关系，它将随着所选取的基本单位的大小而变。

第二节　单位和单位制

一、测量单位(计量单位)(简称单位)概念

1. 单位

根据约定定义和采用的标量，任何其他同类量可与其比较使两个量之比用一个数表示"称为单位。或定义计量单位制为习惯上公认数值为 1 的一个量值。

测量单位具有根据约定赋予的名称和符号。同量纲的测量单位可具有相同的名称好符号，即使这些量不是同类量。如焦耳每开尔文和 J/K 既是热容量的单位名称和符号也是熵的单位名称和符号，而热容量和熵并非同类量。然而，在某些情况下，具有专门名称的测量单位仅限用于特定种类的量。如测量单位"秒的负一次方"(1/s)用于频率时称为赫兹，用于放射性核素的活度时称为贝克(Bk)。

量纲为一的量的测量单位是数。在某些情况下这些单位有专门名称，如弧度、球面度和分贝；或表示为商，如毫摩尔每摩尔等于 10^{-3}，微克每千克等于 10^{-9}。

对于一个给定量，"单位"通常与量的名称连在一起，如"质量单位"或"质量的单位"。

"表示测量单位的约定符号"为测量单位符号(计量单位符号)。如 m 是米的符号；A 是安培的符号。

按科学的、严密的定义，计量单位应具有如下条件：

(1) 单位本身是一个固定的量，即具体可以比较的"量"，不是一个"量"值。

(2) 命这个固定量的数值为 1。

（3）这个命其数值为 1 的固定量应有具体的名称符号和定义，如千克、米、秒等。

（4）单位量的测量必须建立在科学、准确的基础上，要能定量地表示并可以复现，且具备现代科学技术所能达到最高准确度和稳定性。

2. 基本单位

基本单位是"对于基本量，约定采用的测量单位。"在国际单位制中，基本单位有七个。计量科学技术的基础建立在基本单位定义的确定及其基准准确度的提高上。

3. 导出单位

导出单位是"导出量的测量单位。"

在单位制中，导出单位可以用基本单位和比例因数表示，而且对有些导出单位，为了表示方便，给以专门的名词和符号，如牛顿（N）、赫兹（Hz）、帕斯卡（Pa）等。

4. 倍数［计量］单位与分数［计量］单位

在长期的计量实践中，人们往往从同一种量的许多单位中选用某个单位为基础，并赋予独立的定义，这个计量单位即为主单位。一个主单位不能适应各种需要，为了使用方便而设立了倍数单位和分数单位。

倍数单位是"给定测量单位乘以大于 1 的整数得到的测量单位。"

分数单位是"给定测量单位除以大于 1 的整数得到的测量单位。"

实际选用单位时，一般应遵循如下原则，即应使量的数值处于 0.1~1000 范围之内。但有时也有例外，如为了表示计量结果的准确度，必须采用小单位、多数值表示法。

二、单位制

单位制又称计量单位制，是"对于给定量制的一组基本单位、导出单位、其倍数单位和分数单位及使用这些单位的规则"。

在某种单位制中，往往包括一组选定的基本单位和由定义方程式给出的导出单位。同一个量在不同的单位制中，可以有大小不等的计量单位。每个计量单位都有相应的名称和符号。建立计量单位制的意义在于：一是，对同一个量选用了许多不同的计量单位；二是，对每个单位的倍数和分数单位，采用不同进制等；三是，很少考虑由于量与量之间的联系所决定的单位与单位之间的联系。因此为了消除以上混乱状况所带来的不良后果，而研究建立了计量单位制。

一贯导出计量单位是"对于给定量制和选用的一组基本单位，由比例因子为 1 的基本单位的幂的乘积表示的导出单位。"

一贯单位制是"在给定量制中，每个导出量的测量单位均为一贯导出单位的单位制。"

同一个量在不同的单位制中，每个计量单位都有相应的名称和符号，如在（SI）国际单位制中，长度单位名称为"米"，其单位符号为"m"。

同一个量可以用不同的单位表示，得到不同的数值，单位与数值形成反比。即同一个量的两种计量单位之比，称为"单位换算系数"。

第三节 国际单位制

一、国际单位制（SI）的构成

1. 国际单位制（SI）概念

国际单位制（SI）："由国际计量大会（CGPM）批准采用的基于国际量制的单位制，包括单位名称和符号、词头名称和符号及其使用规则"。1960 年第十一届国际计量大会决定将以米、千克、秒、安培、开尔文和坎德拉这六个单位为基本单位的实用计量单位制命名为"国际单位制",并规定其符号为"SI"。而 1974 年的第十四届国际计量大会又决定增加将物质的量的单位摩尔作为基本单位,使目前国际单位制共有七个基本单位。

2. 国际单位制(SI)特点

1)通用性

广泛适用于整个科技领域、商品流通领域及人们日常生活中。

2)简明性

采用国际单位制可以取消其他单位制的一些单位,明显地简化了量的表示式,省略了各个单位制之间的换算。它规定每个单位只有一个名称和一个国际符号,并执行一个量只有一个 SI 单位的原则,从而避免了多种单位制和单位的并用,消除了很多混乱现象。如能量的单位是焦耳,用它可以代替过去沿用的表示功、能、热量等多种单位。

3)实用性

它的基本单位和大多数导出单位的主单位量值都比较实用,而且保持历史的连续性。它包括了数值范围很广的词头,可方便地构成 10 进倍数和分数单位,适应各类计量需要。

4)准确性

国际单位制的 7 个基本单位,都有严格的科学定义,复现方法有重大改进,其相应的计量基准代表当代科学技术所能达到的最高计量准确度。

3. 国际单位制的构成

国际单位制是由 SI 单位(包括 SI 基本单位和 SI 导出单位)、SI 词头和 SI 单位的十进倍数和分数单位三部分构成的。这里 SI 单位是指国际单位制中构成一贯制的那些单位,均不带 SI 词头,所以 SI 单位是国际单位制中有特定含义的名词;而国际单位制单位不仅包括 SI 单位,并且还包括它们的十进倍数单位和分数单位(即由 SI 词头和 SI 单位构成的新单位)。国际单位制的构成及其相互关系如下:

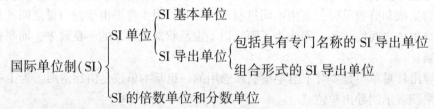

1)基本单位的选择和定义

(1)基本单位是"对于基本量,约定采用的测量单位"。基本单位的选择原则如下:

① 一个基本量只有一个基本单位。

② 基本单位应能按它的定义原则进行定义。

③ 基本单位应该容易实现和具有极高的准确度。

④ 复现基本单位的基准量值应可保持长久不变。

⑤ 基本单位的大小应该便于使用。

⑥ 基本单位应能满足一贯性的要求。

(2)基本单位的定义原则如下:

① 基本单位的定义应该明确规定单位的量值。

② 基本单位的定义应是科学的、严密的和简单明了的,它应能为本专业人员所接受和

非本专业科技人员所理解。

③ 基本单位的定义本身应与它的实现方法分开，从而允许实现方法的不断改进以提高实现的准确度，但又能保证定义较长时间内不变。

④ 当必须更改基本单位的定义时，要保持单位名称和单位量值的不变，以保证它的延续性和统一性。

2) SI 基本单位

国际单位制的 SI 基本单位为米、千克、秒、安培、开尔文、摩尔和坎德拉，其对应量的名称、单位符号和定义见表 4-1。

表 4-1　SI 基本单位

量的名称	单位名称	单位符号	定　义
长度	米	m	米是光在真空中于(1/299、792、458)s 时间间隔内所经路径的长度
质量	千克	kg	千克是质量单位,等于国际千克原器的质量
时间	秒	s	秒是铯-133 原子基态的两个超精细能级间跃迁相对应的辐射的 9,192、631、770 个周期的持续时间
电流	安[培]	A	安培是电流单位,在真空中截面积可忽略的两根相距 1m 的无限长平行圆直导线内通以等量恒定电流时,若导线间相互作用力在每米长度上为 2×10^{-7} N,则每根导线中的电流为 1A
热力学温度	开[尔文]	K	开尔文是热力学温度单位,等于水的三相点热力学温度的 1/273.16
物质的量	摩[尔]	mol	摩尔是一系统的物质的量,该系统中所包含的基本单元数与 0.012kg 碳-12 的原子数目相等。使用摩尔时,基本单元应予指明
发光强度	坎[德拉]	cd	坎德拉是一光源在给定方向上的发光强度,该光源发出频率为 540×10^{12} Hz 的单色辐射,且在此方向上的辐射强度为 $1/683W(sr)^{-1}$

3) SI 导出单位

SI 导出单位是"导出量的测量单位"。它是由 SI 基本单位按定义方程式导出的单位。它包括二类：用 SI 基本单位表示的一部分 SI 导出单位；具有专门名词的 SI 导出单位。其中具有专门名词的 SI 导出单位总共有 21 个。见表 4-2。

表 4-2　SI 导出单位

量 的 名 称	SI 导出单位		
	名　称	符　号	用 SI 基本单位和 SI 导出单位表示
[平面]角	弧　度	rad	$1rad = 1m/m = 1$
立体角	球面角	sr	$1sr = 1m^2/m^2 = 1$
频率	赫[兹]	Hz	$1Hz = 1s^{-1}$
力	牛[顿]	N	$1N = 1kg \cdot m/s^2$
压力、压强、应力	帕[斯卡]	Pa	$1Pa = 1N/m^2$
能[量]、功、热量	焦[耳]	J	$1J = 1N \cdot m$
功率、辐[射能]通量	瓦[特]	W	$1W = 1J/s$
电荷[量]	库[仑]	C	$1C = 1A \cdot s$
电压、电动势、电位、电势	伏[特]	V	$1V = 1W/A$
电容	法[拉]	F	$1F = 1C/A$
电阻	欧[姆]	Ω	$1\Omega = 1V/A$
电导	西[门子]	S	$1S = 1\Omega^{-1}$
磁通[量]	韦[伯]	Wb	$1Wb = 1V \cdot s$
磁通[量]密度、磁感应密度	特[斯拉]	T	$1T = 1Wb/m^2$
电感	亨[利]	H	$1H = 1Wb/A$

量 的 名 称	SI 导出单位		
	名 称	符 号	用 SI 基本单位和 SI 导出单位表示
摄氏温度	摄氏度	℃	1℃ = 1K
光通量	流[明]	lm	1lm = 1cd·sr
[光]照度	勒[克斯]	lx	1lx = 1lm/m²
[放射性]活度、吸收剂量	贝可[勒尔]	Bq	1Bq = 1s⁻¹
比授[予]能、比释动能	戈[瑞]	Gy	1Gy = 1J/kg
剂量当量	希[沃特]	Sv	1Sv = 1J/kg

4) SI 词头

SI 词头的功能是与 SI 单位组合在一起，构成十进制的倍数单位和分数单位。在国际单位制中，共有 20 个 SI 词头，这 20 个词头所代表的因数，是由国际计量大会通过决议规定，它们本身不是数，也不是词，其原文来自希腊、拉丁、西班牙、丹麦等语中的偏僻名词，无精确的含义。而在我国法定计量单位里选其中 16 个用于构成十进倍数和分数单位的词头。SI 词头与所紧接的 SI 单位构成一个新单位，应该将它视作为整体。见表 4-3。

表 4-3 SI 词头

因 数	词头名称		符 号	因 数	词头名称		符 号
	英 文	中 文			英 文	中 文	
10^{24}	Yotta	尧[它]	Y	10^{-1}	Deci	分	d
10^{21}	Zetta	泽[它]	Z	10^{-2}	Centi	厘	c
10^{18}	Exa	艾[可萨]	E	10^{-3}	Milli	毫	m
10^{15}	Peta	拍[它]	P	10^{-6}	Micro	微	μ
10^{12}	Tera	太[拉]	T	10^{-9}	Nano	纳[诺]	n
10^{9}	Giga	吉[咖]	G	10^{-12}	Pico	皮[可]	p
10^{6}	Mega	兆	M	10^{-15}	Femto	飞[母托]	f
10^{3}	Kilo	千	k	10^{-18}	Atto	阿[托]	a
10^{2}	Hecto	百	h	10^{-21}	Zepto	仄[普托]	z
10^{1}	Deca	十	da	10^{-24}	Yocto	幺[科托]	y

二、制外单位

制外测量单位、制外计量单位(简称制外单位)是"不属于给定单位制的测量单位"。

有一些单位本身具有重要作用，而且广泛应用，可是国际单位制还不包括它们，这些单位就是国际单位制的制外单位。其中包括：

(1)与国际单位制并用的单位，如表示时间的单位：分、秒、时、日；表示平面角的单位：度、[角]分、[角]秒；表示体积的单位：升；等等。

(2)暂时与国际单位制并用的单位，如表示转速的单位：转每分；表示长度的单位海里、公里。

三、国际单位制的使用方法

(1)国际单位制本身的符号为"SI"。这是国际通用符号，表示整个单位制。根据一个单位一个名称一个符号的原则，在 SI 中，对于每个单位都规定有国际通用的名称和符号，必须遵照使用。21 个有专门名称的导出单位都有中文音译名称，其简称往往就是译名的第一个字，如牛、赫、安、帕等，这些中文简称亦可以作为符号使用，称为"中文符号"。

SI 单位和 SI 词头的国际符号，一律用正体印刷或书写。一般 SI 单位的国际符号的字母，用正体小写，但来源于人名的 SI 单位，其符号的第一个字母用正体大写。当 SI 词头的因数小于 10^6 时，其符号用正体小写；当 SI 词头的因数等于或大于 10^6 时，其符号用正体大写。另外国际上规定所有量的符号，无论在何种情况下，一律用斜体印刷或书写，即使将它作为下标时，也不例外。

（2）由两个以上 SI 单位相乘构成的组合单位，其国际符号可以有两种形式。即单个符号的中间可以加或不加圆点。但若组合单位符号中某个符号同时又是词头符号，则应将这个符号置于右侧。

由两个以上 SI 单位相乘构成的组合单位，其中文名称应该与其国际符号表示的顺序一致，但可把单个符号间的圆点略去。

（3）有乘方的单位的中文名称，其顺序应该是指数名称在前，单位名称在后，相应的指数名称由数字加"次方"两字而成，不过如果长度的二次方和三次方分别表示面积和体积时，则可以相应称为"平方米"和"立方米"。由两个以上单位相除所构成的组合单位，其国际符号可以采用以下三种形式：应尽量采用圆点或斜线形式；当相除的组合单位的分母中，包含有两个以上单位符号，整个分母一般应加圆括号，而且除号斜线不得多于一条；组合单位中出号所相对应的中文名称为"每"，整个单位的中文名称亦应与国际符号所表示的顺序一致，而且不论分母中有几个单位，"每"字都只能出现一次。

（4）SI 单位和 SI 词头的名称，一般只在叙述性文字中使用，它们的符号更多地应用于公式、表格、曲线图、刻度盘或产品铭牌等需要简单明了的场合。

第四节　法定计量单位

一、我国的法定计量单位

在 1984 年 2 月 27 日我国国务院发布"关于在我国统一实行法定计量单位的命令"中，法定计量单位是指"国家以法令的形式，明确规定并且允许在全国范围内统一实行的计量单位"。在《通用计量术语及定义》JJF1001—2011 中是指"国家法律、法规规定使用的测量单位"。凡属于一个国家的一个法定计量单位，在这个国家的任何地区、任何领域及所有人员都应按规定要求严格加以采用。

1960 年第十一届国际计量大会决定采用以米制为基础发展起来的国际单位制（SI），1984 年 2 月 27 日我国国务院发布"关于在我国统一实行法定计量单位的命令"，决定在采用先进的 SI 的基础上进一步统一我国的计量单位，并明确地把 SI 基本计量单位（以下简称基本单位）列为我国法定计量单位的第一项内容，命令还规定"我国的计量单位一律采用《中华人民共和国法定计量单位》"。这样，以法规的形式把我国的计量单位同意起来，并约束人们要正确地予以使用。

我国的法定计量单位是以国际单位制单位为基础，保留了少数其他计量单位组合而成的，它包括了 SI 的基本单位、导出单位和词头，同时选用了一些国家选定的非国际单位制单位以及上述单位构成的组合形式的单位。其主要特点是：完整、具体、简单、科学、方便，同时与国际上广泛采用的计量单位更加协调统一。见表4-4。

表 4-4 可与国际单位制单位并用的我国法定计量单位

量 的 名 称	单 位 名 称	单 位 符 号	与 SI 单位的联系
时 间	分	min	$1min = 60s$
	[小]时	h	$1h = 60min = 3600s$
	日(天)	d	$1d = 24h = 86400s$
[平面]角	度	(°)	$1° = (\pi/180) rad$
	[角]分	(′)	$1′ = (1/60)° = (\pi/10800) rad$
	[角]秒	(″)	$1″ = (1/60)′ = (\pi/64800) rad$
体 积	升	L(l)	$1L = 1dm^3 = 10^{-3}m^3$
质 量	吨	t	$1t = 10^3 kg$
	原子质量单位	u	$1u \approx 1.660540×10^{-27} kg$
旋转速度	转每分	r/min	$1r/min = (1/60)s^{-1}$
长 度	海里	n mile	$1n\ mile = 1852m$(只用于航行)
速 度	节	kn	$1kn = 1n\ mile/h = (1852/3600)ms^{-1}$(只用于航行)
能	电子伏	eV	$1eV \approx 1.602177×10^{-19}J$
级 差	分贝	dB	
线密度	特[克斯]	tex	$1tex = 10^{-6}kg/m$
面 积	公顷	hm²	$1hm^2 = 10^4 m^2$

二、法定计量单位使用方法及规则

1984 年 6 月 9 日，国家计量局以(84)量局制字第 180 号文件颁布了《中华人民共和国法定计量单位使用方法》。

1. 法定计量单位和词头的名称

1) 法定计量单位的名称

(1) 我们所说的法定计量单位名称，均指单位的中文名称。单位的中文名称分全称和简称两种。

国际单位制中凡用方括号括上的都可以使用简称。简称即可等效于它的全称使用，又可在必要时将单位简称作为中文符号使用。

(2) 组合单位的中文名称与其符号表示的顺序一致。符号中乘号没有对应名称，除号的对应名称为"每"字，无论分母中有几个单位，"每"字都只能出现一次。

(3) 乘方形式的单位名称，其顺序应是指数名称在前，单位名称在后，相应的指数名称由数字加"次方"两字而成。

(4) 书写单位名称时，不加任何表示乘或除的符号，如("·"、"×"、"/"、"÷")或其他符号。

(5) 单位名称和符号必须作统一使用，不能分开。

2) 法定计量单位的词头名称

对于 SI 词头，国际上规定了统一的名称和符号，我国法定计量单位规定了词头相应的中文名称和符号。

2. 法定计量单位和词头的符号

法定计量单位和词头的符号是一个单位或词头的简明标志，主要是为了使用方便。

1) 法定计量单位的符号

法定计量单位的符号可用国际通用纯字母表示，也可用中文符号表示。但推荐纯字母表达符号。

（1）计量单位用纯字母符号表达。当计量单位用字母表达时，一般情况单位符号字母用小写。当单位来源于人名时，符号的第一个字母必须大写。只有体积单位"升"特殊，这是国际单位制中惟一不是来源于科学家名字命名而使用大写的符号。

（2）计量单位用中文符号表示。当计量单位用中文符号表示时，其组合单位的中文符号可直接用表示乘或除的形式，也可直接用数字"2"、"3"或"−1"、"−3"等表示指数幂的形式，这是同组合形式计量单位名称的主要区别。非组合形式的计量单位其中文符号名称的简称相同，没有简称的计量单位，其中文符号与单位名称相同。

（3）词头的符号用字母表达时，其形式只有法定计量单位规定的一种组合单位符号的书写形式。

① 相乘形式构成的组合单位符号的书写形式。相乘形式构成的组合单位，其国际符号有两种形式：用居中圆点，紧排。其中文符号只有一种，即用居中圆点。一般情况，组合单位中各个单位的排列次序无原则规定，但应注意：一是不能加词头的单位不应放在最前面；二是若组合单位中某单位的符号同时又是词头符号，并可能发生混淆时该单位也不能放在最前面。

② 相除形式构成的组合单位符号的书写形式。相除形式构成的组合单位，其国际符号有三种形式：用斜线；用负指数将相除转化为相乘，乘号用居中圆点；用负指数将相除转化为相乘，然后紧排。

其中文符号有两种形式：用斜线；用负指数相乘，乘号用居中圆点。

注意：当可能发生误解时，应尽量采用分式形式或中间乘号用居中圆点表示的负数幂形式；当分子无量纲而分母有量纲时，一般不用分式而用负数幂的形式；在进行运算时，组合单位的除号可用水平横线表示。

2）书写单位和词头应注意的事项

（1）单位和词头符号所用的字母，不论是拉丁字母或希腊字母，一律用正体书写。

这一条是根据国际上的有关规定作出的。除规定单位和词头符号用正体外，还规定数学常数、三角函数等必须用正体。规定用斜体的有：量的符号；物理常数符号；一般函数等。

（2）单位和词头的符号尽管来源于相应的单位的词语，但它们不是缩略语，书写时不能带省略点，且无复数形式。

一般情况，单位符号要比单位名称简单，但不能把单位符号加上省略点作为单位名称的缩写。

（3）单位符号的字母一般为小写体，但如果单位名称来源于人名时，符号的第一个字母为大写体。但有一个例外，即升为L(l)，以避免用小写"l"时与阿拉伯数字"1"相混淆。关于非来源于人名的单位符号用小写字母的规定，也适用于非国际单位制单位。

（4）词头符号的字母，与国际单位制中的词头书写要求一致。

（5）一个单位符号不得分开，要紧排。

（6）词头和单位符号之间不留间隔，不加表示相乘的任何符号，也不必加圆括号。但有一个例外，在中文符号中，当词头和数词有可能发生混淆时，要用圆括号。

（7）相除形式的组合单位，在用斜线表示相除时，单位符号的分子和分母都与斜线处于同一行内，而不宜分子高于分母，当分母中包含两个以上单位时，整个分母一般应加圆括号，而不能使斜线多于一条。

（8）单位与词头的符号按名称或简称读音。

3. 法定计量单位和词头的使用规则

1）单位名称与符号的使用场合

单位的名称，一般只用于叙述性的文字中，单位的符号则在公式、表格、曲线图、刻度盘或产品铭牌等需要简单明了表示的场合使用，也可用于叙述性的文字中。

2）组合单位加词头的原则

（1）相乘形式的组合单位加词头，词头通常加在组合单位中的第一个单位前。例：力矩的单位 kN·m，不宜写成 N·km。

（2）相除形式的组合单位加词头，词头通常应加在分子中的第一个单位之前，分母中一般不加词头。例如：摩尔内能单位 kJ/mol 不宜写成 J/mmol。

但有几个例外情况：

① 质量的 SI 单位 kg 可允许在分母中，此时把 kg 作为质量单位的整体来看待，不作为分母中的单位加词头。

② 当组合单位中分母是长度、面积或体积单位时，分母中按习惯与方便也可选用词头以构成相应组合单位的十进倍数和分数单位。

③ 分子为 1 的组合单位加词头时，词头只能加在分母的单位上，且是在其中的第一个单位上。

3）单位的名称或符号要整体使用

一个单位，不论是基本单位、组合单位、还是它们的十进倍数和分数单位，使用时均应作为一个整体来对待。应注意在书写或读音时，不能把一个单位的名称随意拆开，更不能在其中插入数值。十进倍数和分数单位的指数，是对包括词头在内的整个单位起作用。例如：80km/h 应写成并读成"80 千米每小时"，而不得写成并不得读成"每小时 80 千米"。

4）不能单独使用词头

（1）不能把词头当作单位使用。

（2）不能把词头单纯当作因数使用。

5）词头不能重叠使用，有时由于部分词头中的中文名称就是数词，用这些词表示数值再与有词头的单位连用，就不属于词头重叠使用。

6）限制使用 SI 词头的单位

（1）SI 词头不能加在非十进制的单位上。

（2）在 15 个国家选定的非国际单位制单位中，只有"吨"、"升"、"电子伏"、"特克斯"这几个单位，有时可加入 SI 词头。

7）避免单位的名称与符号以及单位的国际符号与中文符号的混用

（1）单位的中文名称与中文符号不应混用。

① 凡是单位名称则不应出现任何数学符号，如居中圆点"·"、除线"/"、乘号"×"等。其中所用的单位全要用名称（全称和简称均可）。

② 凡是单位中的中文符号，则其中所用到的单位要全用该单位的简称，当没有简称时才能用全称。

（2）单位的国际符号与中文符号的也不应混用

这里有一个例外，"℃"是摄氏度的国际单位符号，但它又可作为中文符号，为此符号"℃"具有双重性，在使用中要能鉴别。

8）量值应正确表述

一个量值均由数值和单位组成，在表述时应注意以下几点：

（1）单位的名称或符号要置于整个数值之后，如34m、20℃。

（2）十进制的单位一般在一个量值中只应使用一个单位。对于非十进制的单位，允许在一个量值中使用几个单位。

（3）选用倍数或分数单位时，一般应使数值处于0.1~1000范围内。

例如：$1.2×10^4$N可以写成12kN；0.00318dm可以写成3.18mm。

在同一量的数值表中或叙述用一量的文字中，为对照方便而使用相同的单位时，数值不受限制。

（4）当数值位数较多时，由小数点向左或向右，每三位数留一间距，一般为一个字符，以方便读数，但不能使用逗号等其他标记。

例如，$2.997\ 924\ 58×10^{10}$cm·s^{-1}。

习　题

一、填空题

1. 在国际单位制中，约定地认为，长度、质量、_____、电流、_____温度、物质的量和_____是基本量。

2. 被测量是拟_____的量。它可以理解为已经计量所获得的量，也可指待计量的量。影响量不是被测量但对测量结果有_____的量。有源量是计量对象本身具有一定的能量，观察者无需为计量中的信号提供_____的量。无源量是计量对象本身没有_____，为了能够进行计量，必须从外界获取能量的量。

3. 量纲式的两个常见用途，一是作为检查物理方程式正确性的_____；二是求取一贯单位制中导出单位用_____表示的表达式。

4. 米是光在真空中于_____s时间间隔内所经路径的_____。

5. 当计量单位用字母表达时，一般情况单位符号字母用_____。当单位来源于人名时，符号的第一个字母必须_____。只有体积单位"_____"特殊，这是国际单位制中唯一不是来源于科学家名字命名而使用大写的符号。

6. 质量的SI单位_____可允许在分母中，此时把kg作为质量单位的_____来看待，不作为分母中的_____。

7. 公里为_____的俗称，符号为_____，可以使用。

8. 密度单位kg/m^3的名称为"_____"而不是"_____"。

9. 摄氏温度单位"摄氏度"表示的量值应写成"_____"并读成"_____"，不得写成并读成"_____"。

10. 5立方米（m^3）=_____立方分米（dm^3）=_____立方厘米（cm^3）=_____升（L）

二、判断题（答案正确的打√，答案错误的打×）

1. 基本量是在给定量值中约定地认为可以任意取代的量。　　　　　　（　　）

2. 在明确给定的量制中只能谈一个量的量纲。　　　　　　　　　　　（　　）

3. 能量的单位可以用牛顿米（N·m）表示。　　　　　　　　　　　　（　　）

4. 法律《关于在我国统一实行法定计量单位的命令》规范了我国的计量单位。（　　）

5. 人民生活和贸易中，质量习惯称为重量。　　　　　　　　　　　　（　　）

6. 升的符号可以是大写字体"L"或小写字体"l"。　　　　　　　　　　（　　）

7. 80km/h应写成或读成"每小时80千米"。　　　　　　　　　　　　（　　）

8. 十进制的单位一般在一个量值中只应使用一个单位。　　　　　　　　　　（　　）

三、选择题(将正确答案的符号填在括号内)

1. 我国的法定计量单位主要包括：(　　　)
   A. 国际单位制的基本单位　　　　　　　　B. 国际单位制的导出单位
   C. 国家选定的非国际单位制单位　　　　　D. 由以上单位所构成的组合形式的单位
   E. 英制单位　　　　　　　　　　　　　　F. 非国际单位制单位
   G. 市制单位

2. 石油密度单位一般为：(　　　)
   A. g/cm^3　　　　　　　　B. kg/dm^3　　　　　　　　　　　　C. kg/m^3

3. 量的特点：(　　　)
   A. 能表达为某个数与某单位之积　　　　　B. 独立于单位
   C. 有基本量和导出量　　　　　　　　　　D. 存在与某量制之中
   E. 独立于测量程序　　　　　　　　　　　F. 可测也可数

4. 以下哪些可组成同类量：(　　　)
   A. 长度　　　　　　B. 厚度　　　　　　C. 周长　　　　　　D. 立方米
   E. 质量　　　　　　F. 距离　　　　　　G. 直径　　　　　　H. 牛顿

5. 属于制外单位的有：(　　　)
   A. 时间单位日、小时和分　　　　　　　　B. 平面角单位度、分和秒
   C. 体积单位桶　　　　　　　　　　　　　D. 质量单位磅
   E. 面积单位公顷

四、问答题

1. 什么是量值、真值、数值？量有哪些分类？

2. 什么是量制、量纲？写出国际单位制长的量纲表达式。

3. 什么是计量单位？什么是计量单位制？什么是国际单位制？它包括哪几个基本单位？

4. 国际单位制有哪些特点？它由哪些方面构成？

5. 什么是法定计量单位？我国的法定计量单位什么时候发布？包括哪些方面？

6. 试分别写出米、千克、秒的定义和单位符号。

7. 书写法定计量单位和词头应注意哪些事项？

8. 公升、公吨、T、500cc、35度(温度)在法定单位中都为错误表述，请予改正。

第五章　误差理论基础

在计量过程中，不管仪器多么准确，人员测量多么仔细，方法如何合理，测量环境条件如何好，都有或大或小的误差。也就是说：一切测量结果都带有误差，误差存在于一切科学实验和测量的过程中。这就是误差公理。

第一节　误差定义及表示方法

一、误差的定义

测量误差的定义是："测得的量值减出参考量值"。

以公式表示为：

$$测量误差 = 测的量值 - 参考量值 \tag{5-1}$$

测量误差的概念在以下两种情况下均可使用：当涉及存在单个参考量值，如用测得值的测量不确定度可忽略的测量标准进行校准，或约定两种给定时，测量误差是已知的；假设被测量使用唯一的真值或范围可忽略的一组真值表征时，测量误差是未知的。另外，测量误差不应与出现的错误或过失相混淆。

测得的量值（又称量的测得值简称测得值）是"代表测量结果的量值"。对重复示值的测量，每个示值可提供相应的测得值。用这一组独立的测得值可计算出作为结果的测得值，如平均值或中位值，通常它附有一个已减小了的与其相关联的测量不确定度。当认为代表被测量的真值范围与测量不确定度相比小的多时，量的测得值可认为是唯一真值的估计值，通常是通过重复测量获得的个独立测得值的平均值或中位值。当认为代表被测量的真值范围与测量不确定度相比不太小时，被测量的测得值通常是一组真值的平均值或中位值的估计值。测得的量值是客观存在的量的实验表现，仅是对测量所得被测量之值的近似或估计。显然它是人们认识的结果，不仅与量的本身有关，而且与测量程序、测量仪器、测量环境以及测量人员有关。确定测量结果时，应说明它是示值、未修正测量结果或已修正测量结果，还应表明它是否为几个值的平均，也即它是由单次观测所得，还是由多次观测所得。是单次，则观测值就是测量结果。是多次，则其算术平均值才是测量结果。在很多精密测量的情况下，测量结果是根据重复观测确定的。示值是指"由测量仪器或测量系统给出的量值"。示值可用可视形式或声响形式表示，也可传输到其他装置。示值通常由模拟输出显示器上指示的位置、数字输出所显示或打印的数字、编码输出的码形图、实物量具的赋值给出。示值与相应的被测量值不必是同类量的值。

参考量值（简称参考值）是"用作与同类量的值进行比较的基础的量值"。参考量值可以是被测量的真值，这种情况它是未知的；也可以是约定真值，这种情况下它是已知的。带有测量不确定度的参考量值通常由以下参照对象提供：一种物质，如有证标准物质；一个装置，如稳态激光器；一个参考测量程序；与测量标准的比较。

那么，通常提出的真值到哪里去了呢？量的真值(简称真值)还是有的。真值是"与量的定义一致的量值。"注中有三条：① 在描述关于测量的"误差方法"中，认为真值是唯一的，实际上是不可知的。在"不确定度方法"中认为，由于定义本身细节不完善，不存在单一真值，只存在与定义一致的一组真值；然而，从原理上和实际上，这一组值是不可知的。另一些方法(指 IEC 方法)免除了所有关于真值的概念，而依靠测量结果计量兼容性的概念去评定测量结果的有效性。② 在基本常量的这一特殊情况下，量被认为具有一个单一真值。③ 当被测量的定义的不确定度与测量不确定度其他分量相比可忽略时，认为被测量具有一个"基本唯一"的真值。但由于"实际上是不可知的"，所以，在测量误差中，就改参考量值为真值了。

还有约定量值(VIM2. 12)又称量的约定值，简称约定值。其定义是"对于给定的目的，由协议赋予某量的量值。"其注有三条：① 有时将术语"约定真值"用于此概念，但不提倡这种用法。② 有时约定量值是真值的一个估计值。③ 约定量值通常被认为具有适当小(可能为零)的测量不确定度。"同样"不提倡"。

测量结果是"与其他有用的相关信息一起赋予被测量的一组量值。"

二、误差的表示方法

应该说明，《通用计量术语及定义》JJG 1001—2011 中已经没有了绝对误差、相对误差、引用误差、修正值的解释，但实际工作中还存在。姑且保留《通用计量术语及定义》JJG 1001—1998 的这方面内容。

1. 绝对误差

误差当有必要与相对误差相区别时，误差有时称为测量的绝对误差。

即： 绝对误差＝测量结果−真值 (5-2)

注意不要与误差的绝对值相混淆，后者为误差的模。

2. 相对误差

相对误差是测量误差除以被测量的真值。

即： 相对误差＝绝对误差/被测量真值×100% (5-3)

如：用工作用测深钢卷尺测量液位的高度其测量结果为 1000mm，真值为 1001mm，则绝对误差为：1000-1001 = −1mm；相对误差为−1/1001×100% = −0.0999%。用同一钢卷尺测量液位的高度其测量结果为 10000mm，真值为 10001mm，则绝对误差为 10000−10001 = −1mm；相对误差为−1/10001×100% = −0.009999%，从两个测量结果看，它们的绝对误差是相同的，但相对误差是不同的。显然，后者的测量准确度高于前者，所以，相对误差能更好地描述测量的准确程度。

3. 引用误差

引用误差是"测量仪器或测量系统的误差除以仪器的特定值"。该特定值一般称为引用值，例如，可以是测量仪器的量程或标称范围的上限。

例如一台标称范围为 0~150V 的电压表，当在示值为 100.0V 处，用标准电压表检定所得到的实际值(标准值)为 99.4V，则该处的引用误差为：

$$\frac{100.0-99.4}{150}\times100\% = 0.4\%$$

上式中 100.0-99.4 = +0.6V 为 100.0V 处的示值误差，而 150 为该测量仪器的标称范围的上限，所以引用误差都是对满量程而言。上述例子所说的引用误差必须与相对误差的概念相区别，100V 处的相对误差为：

$$\frac{100.0-99.4}{99.4}\times100\%=0.6\%$$

相对误差是相对于被检定点的示值而言，相对误差随示值而变化。

当用测量范围的上限值作为引用误差时也可称为满量程误差，通常可以在误差数字后附以 FuHscale 的缩写 FS，例如某测力传感器的满量程误差为 0.05%FS。

采用引用误差可以十分方便地表述测量仪器的准确度等级，例如液体容积式流量计计分为 0.1、0.2、0.3、0.5、1.0、1.5、2.5 7 个准确度等级，它们都是仪表最大允许示值误差，以量程的百分数（%）来表示的。如 0.5 级腰轮流量计其满量程最大允许的示值误差为 ±0.5%FS，实际上就是该仪器用引用误差表示的仪器允许误差值。

4. 修正值

修正值在《通用计量术语和定义》JJG1001—2011 中的术语名称为"修正"，其定义为："对估计的系统误差的补偿。"它与原来我们提到的修正值是一回事，只是（correction）译法的区别。

即：　　　　　　　　　　修正值 = 真值 - 未修正测量结果　　　　　　　　　（5 - 4）

那么：　　　　　　　　　真值 = 未修正测量结果 + 修正值

　　　　　　　　　　　　　　 = 未修正测量结果 - 误差　　　　　　　　　　（5 - 5）

由上式可知，未修正测量结果加上修正值和未修正测量结果减去误差得到的是同一个值——真值，那么修正值与误差的关系是绝对值相同而符号相反。

含有误差的测量结果，加上修正值后就可能补偿或减少误差的影响。由于系统误差不能完全获知，因此这种补偿并不完全。修正值等于负的系统误差，这就是说加上某个修正值就像扣除某个系统误差，其效果是一样的，只是人们考虑问题的出发点不同而已。

在量值溯源和量值传递中，常常采用这种加修正值的直观方法。用高一个等级的计量标准来校准或检定测量仪器，其主要内容之一就是获得准确的修正值。

在油品计量中也常涉及修正值的使用，如温度计、密度计、测深钢卷尺等。

石油用温度计通常使用的是全浸式玻璃棒式水银温度计，分度值为 0.2℃。JJG 130—2004《工作用玻璃液体温度计》中规定 -30 ~ +100℃ 的温度计最大允许误差为 ±0.3℃。受检合格温度计的计量器具合格证书上每隔 10℃ 给出一个修正值。当求取被测量的修正值时，采用比例内插法（线性插值法）计算求得，其计算公式为：

$$\Delta x = \Delta x_1 + \frac{\Delta x_1 - \Delta x_2}{x_2 - x_1}(x - x_1) \qquad (5 - 6)$$

式中　x、Δx——测量示值和其对应的修正值；

　　　x_1、x_2——测量示值的下、上邻近被检分度值；

　Δx_1、Δx_2——分度值 x_1、x_2 的修正值。

【例 5-1】　用某一石油玻璃温度计测得煤油的计量温度为 14.6℃，知此温度计在 10℃ 分度和 20℃ 分度时的修正值分别为 -0.2℃ 和 +0.1℃，求修正后的实际计量温度是多少？

解：根据比例内插法公式：

$$\Delta x = -0.2 + \frac{0.1 - (-0.2)}{20 - 10}(14.6 - 10.0)$$

$$= -0.062$$

$$\approx -0.1℃（保留到十分位）$$

故修正后的实际计量温度：$t = 14.6+(-0.1) = 14.5℃$

答：该石油玻璃温度计测量实际温度为 14.5℃。

石油密度计属工作玻璃浮计，JJG 42—2001《工作玻璃浮计》中规定，按型号分为 SY-02、SY-05、SY-10 三种，刻度间隔（g/cm^3）分别为 0.0002、0.0005、0.0010，最大刻度误差（g/cm^3）分别为±0.0002、±0.0003、±0.0010。受检合格石油密度计的计量器具合格证书上每隔 0.01g/cm^3 给一个修正值。当求取被测量的修正值时，采用比例内插法计算求得。

【例 5-2】 用某一 SY-05 石油密度计测得 90 号汽油的视密度为 0.7258g/cm^3，知此密度计在 0.72g/cm^3 分度和 0.73g/cm^3 分度的修正值分别是+0.0002g/cm^3 和+0.0003g/cm^3，求修正后的实际视密度。

解：

$$\Delta x = 0.0002 + \frac{0.0003 - 0.0002}{0.73 - 0.72}(0.7258 - 0.7200)$$

$$= 0.000258$$

$$\approx 0.0003g/cm^3（保留到万分位）$$

故修正后的视密度：$\rho_t' = 0.7258+0.0003 = 0.7261g/cm^3$

答：该石油密度计测量实际密度为 0.7261g/cm^3。

测深钢卷尺按 JJG 4—1999《钢卷尺》中规定，其分度值为 1mm，Ⅱ级测深钢卷尺零值误差（0~500mm）为±0.5mm，任意两线纹间的允许误差 $\Delta = \pm(0.3+0.2L)$mm，（式中 L 是以米为单位的长度，当长度不是米的整数倍时，取最接近的较大的整"米数"），受检合格测深钢卷尺的计量器具合格证书上每一米给定一个修正值。由此可知，测深钢卷尺每米误差不会大于 1mm，则规定测深钢卷尺修正值按就近原则进行修正。设 $x_1 \leqslant x \leqslant x_2$，

则有：当 $x-x_1<x_2-x$ 时，取 $\Delta x = \Delta x_1$

当 $x-x_1>x_2-x$ 时，取 $\Delta x = \Delta x_2$

当 $x-x_1 = x_2-x$ 时，取 $\Delta x = \Delta x_1$，亦可取 $\Delta x = \Delta x_2$

【例 5-3】 用某测深钢卷尺测得罐内油高 5847mm，知该尺 0~5m 分度处和 0~6m 分度处的修正值分别是+1.2mm 和+1.5mm，求修正后的实际油高。

解：按就近原则，$x=5847$mm，接近 0~6m 处的修正值进行修正，即：

$$\Delta x = \Delta x_2 = +1.5mm \approx 2mm（保留到个位）$$

故修正后的油高：

$$h = x+\Delta x = 5847+2 = 5849mm$$

答：该钢卷尺测量实际油高为 5849mm。

5. 偏差

偏差是一个值减去其参考值。参考值即标称值。标称值是测量仪器上表明其特性或指导其使用的量值，该值为圆整值或近似值。如一支标称值为 1m 的钢板尺，经检定其实际值为 1.003m，此尺的偏差为+0.003m，即：

$$偏差 = 实际值 - 标称值 \tag{5-7}$$

由此可见，定义中的偏差值与修正值相等，或与误差等值而反向。应强调的是：偏差相对于实际值而言，修正值和误差则相对于标称值而言，它们所指的对象不同。所以在分析时，首先要分清所研究的对象是什么。还要提及的是，上述尺寸偏差也称实际偏差或简称偏

差，而常见的概念还有"上偏差"（最大极限尺寸与应有参考尺寸之差）及"下偏差"（最小极限尺寸与应有参考尺寸之差），它们统称为"极限偏差"。由代表上、下偏差的两条直线所确定的区域，即限制尺寸变动量的区域，通称为尺寸公差带。

第二节　误差的来源

产生误差的原因是多方面的，了解和掌握误差的来源，对减少和消除误差，提高测量准确度，或者进行误差的计算，选择测量方法和评定测量准确度都有重要的意义。

误差主要来自以下几个方面：

1. 装置误差

测量装置是指为确定被测量值所必需的计量器具和辅助设备的总称。由于计量装置本身不完善和不稳定所引起的计量误差称为装置误差。分为：

（1）标准器误差。标准器是提供标准量值的器具，它们的量值（标准值）与其自身体现出来的客观量值之间有差异，从而使标准器自身带来误差。

（2）仪器、仪表误差。仪器、仪表是指将被测的量转换成可直接观测的指示值或等效信息的计量器具，如秒表、流量计等指示仪器，由于自身结构原理和性能的不完善，如复现性、长期稳定性、线性度、灵敏度、分辨力、重复性等原因均能引起测量误差，甚至测量仪器的安装状况（如垂直、水平）、内部工作介质（如水、油）等也能引起测量误差。

（3）附件误差。为测量创造一些必要条件，或使测量方便地进行的各种辅助器具，均属测量附件，这类附件也能引起误差。

2. 测量方法的误差

采用近似的或不合理的测量方法和计算方法而引起的误差叫做方法误差，如在测量油罐内油品计量温度，由于计量孔位置偏移，不能使温度计到达有代表性的指定点；在计算中，取 $\pi=3.14$，以近似值代替圆周率；还有因为计算相当复杂而改为简单的经验公式计算，由此引起的误差都为方法误差。另外一种物体采用多种方法测量也存在误差。如测量油品有流量法、直接衡量法以及体积-重量法，三者最后的计算结果也不可能完全一致。

3. 操作者的误差

测量人员由于受分辨能力、反应速度、固有习惯、估读能力、视觉差异、操作熟练程度以及一时生理或心理的异态反应而造成的误差，如读数误差、照准误差等。

4. 测量环境引起的误差

由于客观环境偏离了规定的参比条件引起的误差。如温度、湿度、气压、振动、照明等。

第三节　误差分类及其性质

误差分为随机误差和系统误差。

1. 随机误差

随机误差是"在重复测量中按不可预见方式变化的测量误差的分量"。

随机测量误差的参考量值是对同一被测量由无穷多次重复测量得到的平均值。

一组重复测量的随机测量误差形成一种分布，该分布可用期望和方差描述，其期望通常可假设为零。

参照对象的技术规范必须包括在建立等级序列时使用该参照对象的时间，以及关于该参照对象的任何记录信息，如在这个校准等级序列中进行第一次校准的时间。

对于在测量模型中具有一个以上输入量的测量，每个输入量本身应该是经过计量溯源的，并且校准等级序列可形成一个分支结构或网络。为每个输入量建立计量溯源性所作的努力应与对测量结果的贡献相适应。

测量结果的计量溯源性不能保证其测量不确定度满足给定的目的，也不能保证不发生错误。

如果两个测量标准的比较用于检查，必要时用于对量值进行修正，以及对其中一个测量标准赋予测量不确定度时，测量标准间的比较可看作一种校准。

两台测量标准之间的比较，如果用于对其中一台测量标准进行核查以及必要时修正量值并给出不确定度，则可视为一次校准。

随机误差等于测量误差减去系统误差。因为测量只能进行有限次数，故可能确定的只是随机误差的估计值。

随机误差因多种因素起伏变化或微小差异综合在一起，共同影响而致使每个测得值的误差以不可预定的方式变化。因陋就简多次测量时的条件不可能绝对地相同，测量也只能进行有限次数。就单个随机误差估计值而言，它没有确定的规律；但就整体而言，却服从一定的统计规律，故可用统计方法估计其界限或它对测量结果的影响。

在测量误差理论中，最重要的一种分布是正态分布率，因为通常的测量误差是服从正态分布的。当然，在有些情况下，随机误差还有其他形式的分布率，如均匀分布、三角形分布、偏心分布和反正弦分布等。

随机误差大抵来源于影响量的变化，这种变化在时间上和空间上是不可预知的或随机的，它会引起被测量重复观测值的变化，故称之为"随机效应"。可以认为正是这种随机效应导致了重复观测中的分散性，我们用统计方法得到的实验标准[偏]差是分散性，确切地说是来源于测量过程中的随机效应，而不是来源于测量结果中的随机误差分量。

随机误差的统计规律性，主要归纳为对称性、有界性、单峰性。

(1) 对称性是指绝对值相等而符号相反的误差，出现的次数大致相等，也即测得值是以它们的算术平均值为中心而对称分布的。由于所有误差的代数和趋近于零，故随机误差又具有抵偿性，这个统计特性是最本质的。换句话说，凡具有抵偿性的误差，原则上均可按随机误差处理。

(2) 有界性是指测得值误差的绝对值不会超过一定的界限，也即不会出现绝对值很大的误差。

(3) 单峰性是指绝对值小的误差比绝对值大的误差数目多，也即测得值是以它们的算术平均值为中心而相对集中分布的。

由于随机误差等于误差减去系统误差，那么误差按性质分类也就是随机误差和系统误差。由于随机误差有在时间上和空间上不可预知的或随机的变化，也就是随机效应，则过去我们分类的"粗大误差"应归于随机误差一类。粗大误差是人为的、过失性的或者疏忽性的，但不大可能是故意的误差，也就必然存在"不可预知"，只不过是我们在剔除这些值时，因为有明显异常而容易引起注意罢了。

2. 系统误差

系统误差是"在重复测量中保持不变或按可预见方式变化的测量误差的分量"。

它是在对被测量过程中，在偏离测量规定条件或由于测量方法不当时，有可能会产生保持恒定不变或可预知方式变化的测量误差分量。

系统测量误差的参考量值是真值，或是测量不确定度可忽略不计的测量标准的测得值，或是约定真值。

系统测量误差及其来源可以是已知或未知的。对于已知的系统测量误差可采用修正补偿。系统测量误差等于测量误差减随机测量误差。

这说明真值、测量标准的测得值、约定真值、无穷多次重复测量得到的平均值都是参考量值。

如同真值一样，系统误差及其原因不能完全获知。

由于只能进行有限次数的重复测量，真值也只能用约定真值代替，或者就是参考量值，因此可能确定的系统误差只是其估计值，并具有一定的不确定度。这个不确定度也就是修正值的不确定度，它与其他来源的不确定度一样贡献给了合成标准不确定度。值得指出的是：不宜按过去的说法把系统误差分为已定系统误差和未定系统误差，也不宜说未定系统误差按随机误差处理。因为这里所谓的未定系统误差，其实并不是误差分量而是不确定度；而且所谓的按随机误差处理，其概念也是不容易说清楚的。

所谓测量不确定度（简称不确定度），是指"根据所用到的信息，表征被测量量值分散性的非负参数。"该参数可以是如标准偏差或其倍数，或说明了置信水准的区间半宽度，它可能由多个分量组成。其中一些分量可用测量列结果的统计分布估算，并用实验标准偏差表征。另一些分量则可用基于经验或其他信息的假定概率分布估算，也可用标准偏差表征。而其测量结果可理解为被测量之值的最佳估计。

以上定义中，意指应考虑到各种因素对测量的影响所做的修正，特别是测量应处于统计控制的状态下，即处于随机控制过程中。也就是说，测量是在重复性条件或复现性条件下进行的，此时对同一被测量作多次测量，所得测量结果的分散性可按贝塞尔公式算出，并用重复性标准[偏]差 s_r 或复现性标准[偏]差 s_R 表示。

测量不确定度从词义上理解，意味着对测量结果可信性、有效性的怀疑程度或不肯定程度，是定量说明测量结果的质量的一个参数。实际上由于测量不完善和人们的认识不足，所得的被测量值具有分散性，即每次测得的结果不是同一值，而是以一定的概率分散在某个区域内的许多个值。虽然客观存在的系统误差是一个不变值，但由于我们不能完全认知或掌握，只能诊断它是以某种概率分布存在于某个区域内，而这种概率分布本身也具有分散性。测量不确定度就是被测量之值分散性的参数，它不说明测量结果是否接近真值。

为了表征这种分散性，测量不确定度用标准偏差表示。在实际使用中，往往希望知道测量结果的置信区间，因此规定测量不确定度也可用标准偏差的倍数或说明了置信水准的区间的半宽度表示。为了区分这两种不同的表示方法，分别称它们为标准不确定度和扩展不确定度。

在实践中，测量不确定度可能来源于以下 10 个方面：

（1）对被测量的定义不完整或不完善；

（2）实现被测量的定义的方法不理想；

（3）取样的代表性不够，即被测量的样本不能代表所定义的被测量；

（4）对测量过程受环境影响的认识不周全，或对环境条件的测量与控制不完善；

（5）对模拟仪器的读数存在人为偏移；

（6）测量仪器的分辨力或鉴别力不够；

（7）赋予计量标准的值和标准物质的值不准；

（8）引用于数据计算的常量和其他参量不准；

（9）测量方法和测量程序的近似性和假定性；

（10）在表面上看来完全相同的条件下，被测量重复观测值的变化。

由此可见，测量不确定度一般来源于随机性和模糊性，前者归因于条件不充分，后者归因于事物本身概念不明确。不确定度当由方差得出时，取其正平方根。

确定测量结果的方法，通常采用算术平均值、最小二乘法、标准误差、加权平均值、中位值等方法进行。

系统误差大抵来源于影响量，它对测量结果的影响若已识别并可定量表述，则称之为"系统效应"。该效应的大小是显著的，则可通过估计的修正值予以补偿。

系统误差一般不通过测量数据的概率统计来处理和抵偿，甚至未必能靠数据处理来发现，因此，如果存在有系统误差而未被发觉将影响到测量结果的准确度。

表 5-1 为测量误差与测量不确定度的主要区别。

表 5-1 测量误差与测量不确定度的主要区别

序号	内容	测量误差	测量不确定度
1	定义的要点	表明测量结果偏离真值,是一个差值	表明赋予被测量之值的分散性,是一个区间
2	分量的分类	按出现于测量结果中的规律,分为随机和系统,都是无限多次测量时的理想化概念	按是否用统计方法求得,分为 A 类和 B 类,都是标准不确定度
3	可操作性	由于真值未知,只能通过约定真值求得其估计值	按实验、资料、经验评定,实验方差是总体方差的无偏估计
4	表示的符号	非正即负,不要用正负(±)号表示	为正值,当由方差求得时取其正平方根
5	合成的方法	为各误差分量的代数和	当各分量彼此独立时为方和根,必要时加入协方差
6	结果的修正	已知系统误差的估计值时,可以对测量结果进行修正,得到已修正的测量结果	不能用不确定对结果进行修正,在已修正结果的不确定度中应考虑修正不完善引入的分量
7	结果的说明	属于给定的测量结果,只有相同的结果才有相同的误差	合理赋予被测量的任一个值,均具有相同的分散性
8	实验标准[偏]差	来源于给定的测量结果,不表示被测量估计值的随机误差	来源于合理赋予的被测量之值,表示同一观测列中任一个估计值的标准不确定度
9	自由度	不存在	可作为不确定评定是否可靠的指标
10	置信概率	不存在	当了解分布时,可按置信概率给出置信区间

第四节　消除或减少误差的方法

研究误差最终是为了达到消除或减少误差的目的，以提高测量准确度。

一、系统误差的消除或减少

消除或减小系统误差有两个基本方法。一是事先研究系统误差的性质和大小，以修正量的方式，从测量结果中予以修正；二是根据系统误差的性质，在测量时选择适当的测量方法，使系统误差相互抵消不带入测量结果。

1. 采用修正值方法

对于定值系统误差可以采取修正措施。一般采用加修正值的方法，如对测深钢卷尺、温度计、密度计的修正。

对于间接测量结果的修正，可以在每个直接测量结果上修正后，根据函数关系式计算出测量结果。修正值可以逐一求出，也可以根据拟合曲线求出。

应该指出的是，修正值本身也有误差。所以测量结果经修正后并不是真值，只是比未修正的测得值更接近真值。它仍是被测量的一个估计值，所以仍需对测量结果的不确定度作出估计。

2. 从产生根源消除

用排除误差源的办法来消除系统误差是比较好的办法。这就要求测量者对所用标准装置、测量环境条件、测量方法等进行仔细分析、研究，尽可能找出产生系统误差的根源，进而采取措施。如：使用后的测深钢卷尺其示值总比标准值长一些，这很可能是长期承受尺砣压力的影响。应注意这一因素，可在零位值部分进行调节。还有天平安装不正确（不水平）、支点刀承倾斜、横梁摆动中刀两侧摩擦阻力不等，造成天平向一侧倾斜，应重调，使之水平等。

3. 采用专门的方法

1) 交换法（又称高斯法）

在测量中将某些条件，如被测物的位置相互交换，使产生系统误差的原因对测量结果起相反作用，从而达到抵消系统误差的目的。如，为消除由于天平不等臂而产生系统误差的影响，采取交换被测物与砝码的位置的方法。

2) 替代法（又称波尔达法）

替代法要求进行两次测量，第一次对被测量进行测量，达到平衡后，在不改变测量条件下，立即用一个已知标准值替代被测量，如果测量装置还能达到平衡，则被测量就等于已知标准值。如果不能达到平衡，调整使之平衡，这时可得到被测量与标准值的差值，即：被测量=标准值+差值。如天平称量时采用的替代等。

3) 补偿法（又称异号法）

补偿法要求进行两次测量，改变测量中某些条件（如测量方向），使两次测量结果中，得到误差值大小相等，符号相反，取这两次测量的算术平均值作为测量结果，从而抵消系统误差。如计量检定中采用正反行程检定。

4) 对称测量法

即在对被测量器具进行测量的前后，对称地分别同一已知量进行测量，将对已知量两次测得的平均值与被测得值进行比较，便可得到消除线性系统误差的测量结果。如：当用补偿法测量电阻时，被测电阻回路的电流和电位差计工作电流随着时间的变化会引起累进的系统误差。因为电流作线性变化，测量时间又是等间隔的，所以，采用对称观察法，线性累进的系统误差的影响得以消除。

5) 半周期偶数测量法

对于周期性的系统误差，可以采用半周期偶数法，即每经过半个周期进行偶数次观察的方法来消除。该法广泛用于测角仪器。

6）组合测量法

由于按复杂规律变化的系统误差不易分析，采用组合测量法可使系统误差以尽可能多的方式出现在测量值中，从而将系统误差变成为随机误差处理。

由于对随机误差、系统误差等掌握或控制的程度受到需要和可能两方面的制约，当测量要求和观察范围不同时，掌握和控制的程度也不同，于是会出现一误差在不同场合下按不同的类别处理的情况。系统误差与随机误差没有一条不可逾越的明显界限，而且，二者在一定条件下可能相互转化。

二、随机误差的消除或减少

随机误差是由很多暂时未能掌握或不便掌握的微小因素所构成，这些因素在测量过程中相互交错、随机变化，以不可预知方式综合地影响测量结果。就个体而言是不确定的，但对其总体（大量个体的总和）服从一定的统计规律，因此可以用统计方法分析其对测量结果的影响。

事实表明，大多数的随机误差具有：单峰性（即绝对值小的误差出现的概率比绝对值大的误差出现概率大）、对称性（即绝对值相等的正误差和负误差出现的概率相等）、有界性（在一定测量条件下，误差的绝对值不会超过某一定界限）等特性。其他如三角分布、均匀分布等也有类似特性。

随机误差按统计方法来评定，如用算术平均值来评定测量结果的数值，实验标准偏差、算术平均值实验标准偏差来评定测量结果的分散性等。

关于粗大误差，这种明显超出规定条件下预期的误差会明显地歪曲测量结果，应给予剔除。

粗大误差产生的原因既有测量人员的主观因素，如读错、记错、写错、算错等；也有环境干扰的客观因素，如测量过程中突发的机械振动，温度的大幅度波动，电源电压的突变等，使测量仪器示值突变，产生粗大误差。此外，使用有缺陷的计量器具，或者计量器具使用不正确，也是产生粗大误差的原因之一。含有粗大误差的测量结果视为离群值，按数据统计处理准则来剔除。

在重复条件下的多次测得值中，有时会发现个别值明显偏离该数值算术平均值，对它的可靠性产生怀疑，这种可疑值不可随意取舍，因为它可能是粗大误差，也可能是误差较大的正常值，反映了正常的分散性。正确的处理办法是：首先进行直观分析，若确认某可疑值是由于写错、记错、误操作等，或者是外界条件的突变产生的，可以剔除，这就是直观判断或称为物理判别法。

测量数据的简单处理：

1. 一般步骤

对一个量进行等精度独立测量后，如系统误差已采取措施消除，应按以下步骤进行测量数据的处理。

1）求算术平均值

算术平均值是一个量的 n 测量值的代数和再除以 n 而得的商。即：

$$\bar{x} = \frac{(x_1 + x_2 + x_3 + x)}{n} \qquad (5-8)$$

式中　$\bar{x}$——算术平均值；

　　　n——测量次数。

2）求残余误差(ν_i）及其平方值和

残余误差是测量列中的一个测量值 x_i 和该列的算术平均值 $\bar{x}$ 之间的差 ν_i。即：

$$\nu_i = x_i - \bar{x} \qquad\qquad (5-9)$$

残差平方值的和是将各残差平方值相加。

3）求单次测量的标准偏差（均方差、均方根误差）

测量列中单次测量的标准偏差，是表征同一被测量值的多少测量所得结果的分散性参数。在实际测量中，测量次数虽然是充分的，但毕竟有限，因而往往用残余误差代替测得值与被测量的真值之差，并按下列公式计算标准偏差的估计值。

$$S = \sqrt{\frac{\sum_{i=1}^{n}(x_i - \bar{x})^2}{n-1}} \qquad\qquad (5-10)$$

2. 标准偏差 σ 的求取

标准偏差 σ 是在真值已知，且测量次数 $n \to \infty$ 的条件下定义的。实际上，测量次数总是有限的，真值也是无法知道的。因此，符合定义的标准偏差的精确值是无法得到的，只能求取其估计值。现主要介绍贝塞尔法。

利用贝塞尔法，可在有限次测量的条件下，借助算术平均值求出标准偏差的估计值。

前面 1 中的（1）、（2）、（3）即为贝塞尔法。

【例5-4】 对某一物件进行10次测量，所得数据为（单位为 mm）

10.0040、10.0057、10.0045、10.0065、10.0051

10.0053、10.0053、10.0050、10.0062、10.0054

试求均方差。

解： （1）求算术平均值：$\bar{x} = 10.0053$

（2）求残差：$\qquad\qquad \nu_i = x_i - \bar{x} = x_i - 10.0053$

以微米为单位时，对应于上述测量数据的各残差依次为：-1.3；0.4；-0.8；1.2；-0.2；0；0；-0.3；0.9；0.1。

验算：

$$\sum_{i=1}^{n}\nu_i = 0$$

故上述计算正确。

（3）求残差的平方值及其和：求上列残值的平方值，结果依次为（单位为 μm）：1.69；0.16；0.64；1.44；0.04；0；0；0.09；0.81；0.01，各残值的平方和为：

$$\sum_{i=1}^{10}\nu_i^2 = 4.88(\mu m^2)$$

（4）求标准偏差的估计值：

$$\sigma = \sqrt{\frac{\sum_{i=1}^{10}\nu_i^2}{n-1}} = \sqrt{\frac{4.88}{10-1}} = 0.736 \approx 0.7(\mu m)$$

为计算方便，免出差错，将上述结果可列成表格，见表5-2。

表 5-2 结　果

测量 x/mm	$\nu = x - \bar{x}/\mu\mathrm{m}$	$\nu_i^2/\mu\mathrm{m}$
10.0040	-1.3	1.69
10.0057	0.4	0.16
10.0045	-0.8	0.64
10.0065	1.2	1.44
10.0051	-0.2	0.04
10.0053	0	0
10.0053	0	0
10.0050	-0.3	0.09
10.0062	0.9	0.81
10.0054	0.1	0.01
$\bar{x} = 10.0053$	$\sum\limits_{i=1}^{10} \nu_i = 0$	$\sum\limits_{i=1}^{10} \nu_i^2 = 4.88$ $\sigma = \sqrt{\dfrac{4.88}{10-1}} \approx 0.7\mu\mathrm{m}$

除贝塞尔法外，还有佩特斯法、极差法、最大误差法、最大残差法求出标准偏差。

3. 粗差的剔除

在一组测量数据中难免存在着粗大误差。因此，在估计随机误差时，必须事先剔除其中的粗大误差；否则，将显著影响测量结果。几种常见的剔除粗差方法如下。

（1）莱因达准则（3σ准则）。当随机误差呈正态分布时，大于 3σ 的随机误差出现概率小于 0.27%，相当于测量 370 次才出现一次。由此可以认为，对于有限次测量，误差值大于 3σ 一般是不可能。此时，若出现误差大于 3σ 的测值，则有理由认为它含有粗大误差，应予剔除，这就是莱因达准则剔除粗大误差的原理。莱因达准则以固定概率为基础建立，一律以置信概率 $P = 99.73\%$ 确定粗差界限。

设一组等精度测值 x_1、x_2、$\cdots$、x_n，经计算得其算术平均值为 $\bar{x}$，残差 $\nu = x_i - \bar{x}$，按贝塞尔公式计算得出的标准偏差：

$$\hat{\sigma} = \sqrt{\frac{\sum\limits_{i=1}^{n} \nu_i^2}{n-1}} \qquad (5-11)$$

若组中某个测值的 x_i 残差 $\nu_d (1 \leq d \leq n)$ 满足下式：

$$| \nu_d | = | \nu_d - \bar{x} | > 3\sigma$$

则可认为 ν_d 是含有粗大误差的测值，应予剔除。应该注意的是，测量次数少于或等于 10 次时，残差永远小于 3σ。这时是无法剔除粗差的。因此，只有在测量次数多于 10 次时，莱因达准则才适用。

【例 5-5】 测量温度获得 15 个数据，见表 5-3，利用莱因达准则判断测值中是否含有粗差。

表 5-3 测量数据及计算

n	$t/℃$	$\nu_1/℃$	$\nu_2/℃$
1	20.42	+0.016	+0.009
2	20.43	+0.026	+0.019
3	20.40	−0.004	−0.011
4	20.43	+0.026	+0.019
5	20.42	+0.016	+0.009
6	20.43	+0.026	+0.019
7	20.39	−0.014	−0.021
8	20.30	−0.104	
9	20.40	−0.004	−0.011
10	20.43	+0.026	+0.019
11	20.42	+0.016	+0.009
12	20.41	+0.006	−0.001
13	20.39	−0.014	−0.021
14	20.39	−0.014	−0.021
15	20.40	−0.004	−0.011
	$\overline{t_1}=20.404$ $\overline{t_2}=20.411$	$\sum\limits^{15}\nu_1^2=0.01496$	$\sum\limits^{14}\nu_2^2=0.00337$

解：① 通过计算求算术平均值：$\overline{t_1}=20.404℃$

② 根据残差 ν_i 求 $\hat{\sigma}$：$\hat{\sigma}=\sqrt{\dfrac{0.01496}{15-1}}=0.033$

③ 求 $3\sigma_1$：$3\sigma_1=3×0.033=0.099$

④ 根据上述计算结果进行判断：第 8 个数据 20.30 的残差 $|\nu_d|=0.104>3\sigma=0.099$。因此，此数据中含有粗差，应剔除第 8 个数据。

⑤ 通过计算要求剔除第 8 个数据后的其余数据之算术平均值：

$$\overline{t_2}=20.411℃$$

⑥ 根据剔除第 8 个数据后的其余数据之残差，ν_i 求 σ_2。

$$\sigma_2=\sqrt{\dfrac{0.00337}{14-1}}=0.016$$

⑦ 求 $3\sigma_2$：$3\sigma_2=3×0.016=0.048$

⑧ 根据计算结果进行判断：剔除第 8 个数据后其余数据的残差之绝对值都小于 $3\sigma_2$，因此，此时各数据中均不含粗差。

（2）此外剔除粗差还有肖维勒准则、格拉布斯准则、t 检验准则、狄克逊准则等。

第五节　计量数据处理

由于测量结果含有测量误差，测量结果的位数，应保留适宜，不能太多，也不能太少，太多易使人认为测量准确度很高，太少则会损失测量准确度。测量结果的数据处理和结果表达是测量过程的最后环节，因此，有效位数的确定和数据修约对测量数据的正确处理和测量结果的准确表达有很重要的意义。

1. 有关名词解释

（1）正确数。不带测量误差的数，如 3 支温度计，5 个人。

（2）近似数。接近但不等于某一数的数，如圆周率 π 的近似数为 3.14。在自然科学中，一些数的位数很长，甚至是无限长的无理数，但运算时只能取有限位，所以实际工作中近似数很多。

（3）有效数字。一个数字的最大误差不超过其末位数字的半个单位，则该数字的左起第一个非零数字到最末一位数字，为有效数字。

如用一支最小刻度为毫米的钢板尺测量某物体长度，得出四个数字：① $L=3$mm；② $L=3.3978\ldots$mm；③ $L=3.4126\ldots$mm；④ $L=3.4$mm。上述四个数据显然都是近似数，但第一个数据未能充分利用刻尺的精度，应再多估读一位；第二、第三个数据虽然位数较多，但不能通过尺的刻度准确读出来，数据中小数点后第二位以后的数字都是虚假无效的；唯独第四个数据最合理地反映了 L 的真实值，有效地表示了原有物体的真实尺寸。因此称 3.4mm 为 L 的有效值。这一数值的特点是只有最末一位数字是估读的，而其他位的数字都是准确数字。

为了进一步探讨这一数值的特点，分析一下估读数值的精度。一般情况下，计量检测人员都能估读出最小刻度的 $\dfrac{1}{10}$，其估读精度为 ±0.05 刻度值，或者说估读值的最大误差不超过估读位上的半个单位。例如，上例中的数值 3.4mm，是在 $\dfrac{1}{10}$ mm 位上的估读的，估读误差不超过 $\pm\dfrac{1}{2}\times\dfrac{1}{10}$ mm = ±0.05mm，即 L 的实际值在 3.35~3.45mm 的范围内。

（4）有效位数。一个数全部有效数字所占有的位数称为该数的有效位位数。如 3.4 中的 "3.4" 为两位有效数字。应该指出：

① 有效数字的位数与该数中小数点的位置无关。上例中被测长度 L 的有效数值为 3.4mm；若以米为单位来表示，则为 0.0034m。这两个数字虽然其小数点位置不同，但都为二位有效数字。因此，盲目认为"小数点后面位数越多数值越准确"是错误的，因为小数点在一个数中的位置仅与所选的计量单位有关，而与该数的量值无关。

顺便指出，0.0034m 中前面三个"零"是由于单位改变而出现的，都不是有效数字。因此一个数的有效数字必须从第一个非零数字算起。

② 一个数末位的"零"可能是有效数字，也可能不是有效数字。上例中测得的 $L=3.4$mm，如果以微米为单位表示，则 $L=3400\mu m$。但根据有效数字定义，此数仍为二位有效数字，其末两位的"零"不是有效数字。如果用按毫米刻度的刻尺测出一个尺寸为 50mm，则其"50"之末位的"零"显然为有效数字。因此，对于一个数的末位的"零"，不能笼统断言是或者不是有效数字，而必须根据具体情况进行分析。

这里还应指出，对于测量数据，存在着有效数字的概念；对于 $\sqrt{2}$、π、e 这类无理数亦有有效数字的概念。例如，3.14 是 π 的三位有效数字，3.1416 则是 π 的五位有效数字。

③ 乘方形式体现的有效数字。如 3.4mm 可以为 3400μm。此时，如果不加特殊说明，就很难断定 L 的数值是几位有效数字。为了能在选择不同单位的情况下，都能准确无误地辨认出一个数的有效数字位数，可采用如下数据形式：

有效数字×10ⁿ 单位

这里 n 为幂指数，根据选定单位而定。例如，有效数字为 3.4mm 的测值可表示成 3.4mm、$3.4\times10^3\mu m$、3.4×10^{-3}m、3.4×10^{-2}cm。目前实际确定时，通常将极限误差保留一位数字（精密测量可多保留 1~2 位），测量结果最末一位数字的数量级取至极限误差数量级相同。例如，光速 c 的估计值为 299792458.0m/s，极限误差为 ±0.4m/s，极限误差为 0.4m/s，因此光速可用下式表示：

$$c = (299792458.0 \pm 0.4) \text{米/秒}$$

对于一般性测量，有效位数的确定可以简单些，不必先知道极限误差，只需按计量器具最小刻度值来确定有效位数即可，因为一般计量器具的极限误差与刻度值是相当的。如果对测量结果需要进行计算，如多次测量时求算术平均值，则读数可多估读一位；但最后测量结果的有效位数仍根据计量器具最小刻度值确定。

从上述分析可以看出，测量数据的有效位数是受测量器具及方法的精度限制的，不能随意选定。如成品油计量中散装成品油重量计算时的数据处理，其计算结果一般规定：

① 若油重单位为吨(t)时，则数字应保留至小数点后第三位；若油重单位为千克(kg)时，则有效数字仅为整数。

② 若油品体积单位为立方米(m³)时，则有效数字应保留至小数点后第三位；若体积单位为升(L)时，则有效数字仅为整数；但燃油加油机计量体积单位为升时，数字应保留至小数点后第二位。

③ 若油温单位为摄氏度(℃)时，则有效数字应保留至小数点后一位，即精确至 0.1。

④ 若油品密度单位为 g/cm³ 时，则有效数字应保留至小数点后第四位；若油品密度单位为 kg/m³，则有效数字应保留至小数点后一位，且 kg/m³ = 10^{-3}g/cm³。

⑤ 石油体积系数，有效数字应保留至小数点后第五位。

以上数字在运算过程中，应比结果保留位数多保留一位。

2. 数字修约原则

在处理计量测试数据的过程中，常常需要仅保留有效位数的数字，其余数字都舍去。这时要遵循以下规则进行取舍：

如果以舍去数的首位单位为 1，分三种情况进行处理：

（1）若舍去部分的数值大于 5，则保留数字的末位加 1；

（2）若舍去部分的数值小于 5，则保留数字的末位不变；

（3）若舍去部分数值等于 5，则将保留数字的末位凑成整数，即末位为偶数(0、2、4、6、8)时不变，为奇数(1、3、5、7、9)时则加 1。

为便于记忆，我们将上述规则简化为口诀：

五下舍去五上进，偶弃奇取恰五整。

【例 5-6】 将下列左边各数保留到小数点后第二位。

76.7464 ⟶ 76.75　　　　15.6735 ⟶ 15.67　　　　0.3750 ⟶ 0.38

0.3650 ⟶ 0.36　　　　0.365000001 ⟶ 0.37

3. 近似数的加减运算

近似数的加减，以小数点后位数最少的为准，其余各数均修约成比该数多保留一位，计算结果的小数位数与小数位数最少的那个近似数相同。

【例 5-7】 求 28.1+14.54+3.0007 的值

解：　　　　28.1+14.54+3.0007 ≈ 28.1+14.54+3.00 = 45.64 ≈ 45.6

答：该值为 45.6。

4. 近似数的乘除运算

近似数的乘除，以有效数字最少的为准，其余各数修约成比该数字多一位的有效数字；

计算结果有效数字位数，与有效数字的位数最少的那个数相同，而与小数点位置无关。

【例5-8】 求$2.3847×0.76÷41678$的值

解： $2.3847×0.76÷41678≈2.38×0.76÷4.17×10^4=4.33764988×10^{-5}≈4.3×10^{-5}$

答： 该值为$4.3×10^{-5}$。

【例5-9】 已知圆半径$R=3.145$mm，求周长C

解： $$C=2πR=2×3.1416×3.145=19.760664≈19.76\text{mm}$$

答： 周长为19.76mm。

5. 近似数的乘方运算

乘方运算是乘法运算的特例，其规则与乘除运算规则类同，为：数进行乘方运算时，幂的底数有几位有效数字，运算结果就保留几位有效数字。

【例5-10】 试求$(2.46)^2$的值

解： 经计算得$(2.46)^2=6.0516$。因为底数2.46的有效数字为三位，所以计算结果亦取三位有效数字，为6.05。

答： 该值为6.05。

6. 近似数的开方运算

开方运算是乘方的逆运算，所以可以由乘方运算规则导出开方运算规则为：数进行开方运算时，被开方数有几位有效数字，求得的方根值就保留几位有效数字。列举一例进行说明。

【例5-11】 试求$\sqrt{8.60}$的值

解： $\sqrt{8.60}≈2.933$。因为8.60可以认为是三位有效数字，所以其方根值取为2.93。

答： 该值为2.93。

7. 近似数的混合运算

进行混合运算时，中间运算结果的有效数字位数可比按加、减、乘、除、乘方、开方运算规则进行计算所得的结果多保留一位。

【例5-12】 试求$\dfrac{(673-119+119×0.094)(12.8-9.5)}{403.7×(100.11-12.8)}$的值。

解： 因为$12.8-9.5=3.3$，其有效位数最少，为两位，所以上式的最终计算结果的有效数字也取两位，而中间运算结果取三位。然后进行计算，得：

$$\frac{(554+11.2)×3.3}{404×87.5}=\frac{565×3.3}{353×10^2}=\frac{186}{353}≈0.53$$

答： 该值为0.53。

这里应该指出，为可靠起见，实际计算过程中的数据和最终结果的数的位数可比按以上有关规则规定的多保留$1～2$位，作为保险数字，这要视具体情况而定。

8. 修约注意事项

（1）不得连续修约。即拟修约的数字应在确定位数一次修约获得结果，不得多次连续修约。如：修约15.4546至个位，结果为15，不正确修约是：$15.4546→15.455→15.46→15.5→16$。

（2）负数修约，先将它的绝对值按规定方法进行修约，然后在修约值前加上负号，即负号不影响修约。

习 题

一、填空题

1. 示值是由测量仪器或测量系统给出的_____。

2. 粗大误差产生的原因既有测量人员的_____，如读错、记错、写错、算错等；也有环境干扰的_____，如测量过程中突发的机械振动，温度的大幅度波动，电源电压的突变等，使测量仪器示值突变，产生粗大误差。此外，使用_____的计量器具，或者计量器具_____，也是产生粗大误差的原因之一。

3. 测量数据的有效位数是受_____限制的，不能_____选定。

4. 测量误差的定义是：测得的量值减去_____。

5. 绝对误差表示的是测量结果减出_____所得的量值，而相对误差表示的是测量结果所含有的_____。

6. 修正是对_____系统误差的_____。

7. 误差分为_____误差和_____误差。

8. 有效数字是反映被测量_____的数字。

二、判断题(答案正确的打√，答案错误的打×)

1. 钢卷尺、温度计求取被测量的修正值时，采用比例内插法计算求得。 （ ）

2. 系统误差分为已定系统误差和未定系统误差。 （ ）

3. 误差分为随机误差、系统误差和粗大误差。 （ ）

4. 一个数全部有效数字所占有的位数称为该数的有效位位数。 （ ）

三、选择题(将正确答案的符号填在括号内)

1. 随机误差主要来源为：（ ）

    A. 仪器构造不完善   B. 测量方法本身的影响

    C. 环境方面的影响   D. 测量者个人操作习惯的影响

2. 粗大误差产生的原因：（ ）

    A. 测量人员的主观因素   B. 使用有缺陷的计量器具

    C. 或者计量器具使用不正确   D. 标准器误差

    E. 环境方面的影响

四、问答题

1. 什么是误差、修正？两者有何区别？

2. 什么是相对误差、引用误差？绝对误差和误差的相对值有何不同？

3. 测深钢卷尺、温度计、密度计各自的修正方法是什么？

4. 误差的产生主要来自哪些原因？

5. 请解释随机误差和系统误差。

6. 随机误差有哪些统计规律性？

7. 测量结果、未修正测量结果、已修正测量结果各自的含义是什么？

8. 什么是测量不确定度？在实践中，它可能来源哪些方面？

9. 数值修约的原则是什么？数字修约有哪些注意事项？

10. 何为正确数、近似数、有效数字和有效位数？

11. 成品油重量计算的数据处理有哪些规定？

五、计算题

1. 某标准流量计检定某满刻度值为 1000L 的工作用流量计，标准流量计标准值为 995L 时，工作用流量计示值为 997.3L，试求该工作用流量计的误差、相对误差、引用误差和修正值。(%保留到千分位)

2. 某标准流量计检定某满刻度值为 1000L 的工作用流量计，经检定工作用流量计正好运行一周计算出其修正值是-4L，试求标准流量计标准值和该工作用流量计的误差、相对误差、引用误差。(%保留到千分位)

3. 用某温度计测量油品温度为 34.3℃，知该温度计修正值 30℃ 时为 0.21℃，40℃ 时为 0.14℃，试求该温度是多少?

4. 用某温度计测量油品温度为 0.4℃，知该温度计修正值 0℃ 时为-0.10℃，10℃ 时为 0.08℃，试求该温度是多少?

5. 用某一 SY-05 石油密度计测得 0 号柴油的视密度为 0.8362g/cm³，知该密度计修正值 0.8300g/cm³ 时为-0.0001g/cm³，0.8400g/cm³ 时为-0.0002g/cm³，试求该油的实际视密度是多少?

6. 用某一 SY-05 石油密度计测得 90 号汽油的视密度为 0.7314g/cm³，知该密度计修正值 0.7300g/cm³ 时为-0.0001g/cm³，0.7400g/cm³ 时为+0.0002g/cm³，试求该油的实际视密度是多少?

7. 用某测深钢卷尺测得罐内油高 3499mm，知该钢卷尺修正值 0~3m 时为 0.51mm，0~4m 时为 0.48mm，试求该实际油高为多少?

8. 用某测深钢卷尺测得罐内油高 15007mm，知该钢卷尺修正值 0~15m 时为 3.63mm，0~16m 时为 3.49mm，试求该实际油高为多少?

9. 试将以下数字修约到十分位:
36.34、39.36、28.25、32.35、28.450001、32.34999

10. 修约以下数字到个位:
18564.495、236.5004、338.5、66541.5、-15.64

11. 测得一组数据，分别为：41.84、41.85、41.82、41.85、41.84、41.85、41.81、41.32、41.82、41.85、41.84、41.83、41.81、41.81、41.82，试用莱因达准则判别含有粗大误差的测量值，并列表求得标准偏差。

第六章 石油基础知识

第一节 石油的组成及性质

石油是原油及其加工产品的总称。

原油是一种埋藏在地下的天然矿产物，古代动、植物的遗体，由于地壳运动压在地层深处，在缺氧、高压、高温的条件下，经历了数百万年的物理变化和化学变化，逐渐变成黑色或深棕色亦或为暗绿、赤褐色的具有特殊气味的流体或半流体。原油古时称膏油。其密度一般在 $0.80\sim0.9\mathrm{g/cm^3}$ 之间。凝点差异较大，有的高达 $30℃$ 以上，有的低于 $-50℃$。从化学组成成分看，是一种包含多种元素组成的多种化合物的混合物。不同产地的原油在化学组分上有一定的差异。

组成原油的主要元素是碳(C)和氢(H)，碳含量约 $83\%\sim87\%$，氢含量约 $11\%\sim14\%$，两者合计约 $96\%\sim99\%$。碳和氢以不同数量和方式排列，构成不同类型的碳氢化合物，简称"烃"。其次还含有少量的硫(S)、氧(D)、氮(N)(这些元素合计含量为 $1\%\sim4\%$)以及极微量的钾(K)、钠(Na)、钙(Ca)、镁(Mg)、铁(Fe)、镍(Ni)、钒(V)、铜(Cu)、铝(Al)、碘(I)、磷(P)、砷(As)、硅(Si)、氯(Cl)等十多种元素。上述各种元素在原油中都不是以单质的形式存在，而是相互结合为非烃类化合物和胶质、沥青质等。这些非烃类化合物大都对原油加工和成品油质量有不利影响，所以在炼制过程中要尽可能地除去。

原油经过常减压蒸馏和各种转化、精制等炼制工艺，加工成各种动力燃料、照明用油、溶解剂、绝缘剂、冷却剂、润滑剂和用途广泛、品种繁多的化工原材料，统称为"石油产品"。

石油中的烃类按其结构不同，大体分为烷烃、环烷烃、芳香烃和不饱和烃等。不同烃类对各种石油产品性质的影响各不相同。

1. 烷烃

烷烃是开链的饱和烃(saturated group)，是只有碳碳单键的链烃，是最简单的一类有机化合物。烷烃分子中，氢原子的数目达到最大值，它的通式为 C_nH_{2n+2}。分为正构体和异构体两类。以直链相连接的烷烃为正构烷烃，带有支链的烷烃为异构烷烃。在绝大多数的石油中，烷烃的含量都比较高，通常以甲、乙、丙、丁、戊、己、庚、辛等表示分子结构中碳原子的数目，并以正构键和异构键表示连接方式来命名各类烷烃，如异辛烷表示的是由 8 个碳原子组成的异构体烷烃。

烷烃在常温下其化学安定性比较好，但不如芳香烃。在一定的高温条件下，烷烃容易分解并生成醇、醛、酮、醚、羧酸等一系列氧化产物。烷烃的密度最小，黏温性能最好，是燃料和润滑油的良好成分。煤油中含烷烃较多时，点灯时火焰稳定；润滑油中含烷烃较多时，黏温性能良好。烷烃的正构烷烃的自燃点最低，在柴油机中其燃烧迟缓期短，故柴油含正构烷烃多，则燃烧性能好，柴油机工作平稳；但在汽油机中易生成过氧化物，引起混合气的爆燃，故汽油含正构烷烃多，则辛烷值低，汽油机易发生爆震。高分子正构烷烃是蜡的主要成分，故在柴油和润滑油中含量不宜过多，以免使产品的凝点高，低温流动性不好。异构烷烃

(特别是高度分支的异构烷烃)的自燃点高，辛烷值高，在汽油中抗爆性强，是高辛烷值汽油的理想成分，但不是柴油的理想成分。

2. 环烷烃

环烷烃是指分子结构中含有一个或者多个环的饱和烃类化合物。烃分子的碳原子相互连接成环状，碳原子之间全是单键相互结合的。环烷烃是环状结构的饱和烃。环烷烃的化学安定性良好，与烷烃近似但不如芳香烃，密度较大，自燃点较高，辛烷值居中；它的燃烧性较好、凝点低，润滑性好，故也是汽油、煤油和润滑油的良好成分。润滑油含单环环烷烃多则黏温性能好，含多环环烷烃多则黏温性能差。

3. 芳香烃

芳香烃是具有苯核结构的烃类，是苯及苯的衍生物、苯的同系物。芳香烃的化学安定性良好，密度最大，自燃点最高，辛烷值最高；它对有机物的溶解力强，毒性也较大。故芳香烃是汽油的良好成分，而对柴油则是不良成分；煤油中须有适量(10%~20%)的芳香烃才能保证照明亮度，但如含量过大，点灯时易冒黑烟；橡胶溶剂油和油漆溶剂油中也需有适量芳香烃以保证有良好的溶解能力。因其毒性较大，故含量要适当地控制；润滑油中含有多环芳香烃会使其黏温性能显著变坏，故应尽量除去。

4. 不饱和烃

不饱和烃是分子中含有碳碳双键或三键的碳氢化合物。不饱和烃在原油中含量极少，主要是在二次加工过程中产生的。热裂化产品中含有较多不饱和烃(主要是烯烃，间有少量二烯烃，但没有炔烃)，它的化学安定性最差，易氧化生成胶质，但辛烷值较高，凝点较低。故有时将热裂化馏分掺入汽油以提高其辛烷值，掺入柴油以降低其凝点。因其安全性差，这类掺合产品均不宜长期储存，掺有热裂化馏分的汽油还应加入抗氧防胶剂。

各种烃类对石油产品某些性质的影响归纳于表6-1。

表6-1 各种烃类对石油产品性质的影响

烃类		密度	自燃点	辛烷值	十六烷值	化学安全性	黏度	黏温性能	低温性能	备注
烷烃	正构	小	低	低	高	好	小	最好(液体)	差(高分子)	润滑油：理想组分为液体烷烃、环烷烃、少环长侧链的环烷烃和芳香烃
烷烃	异构		高	高	低	差(分支多)			好	
环烷烃	单环	中	中	中	中	好	大	好	好	非理想组分为多环芳香烃、短侧链的环烷烃或芳香烃、固体烃、不饱和烃
环烷烃	多环					差(多侧链)		差		
芳香烃	少环	大	高	高	低	好	大	好	中	
芳香烃	多环					差(多侧链)		差		
不饱和烃	烯烃	稍大于烷烃	高	高	低	坏	—	—	好	
不饱和烃	二烯烃	小于环烷烃				最坏				

注：多环环烷烃和芳香烃当其侧链长度增加和侧链数目增加时，黏温性能有所改善。

石油中的非烃化合物虽含量不多，但它们对炼制过程和产品质量都有极大的危害。硫化物(如硫醇、硫醚、噻吩等)除对炼油设备有腐蚀外，还会使汽油的感铅性降低，影响汽油的抗爆性；氧化物(如环烷酸、苯酚等)对金属有腐蚀作用；氮化物(如吡啶、吡咯等)在空气中易氧化，颜色变深，汽油的变色与氮化物有关；胶质、沥青质是含有氧硫、氮的高分子非烃化合物，石油中此类化合物含量越大，则颜色越深。

总之，石油是由各种烃类和非烃类化合物所组成的复杂混合物。根据原油中的硫含量和主要烃类成分的不同，大体上可分为石蜡基石油、环烷基原油和中间基原油三类。石蜡基原油含烷烃较多；环烷基原油含环烷烃、芳香烃较多；中间基原油介于二者之间。

第二节　石油产品常用基本生产方法和理化指标

一、常用基本生产方法

1. 常减压蒸馏

常压蒸馏是根据组成原油的各类烃分子沸点的不同，利用加热炉、分馏塔等设备将原油进行多次的部分汽化和部分冷凝，使气液两相进行充分的热量交换和质量交换，以达到分离的目的，从而制得汽油、煤油、柴油等馏分。一般 35～200℃ 的馏分为直馏汽油馏分；175～300℃ 的馏分为煤油馏分；200～350℃ 的馏分为柴油馏分；350℃ 以上的馏分为润滑油原料或裂化原料。

直馏馏分主要是由烷烃和环烷烃组成，一般不含饱和烃，所以直馏产品性质安定，不易氧化变质，宜于长期储存。

常压蒸馏得到的渣油是生产润滑油的原料。由于它是 350℃ 以上的高沸点馏分，如果用常压蒸馏来进行分离，加热温度就得高达 350℃ 以上，在这样的高温下，会引起分子的裂化。为了既能进行蒸馏分离而又不致发生裂化，因此采用减压蒸馏。

减压蒸馏是利用降低压力从而降低液体沸点的原理，将常压渣油在减压塔内进行分馏。减压塔的真空是靠二至三级蒸汽喷射泵抽空而造成的。塔顶真空度控制在 93.3kPa 左右。从减压塔侧线可以引出各种润滑油馏分或催化裂化的原料。塔底重油叫减压渣油，可作为焦化和制取沥青的原料或作为锅炉燃料。

2. 热裂化

仅靠温度和压力的作用来实现的石油裂化过程叫热裂化。热裂化的原理，是利用高温使重油一类的大分子烃受热分解裂化成为汽油一类的小分子烃。所用的原料通常是常压重油、减压馏分、焦化蜡油等。

这种方法的优点是汽、柴油的产率高。但是由于热裂化产品中含有较多的不饱和烃，所以安全性不好，储存中易氧化变质。同时，热裂化过程中所发生的缩合反应，会使加热炉的管道严重生焦，使开工周期缩短。由于热裂化工艺存在上述缺点，所以此法已逐渐淘汰。

3. 催化裂化

在催化剂存在下进行的石油裂化过程叫催化裂化。原料油是在催化剂的作用下，使烃分子受热裂化，由于合成硅酸铝催化剂（其主要成分是氧化硅和氧化铝以及很少量的水、氧化镁、氧化钠等）或沸点催化剂的作用，大分子烃变成小分子烃，并改变其分子结构，使不饱和烃大大减少，异构烷烃和芳香烃增加。催化裂化通常用重质馏分如减压馏分、焦化柴油及蜡油等为原料，也有用预先脱沥青的常压重油为原料的，也有部分或全部使用常压重油为原料的。催化裂化汽油性质稳定、辛烷值高，故用作航空汽油和高辛烷值汽油的基本组分。

4. 加氢裂化

在有催化剂和氢气存在的条件下，使重质油受热后通过裂化反应转化为轻质油的加工工艺，叫做加氢裂化。加氢裂化工艺是增产优质航空喷气燃料和优质轻柴油采用最广泛的方法。一般是在硅酸铝担体含铂、钯、氧化钨和镍等的催化剂上，在 9.81~14.71MPa 压力和 380~440℃的温度下，生产汽油、煤油、柴油等产品。加氢裂化具有原料油的范围广、生产灵活性大和收率高等优点，同时加氢裂化产品的质量高。由于它不饱和烃含量少，基本上不含非烃类，所以安定性好；由于含环烷烃多，是催化重整制取高辛烷值汽油的原料，由于含异构烷烃较多，芳香烃较少，因而凝点和冰点都很低、十六烷值较高，是生产喷气燃料和优质柴油的原料。

此外还有延迟焦化、催化重整、烷基化油品精制等。

二、常用理化指标

1. 密度

单位体积的物质在真空中的质量称为密度。即：$\rho = \dfrac{m}{v}$，单位为 g/cm³、kg/m³。

（1）标准密度。我国将在 20℃、101.325kPa 下物质的密度定为标准密度，表示为 ρ_{20}。国际上也有将在 15.6℃（60℉）、101.358 kPa 下物质的密度定为标准密度的，表示为 $\rho_{15.6}$。

（2）视密度。在试验温度下，玻璃密度计在液体试样中的读数称为视密度，表示为 ρ'_t。

（3）相对密度。在一定条件下，一种物质的密度与另一种参考物质密度之比，由 d 表示。油的相对密度常以 4℃的水为参考物质，t℃时油品的相对密度为 d_4^t。由于 4℃水的密度为 1。所以油品在 t℃下的相对密度值就是油品在 t℃时的密度值。

石油的密度是随其组成中的含碳、氧、硫量的增加而增大的。因而含芳烃多的、含胶质和沥青多的密度最大；而含环烷烃多的居中；含烷烃多的最小。因此，在某种程度上往往可以根据油品密度的大小来判断该油的大概质量。必须注意的是由密度的定义可知，即便同一油品，其密度随温度的变化也会发生变化。即温度越高，密度越小；反之则温度越低，密度越大。密度的测定主要用于油品计量和对某些油品的质量控制。

2. API 度

欧美各国常用 15.6℃（60℉）的水作为参考物质，15.6℃油品的相对密度为 $d_{15.6}^{15.6}$。常用比重指数表示液体的相对密度，比重指数就称为 API 度。

$$比重指数（API 度）= \frac{141.5}{d_{15.6}^{15.6}} - 131.5$$

常见石油产品的 API 度如表 6-2 所示。

表 6-2　常见石油产品的 API 度

品　　种	$d_{15.6}^{15.6}$	API 度
原　油	0.65~1.06	86~2
汽　油	0.70~0.77	70~52
煤　油	0.75~0.83	57~39
柴　油	0.82~0.87	41~31
润滑油	>0.85	<35

3. 黏度

牛顿指出，当流体内部各层之间因受外力而产生相对运动时，相邻两层流体交界面上存在着内摩擦力。液体流动时，内摩擦力的量度称为黏度，黏度值随温度的升高而降低。大多数润滑油是根据黏度来判分牌号的。

黏度一般表示方式有五种，即动力黏度、运动黏度、恩式黏度、雷氏黏度和赛氏黏度。

根据牛顿定律

$$F = \mu S \frac{\mathrm{d}v}{\mathrm{d}L} \qquad\qquad (6-1)$$

式中　F——两液层之间的内摩擦力，N；

　　　S——两液层之间的接触面积，m^2；

　　　$\mathrm{d}L$——两液层之间的距离，m；

　　　$\mathrm{d}v$——两液层间相对运动速度，m/s；

　　　μ——内摩擦系数，即该液体的动力黏度，Pa·s。

当 $S = 1\mathrm{m}^2$，$\frac{\mathrm{d}v}{\mathrm{d}L} = 1\mathrm{s}^{-1}$，$\mu = F$ 时，动力黏度 μ 的物理意义，可理解为在单位接触面积上相对运动速度梯度为 1 时，流体产生的内摩擦力。

运动黏度 ν 是动力黏度 μ 与相同温度、压力下该流体密度 ρ 的比值$\left(\nu = \dfrac{\mu}{\rho}\right)$，$\mathrm{m}^2/\mathrm{s}$。

恩氏黏度、雷氏黏度、赛式黏度都是用特定仪器在规定条件下测定的黏度值，所以也称为条件黏度。

4. 馏程

在标准条件下，蒸馏石油所得的沸点范围称为"馏程"。

馏程的意义在于可用沸点范围来区别不同的燃料，同时还可用来表示燃料中轻重组分的相对含量。以汽油为例，除初馏点和终馏点外，整个馏程还包括以下项目：

（1）初馏点和干点。在加热蒸馏的过程中，其第一滴冷凝液从冷凝器末端落下的一瞬间所记录的气相温度称为"初馏点"，它表示燃料中最轻成分的沸点；其最后阶段所记录的最高气相温度称为"终馏点"，也称为干点，它表示燃料中最重成分的沸点。

（2）10%、50%、90%馏出温度。指馏出物的体积分别达到试样的 10%、50%、90%时的温度。

（3）残留量。指停止蒸馏后，存于烧瓶内的残油的体积分数。

（4）损失量。在蒸馏过程中，因漏气、冷凝不好和结焦等造成试油损失的量，以 100mL 试油减去馏出液和残留物的总体积即得损失量。

馏程是轻质油品重要的试验项目之一，其目的在于可用它来判断石油产品中轻、重馏分组成的多少。从车用汽油的馏程可看出它在使用时启动、加速和燃烧的性能。汽油的初馏点和 10%馏出温度过高，冷车不易启动，而这两个温度过低又易产生气阻现象。汽油的 50%馏出温度是表示它的平均蒸发性，它能直接影响发动机的加速性。如果 50%馏出温度低，它的蒸发性和发动机的加速性就好，工作也较稳定。汽油的 90%馏出温度和干点表示汽油中不易蒸发和不能完全燃烧的重质馏分的含量，这两个温度低，表明其中不易蒸发的重质组分少，能够完全燃烧；反之，则表示重质组分多，汽油不能完全蒸发和燃烧，如此就会增加油耗，又有可能稀释润滑油，以致加速机件磨损。

对溶剂油来说通过馏程可以看出它的蒸发速度，对不同的工艺有不同的要求。溶剂油的牌号就是以溶剂油的干点或 98%馏出温度作为其牌号的，如 120 号溶剂油即指它的 98%馏出温度不高于 120℃。

5. 浊点

在规定条件下，被冷却的油品开始出现蜡晶体而使液体浑浊时的温度称为浊点，单位℃。

6. 倾点

在规定条件下，被冷却的油品尚能流动的最低温度称为倾点，单位℃。

7. 凝点

在规定条件下，被冷却的油品停止移动时的最高温度称为凝点，单位℃。例如柴油以凝点定牌号，目前轻柴油按国家标准划分的牌号有：10号、5号、0号、-10号、-20号、-35号、-50号。

8. 闪点

在规定的条件下，加热油品所逸出的蒸气和空气组成的混合物与火焰接触发生瞬间闪火时的最低温度称为闪点，单位℃。

9. 饱和蒸气压

在规定的条件下，油品在适当的试验装置中，气液两相达到平衡时，液面蒸气所显示的最大压力称为饱和蒸气压，单位 Pa。

10. 水分（含水率）

油品中的含水量，单位%（质量）。

11. 实际胶质

在规定条件下测得的航空汽油、喷气燃料的蒸发残留物或车用汽油蒸发残留物中的正庚烷不溶部分称为实际胶质，以 mg/100mL 表示。实际胶质是指油中已经存在的一种胶质，它具有黏附性，常被用来评定汽油或柴油在发动机中生成胶质的倾向。从实际胶质的大小可判断油品能否使用和继续储存。一般而言，实际胶质较大的燃料应尽早使用，否则颜色变深、酸度增大，使用时在发动机的进油系统和燃烧系统会产生胶状沉积物，从而影响发动机的正常工作。

12. 辛烷值

辛烷值是表示汽油在汽油发动机内抗爆性的项目。抗爆性是指汽油在发动机内燃烧时不发生爆震的能力。爆震（俗称敲缸）是汽油发动机中一种不正常的燃烧现象。发生这种现象时发动机会强烈震动，并发出金属敲击声，随即功率下降，排气管冒黑烟，且耗油量增加，严重的甚至会毁坏发动机零件。

燃料的辛烷值是在规定条件下的发动机试验中，通过和标准燃料进行比较来测定的。它等于与其抗爆性相同的标准燃料中含异辛烷的体积分数。标准燃料由正庚烷和异辛烷按不同比例掺合而成。人为地将正庚烷的辛烷值定为0，异辛烷定为100。如标准燃料由85%的异辛烷和15%的正庚烷组成，这个标准燃料的辛烷值就是85。汽油的牌号就是以其辛烷值的含量而定的，如97号汽油，即指辛烷值不小于97。辛烷值越高，抗爆性越好。测定辛烷值的方法有马达法和研究法。

（1）马达法辛烷值。是以较高的混合气温度（加热至149℃）和较低的发动机转速（900r/min）的条件为特征所测得的辛烷值，是用以评定车用汽油在发动机节气阀全开、高速动转时的抗爆性。

（2）研究法辛烷值。是以较低的混合气温度（一般不加热）和较低的发动机转速（600r/min）的条件为特征所测得的辛烷值，是用以评定车用汽油低速转到中速运行时的抗爆性。

一般研究法所测的辛烷值高于马达法，两者的近似关系可用经验公式表达为：

$$马达法辛烷值=研究法辛烷值×0.8+10 \tag{6-2}$$

目前我国车用汽油已全部采用研究法辛烷值来确定产品牌号。按国家标准划分的牌号为90号、93号、95号。

13. 十六烷值

十六烷值是表示柴油燃烧性能的项目，是柴油在发动机中着火性能的一个约定值。它也是在规定条件下的发动机试验中，通过和标准燃料进行比较来测定的，并且采用和分析燃料具有相同着火滞后期的标准燃料中十六烷的体积分数表示其值。这个值越高，着火滞后的时间越短。十六烷值高的柴油的自燃点低，在柴油机的气缸中容易自燃，不易产生爆震。但也不宜过高，否则燃料不能完全燃烧，排气管就会冒黑烟，耗油量增加。通常将十六烷值控制在40~60之间。

14. 诱导期

表示在规定的加速氧化条件下，油品处于稳定状态所经历的时间周期，单位 min。它是评价汽油在长期储存中氧化及生胶趋向的一个项目。诱导期越短，则稳定性越差，生成胶质也越快，安全保管期也就越短。

第三节 石油的特性

一、易燃烧

燃烧是物质(燃料)在一定的条件下与氧作用产生光和热的快速化学反应。燃烧也就是化学能转变为热能的过程。反应是否具有放热、发光、生成新的物质等三个特征，是区分燃烧与非燃烧现象的依据。燃烧在时间上和空间上失去控制就形成火灾。火灾分为 A、B、C、D 四个类别：A 类火灾指固体物质火灾，如棉、麻、木材等；B 类火灾指液体物质和可熔化的固体火灾，如石油、甲醇、石蜡等；C 类火灾指气体火灾，如天然气、煤气、丙烷等；D 类火灾指金属类火灾，如钾、钠、镁等。

燃烧应同时具备三个条件，即可燃物、助燃物、着火源。

可燃物：不论固体、液体、气体，凡是可以与空气中氧或其他氧化剂剧烈反应的物质，都属于可燃物，如木材、纸张、棉花、汽油、乙醇等。没有可燃物就谈不上燃烧。

助燃物：支持燃烧的物质，一般指氧或氧化剂，主要指空气中的氧，这种氧称为空气氧，氧在空气中约占21%。可燃物质没有氧助燃是燃烧不起来的。

着火源：足够把可燃物质的一部分或全部加热到发生燃烧所需的温度和热量的热源，叫做着火源。如明火、摩擦、撞击、自然发热、化学能、电燃等。石油的燃点比闪点的温度仅高 1~5℃。

石油是一种多组分的混合物，燃烧时首先逐一蒸发成各种气体组分，而后燃烧。石油馏分(沸点)低的组分最先燃烧(如汽油)，随着燃烧时间的正常，在剩下的液体中，高沸点组分的含量相对增加，液体的密度、黏度相应增高，从而燃烧向深度加深。

在一定的温度下，易燃或可燃液体产生的蒸气与空气混合物后，达到一定浓度时使火源产生一闪即灭的现象叫闪燃。发生闪燃的最低温度叫闪点。按火灾危险性分类：闪点在28℃以下的石油如汽油、原油为甲类；闪点在28~60℃之间的石油如灯用煤油为乙类；闪点在60~120℃之间的石油如柴油为丙 A 类；闪点在120℃以上的石油如润滑油为丙 B 类。很显然，闪点越低，燃烧起火的可能性越大。

扑灭火灾，按照经典的燃烧理论，即燃烧的三个条件：可燃物、助燃物、着火源，破坏其中的一个条件，燃烧即会中止。扑灭液体石油类火灾的基本方法通常为：

1. 窒息法

油料不能在缺氧的情况下燃烧。设法使燃烧液面与空气隔绝，能够达到灭火目的。窒息方法主要有：

（1）用不燃烧或难燃烧物压盖着火面；

（2）用水蒸气或其他不燃气体喷射在燃烧液表面，稀释空气中的含氧量，当空气中的氧含量降到16%以下时，火焰便会因缺氧而熄灭；

（3）密闭着火油料的容器孔口，使容器内的氧在燃烧过程消耗后得不到补充。

2. 冷却法

采用水或其他冷却剂将燃烧物降温到燃点以下。对于石油火灾，采用冷却的方法主要是控制燃烧的速度和范围。向着火罐和邻近油罐的罐壁喷水降温，以降低高热传导和高热辐射温度，收到控制燃烧速度和范围的效果。

3. 隔离法

把着火物与可燃物隔离，限制和控制火灾蔓延。方法为：

（1）迅速移去火场附近的油料及其他可燃物；

（2）把着火物移离储油场所；

（3）上述两者做不到时，在窒息灭火的同时，使用水雾冷却隔离；

（4）封闭火场附近的一切储油容器和储油管道；

（5）拆离与火场连接的可燃建筑物。

窒息、冷却和隔离这三种灭火方法和它们的灭火效能都是相互联系并且是相互促进和相互补益的。油库加油站的灭火物质和灭火器材，一般都具备或兼备了以上三项灭火功能的二项或三项，以供扑救石油火灾时充分利用，从而收到综合效益的目的。

油库、加油站的灭火剂及灭火器材通常为水、灭火泡沫剂、干粉灭火机、二氧化碳灭火机、"1211"灭火机、石棉毯、干沙等。

二、易爆炸

凡是发生在瞬间的燃烧，同时生成大量的热和气体，并以很大的压力向四周扩散的现象，称为爆炸。常见的爆炸为物理性爆炸和化学性爆炸，这两类爆炸在石油火灾中常见。

石油蒸气与空气混合，当达到一定混合比范围时，遇火即发生爆炸。上述混合比范围，称为爆炸极限。爆炸最低的混合比，称为爆炸下限（或低限）；爆炸最高的混合比，称为爆炸上限（或高限）。比如某汽油蒸气爆炸下限为1.7%，上限为7.2%，即当该汽油蒸气在空气中的含量达到上述范围，遇火将引起爆炸；低于爆炸下限时，遇火不会爆炸，也不会燃烧；高于爆炸上限时，遇火则会燃烧。但在石油火灾过程中，随着石油蒸气浓度的增减变化，爆炸和燃烧也是交替出现的。某些油品，除了按石油蒸气浓度测定爆炸极限外，还有一个按温度来测定爆炸极限，也同样区分为下限和上限。因为石油的蒸气浓度是在一定的温度下形成的。几种油品的闪点、自燃点、浓度爆炸极限、温度爆炸极限见表6-3。

表 6-3　几种油品爆炸极限

油品名称	闪点/℃	自燃点/℃	浓度爆炸极限/%		温度爆炸极限/℃	
			下限	上限	下限	上限
车用汽油	−50~−30	415~530	1.58~1.70	6.48~7.00	−38.0	−8.0
灯用煤油	40	380~425	0.60~1.40	7.50~8.00	+40.0	+86.0
柴油	40~65		0.6	6.6		

　　由于油品的组分不同，即使是同品种、同牌号油品的油蒸气混合物的爆炸极限也会各有些差异。因此表 6-3 数字只供参考。爆炸极限也不是孤立和固定不变的，它要受诸如初始温度、压力、惰性气体与杂质的含量、火源的性质，容器大小等一系列因素的影响。从表6-3可以看出，汽油的轻质组分最多，挥发速度也快，在一般环境温度下的油蒸气浓度都能达到爆炸极限范围。因此，各类油品的爆炸危险程度仍以汽油为高，其他油品次之。

　　防止石油爆炸，首先要采取与防火相同的措施，其次要针对石油的性质、爆炸上下限、盛装石油容器的防爆能力等，采取相应的措施。如适当通风、确定安全容量等，科学运用，防止事故发生。

三、易蒸发

　　液体表面的汽化现象叫蒸发。由于构成物质的分子总是不停地作无规则运动的原因，处在液体表面运动着的分子就会克服分子间的吸引力，逸出液面，变为气体状态。这种蒸发现象尤其是轻质油品更为显著。1kg 汽油大约可蒸发为 $0.4m^3$ 的汽油蒸气，蒸发速度也最快，可以完全蒸发掉。煤油和柴油在常温常压下蒸发速度则慢一些，润滑油则更慢。蒸发分为静止蒸发和流动蒸发。石油产品蒸发速度与下列因素有关。

　　1. 温度

　　温度越高，蒸发速度越快；温度越低，蒸发速度越慢。

　　2. 液体表面空气流动速度

　　流动速度快，蒸发快；流动速度慢，蒸发慢。

　　3. 蒸发面积

　　蒸发面积越大，蒸发速度越快；蒸发面积小，蒸发速度则慢。

　　4. 液体表面承受的压力

　　压力大蒸发慢，压力小蒸发快。

　　5. 密度

　　密度大蒸发慢，密度小则蒸发快。

　　由于石油蒸发出来的气体相对密度较大，一般在 1.59~4 之间，它们常常飘散在操作室内空气不流通的低部位或积聚在作业场所的低洼处。一有火花即会酿成爆炸或燃烧火灾事故，甚至造成惨重损失。蒸发还可污染环境，致人中毒。蒸发造成量的损失，称为蒸发损耗。损耗率的大小，是衡量企业经营管理水平的一项主要指标。应采取一切有效的技术措施，如降低温度减少温差，在安全的前提下减少容器气体空间饱和储存，减少不必要的倒装和减少与空气的接触等，以减少蒸发损失。

四、易产生静电

　　静电是两种物质相互接触与分离而产生的电荷。

　　石油是导电率极低的绝缘非极性物质。当它沿管道流动与管壁摩擦和在运输过程中与车、船上的罐、舱壁冲撞以及有油流的喷射、冲击，都会产生静电。在静电电位高于 4V

时，发生的静电火花达到了汽油蒸气点燃能量(油气最小点燃能量为 0.25mJ)，就足以使汽油蒸气着火、爆炸。静电积聚程度同下列因素有关。

1. 周围的空气湿度

空气中的水蒸气，是电的良导体。空气中的水蒸气含量大，湿度则大，输转石油时，静电积聚则小；反之，空气干燥，湿度小，静电积聚则大。当空气相对湿度为 47%~48% 灌装石油时，接地设备电位达 1100V；空气湿度为 56% 灌装石油时，接地设备电位则为 300V；当空气湿度接近 72% 灌装石油时，带电现象实际终止。

2. 油料流动速度

油料在管内流动速度越快，产生的电荷越多，电位则高；流动速度越慢，产生电荷越少，电位则低。因此，油料在管内流动速度，按规定不得超过 4.5m/s。

3. 油料在容器或导管中承受的压力

压力越大，摩擦冲击越大，产生静电电荷越多，积聚静电电位越高；反之则低。

4. 导电率

导电率高，静电电荷积聚则少；反之，则多。如帆布、橡胶、石棉水泥、塑料等输油管较金属输油管积聚的静电电位要高得多。

为了防止静电电荷积聚产生较高的静电电位，油库的储、输油设备，如储油罐、输油管道、油泵等，都要按照有关规定，设置良好的静电导除装置；油罐汽车、火车油罐在装卸过程中，也要有相应的静电导除装置，严格控制流速，防止油料喷溅、冲击，尽量减少静电产生。并要对一切静电导除装置，定期进行检查和测定，保持良好的导除性能。工作人员不穿容易产生静电的衣服、不使用易产生静电的工具、不向易产生静电的容器内(如塑料桶)中注入油品等，以防止静电带来的危害。

五、易受热膨胀

膨胀是一种物理现象。存放在密闭容器中的石油，由于温度升高，体积随之增大，其蒸气压也随之增大。其膨胀的程度超过容器承受的压力时，就会使容器发生爆裂、爆破甚至爆炸。石油产品受热膨胀的程度，与品种和受热温度有关，黏度小的品种如汽油膨胀快，黏度大的品种如润滑油膨胀慢，温度越高，其石油体积膨胀越大。当温度降低，容器内石油体积缩小，并造成负压，当容器承受不了石油缩小的负压时，就会被大气压瘪、变形甚至损坏报废导致燃烧事故。因此合理掌握容器储存安全容量和容器内气压是防止容器爆炸和瘪缩的关键措施。调节容器内气压主要通过呼吸阀调节，达到保障容器安全，降低油品损耗的目的。油罐安全容量的计算方法为：

所谓油罐安全容量，是指储存在油罐内的油品能较满足在最高温度状况下不溢出罐外的合理容量。立式金属油罐的安全容量的计算方法如下。

1. 安全容量法基本数据

(1) 油罐罐壁总高(H_1)。

(2) 消防泡沫需要厚度(H_2)。按规定，油罐内储油品种汽油、煤油、柴油分别所需的化学泡沫厚度(cm)分别为：45、30、18，如果使用空气泡沫其厚度(cm)均为 30。值得说明的是，消防泡沫口下沿距罐壁上沿的距离如果小于泡沫厚度时，应从罐壁总高中减去泡沫厚度；如果消防泡沫口下沿距罐壁上沿的距离大于泡沫厚度时，应从罐壁总高中减去消防泡沫口下沿距罐壁上沿的距离，否则，油品在最高计量温度时会通过消防泡沫口流出罐外一部分油。

（3）油罐容积表

（4）待收油品在常温下的密度（ρ_{t_2}）：

$$\rho_{t_2} = VCF(\rho_{20} - 0.0011) \qquad (6-3)$$

（5）油品在储存期预测的最高温度下的密度（ρ_{t_1}）。

$$\rho_{t_1} = VCF(\rho_{20} - 0.0011) \qquad (6-4)$$

式中　VCF——石油体积修正系数；

　　　ρ_{20}——石油在标准温度时密度；

　0.0011——空气浮力修正值。

2. 计算方法

（1）先求出实际储油高度 H：

$$H = H_1 - H_2 \qquad (6-5)$$

（2）按照求得的 H，查储存该油的油罐容积表，求出在 H 高度下的容积 V_H；

（3）求该油罐安全容积 V_{a_1}：

$$V_{a_1} = V_H \frac{\rho_{t_1}}{\rho_{t_2}} \qquad (6-6)$$

（4）按照求出的 V_a，查油罐容积表，查出安全高度 H_a。

（5）求实际安全容积 V_a。

$$V_a = V_{a_1} - V_{\text{余}} \qquad (6-7)$$

【例 6-1】　2 号立式金属油罐罐壁总高为 11404mm，储存汽油，使用化学泡沫灭火，待收油的计量温度 10℃，经计算后的密度 0.7274g/cm^3，储存期的最高计量温度为 35℃，经计算后的密度为 0.7061g/cm^3，该罐消防泡沫口下沿（A 点）离罐壁最高点距离为 280mm，求安全容量和安全高度？

解：（1）求实际储油高度：

$$H = 11404 - 450 = 10954\text{mm}$$

（2）查实际油高时的容量得：1967898+8985+719=1977602L。

（3）计算储油安全容量：

$$V_{a_1} = 1977602 \times \frac{0.7061}{0.7274} = 1977602 \times 0.97071 = 1919678\text{L}$$

（4）求安全高度：

根据安全容量，反查容积表得：

$$H_a = 10631\text{mm}$$

（余下的 117L 不足 1mm，只能舍掉，否则会溢出罐外；另外油罐的静压力增大值表的容量没有考虑，这是因罐壁产生弹性变形而产生的量，随液高的升降而增减）。

（5）求实际安全容量：

$$V_a = 1919698 - 137 = 1919561\text{L}$$

答：2 号立罐储油期间安全容量为 1919561L，安全高度为 10631mm。

卧式金属油罐安全容量的计算方法为：

$$V_{a_1} = V_H \frac{\rho_{t_1}}{\rho_{t_2}}$$

【例6-2】 3号卧式金属油罐储存柴油计量温度为15℃，经计算后的密度为0.8436g/cm³；最高计量温度35℃时经计算后的密度为0.8294g/cm³；求安全容量和安全高度。

解：

$$V_a = 51130.65 \times \frac{0.8294}{0.8436} = 51130.65 \times 0.98316 = 50269.6L$$

查容积表　　$H_a = 2669mm$

答： 3号卧罐存油期间安全容量50269.6L，安全高度2669mm。

3. 安全高度法

此法与安全容量法基本相同。不同点为首先求出安全高度，然后再查安全容量。

其公式为：

$$H_a = H \frac{VCF_{t_1}}{VCF_{t_2}} \tag{6-8}$$

式中　VCF_{t_1}——油品在储存期预测的最高温度下的石油体积修正系数；

　　　　VCF_{t_2}——待收油品在常温下的石油体积修正系数。

【例6-3】2号立式金属油罐罐壁总高为11404mm，储存汽油，使用化学泡沫灭火，储存期油品标准密度为0.7300g/cm³，待收油的计量温度10℃，储存期的最高计量温度为35℃，该罐消防泡沫口下沿(A点)离罐壁最高点距离为280mm，求安全容量和安全高度？

解：（1）求实际储油高度：

$$H = 11404 - 450 = 10954mm$$

（2）查 VCF_{t_1} 和 VCF_{t_2}：

$$VCF_{t_1} = 0.98110$$

$$VCF_{t_2} = 1.01250$$

$$\rho_w = \rho_{20} \times VCF_{t_2} = 0.73 \times 1.01250 = 0.7391g/cm^3$$

（3）计算储油安全高度：

$$H_a = 10954 \times \frac{0.98110}{1.01250} = 10954 \times 0.96899 = 10614mm（尾数只舍不入）$$

（4）求安全容量：

根据安全高度查容积表得：

$$V_a = 1913990 + 1797 + 719 + \left[1267 + \frac{1293 - 1267}{10.7 - 10.6}(10.614 - 10.600) \right] \times 0.7391$$

$$= 1916506 + 939.1 = 1917445.1 = 1917445L（尾数只舍不入）$$

答： 2号立罐储油期间安全高度为10614mm，安全容量为1917445L。

六、具有一定的毒害性

石油的毒害性，因其由碳和氢两种元素结合组成的烃的类型不同而不同。不饱和烃、芳香烃就较烷烃的毒害性大。易蒸发的石油较不易蒸发的石油危害性大。轻质油品特别是汽油中含有不少芳香烃和不饱和烃，而且蒸发性又很强，因而它的危害性也就大一些。石油对人的毒害是通过人体的呼吸道、消化道和皮肤三个途径进入体内，造成人身中毒的。中毒程度与油蒸气浓度、作用时间长短有关。浓度小、时间短则轻；反之则重。含有四乙基铅的车用汽油，除上述毒害性外，还会由于铅能通过皮肤、食道、呼吸道进入人体，使人发生铅中毒。

石油虽然具有一定的毒害性，但不可怕，只要积极预防，是完全可以避免的。防止中毒的主要措施是：

（1）尽量降低轻质油作业地点的油蒸气浓度。轻质油品泵房、灌油间、发油间、桶装油库房，窗户要敞开，使其空气对流，保持良好通风，并酌情装配通风装置；油泵、阀门、管线、法兰、密封良好，不渗不漏；仓库内堆存的桶装油要拧紧桶盖，发现漏桶，及时倒换，减少油蒸气外逸；清洗储油和运油容器，要严格遵守安全操作规程，进入油罐内作业，必须先打开人孔通风，戴有通风装置的防毒面具，着防毒服装，系上安全带和信号绳，在罐外有专人守候随时呼应的情况下作业；清扫装轻质油料的火车油罐，严禁进入罐内作业，采取其他办法清底，最大限度减少吸入油蒸气。

（2）避免与油品直接接触。从事于石油收、发和保管、使用的工作人员，要穿戴配发的劳动保护用品(工作服、帽、口罩、手套等)。下班后也不要把穿戴的劳动保护用品带入食堂、宿舍。不要用汽油洗手、洗工具和衣服。当手上和衣服上溅有含铅汽油后，应及时用温水和肥皂清洗。当含铅汽油溅入眼内时，要立即用淡盐水和蒸馏水冲洗。不要用口吸吮汽油。要养成良好的卫生习惯。坚持饭前漱口并用肥皂水洗脸洗手。

（3）要对油库职工特别是长期直接从事石油收、发、保管的工作人员，进行定期的健康检查。一旦发现病症，及时进行治疗。同时各级石油经营单位，都要把改善劳动条件和对职工进行有效的劳动保护认真重视起来。

第四节　石油产品分类　质量要求及管理

一、石油产品分类

根据 GB 498—87 标准，石油产品及润滑剂的总分类见表 6-4。

表 6-4　石油产品及润滑剂的总分类

类　别	各类别的含义	类　别	各类别的含义
F	燃料(汽、煤、柴油)	W	蜡
S	溶剂和化工原料	B	沥青
L	润滑剂和有关产品	C	焦

根据 GB 7631—98 标准，润滑剂和有关产品(L 类)的分类见表 6-5。该标准根据润滑剂的应用领域把产品分为 19 个组。

表 6-5　润滑剂和有关产品(L 类)分组

序　号	组　别	应用场合	序　号	组　别	应用场合
1	A	全损耗系统	8	H	液压系统
2	B	脱膜	9	M	金属加工
3	C	齿轮	10	N	电器绝缘
4	D	压缩机(包括冷冻机和真空泵)	11	P	风动工具
5	E	内燃机	12	Q	热传导
6	F	主轴、轴承和离合器	13	R	暂时保护防腐蚀
7	G	导轨			

序 号	组 别	应 用 场 合	序 号	组 别	应 用 场 合
14	T	汽轮机	17	Y	其它应用场合
15	U	热处理	18	Z	蒸汽气缸
16	X	用润滑脂的场合	19	S	特殊润滑剂应用场合

二、几种常用石油产品的质量要求及管理

1. 汽油

其用途是作为汽油汽车和汽油机(点燃式发动机)的燃料,并按辛烷值划分牌号,对它的质量要求是:

(1) 良好的蒸发性,以保证发动机在冬季易于启动;在夏季不易产生气阻,并能较完全燃烧。

(2) 足够的抗爆性,以保证发动机运转正常,不发生爆震,充分发挥功率。

(3) 有一定的化学稳定性。要求诱导期要长,实际胶质要小,以保证长期储存时不会发生明显的生成胶质和酸性物质,以及辛烷值降低和颜色变深等质量变化。

(4) 有较好的抗腐性,要求腐蚀试验不超过规定值,保证汽油在储存和使用中不腐蚀储油容器和汽油机件。

2. 煤油

主要用于照明和各种喷灯、气灯、气化炉和煤油炉等的燃料,也可用作机械零件的洗涤剂、橡胶和制药工业的溶剂等。其质量要求是:

(1) 燃烧性良好。在点燃油灯时,有稳定的火焰和足够的照度,不冒或少冒黑烟;

(2) 吸油性良好。重组馏分要少,以利于灯芯吸油,不易结焦;

(3) 含硫量少。燃烧时无臭味。燃烧时释放的气体于人畜无害;

(4) 闪点不低于40℃,以保证使用时的安全,否则常温下着火危险性大。

3. 柴油

柴油分为轻柴油和重柴油两种。轻柴油可用作柴油机汽车、拖拉机和各种高速(1000r/min 以上)柴油机(压燃式发动机)的燃料,重柴油则是中速(300～1000r/min)和低速(300r/min 以下)柴油机的燃料。

(1) 对轻柴油的质量要求是:

① 燃烧性好。即十六烷值适宜、自燃点低、燃烧充分,发动机工作稳定,不产生爆震现象;

② 蒸发性好。蒸发速度要合适,馏分应轻些,否则会使发动机油耗增大,磨损加剧,功率下降;

③ 有合适的黏度。以保证高压油泵的润滑和雾化的质量;

④ 含硫量小。以保证不腐蚀发动机(我国轻柴油的特点之一就是含硫量很小);

⑤ 稳定性好。在储存中生成胶质燃烧后生成积炭的倾向都比较小。

(2) 对重柴油的质量要求是:

① 适宜的黏度,以保证油泵压力正常,喷油雾化良好,燃烧完全,对高压油泵和油嘴的磨损较小;

② 含硫量小,以保证不腐蚀发动机。

4. 溶剂油

溶剂油通常有120号溶剂油、190号溶剂油和200号溶剂油。它们分别被用作橡胶工业

溶解胶料配制胶浆、油漆工业制油漆的稀释剂、清洗机件以及农药和医药工业溶剂。不同的用途可使用不同的溶剂油。当然对其质量也有特殊要求，一般对关系到蒸发速度的快慢和对人体毒性较大的芳香烃及碘值的最大含量均有一定要求。

5. 润滑油

润滑油的品种繁多。这类油主要是从经过提取汽油、煤油、柴油后剩下的馏分中再经提炼、精制的产品。并不是所有的润滑油都用于润滑。根据其性能、用途的不同对其质量要求也不相同，但共同的要求是：

① 适宜的黏度和良好的黏温性能；

② 良好的抗氧化稳定性和热稳定性；

③ 适宜的闪点和凝点；

④ 较好的防锈和防腐性。

6. 油品质量管理

石油产品在储运和保管中，经常发生质量的变化。因此，在保管过程中采取措施，延缓其变化速度，以确保出库商品质量合格。具体措施如下：

1）减少轻组分蒸发和延缓氧化变质

某些油品，尤其是汽油和溶剂油等，蒸发性较强。由于蒸发使大量的轻组分受到损失，油品质量也随之下降。减少这部分损耗的具体措施可详见有关章节。此外，由于长时间与空气接触产生的氧化现象可导致油质变坏。如使汽、柴油胶质增多，润滑油酸值增大等。因而要尽可能密封储存，以减少对空气的接触，如利用内浮顶罐储存汽油。并尽可能使油品减少与铜等易引起油品氧化变质的金属接触，如在罐内涂刷防锈层，这样既防止了金属的氧化，又防止了金属对油品氧化所产生的催化作用，从而达到延缓变质的目的。

2）防止混入水和杂质造成油品变质

在所有储存变质的油品中，绝大部分是由水和杂质混入而造成的。混入油品中的杂质除会堵塞滤清器和油路，造成供油中断外，还能增加机件磨损；混入油品中的水分不仅能腐蚀机件，且还会使加入油中的添加剂发生分解或沉淀，使其失效；有水分存在时，燃料氧化速度加快，其胶质生存量也加大。此外，在各种电器专用油品中若混有水和杂质，则会使绝缘性能急剧变坏。所以在保管油品中应注意以下几点：

（1）保证储油容器清洁干净；

（2）严格按"先进先出"原则收发油品，加强听、桶装油品的管理；

（3）定期检查储油罐底部油品的质量以决定是否清洗；

（4）定期作质量分析，确保油品质量。

3）防止混油和容器污染变质

油品根据其用途的不同，对其质量的要求也不同。因此，不同性质的油品不能相混，否则会使油品质量下降，严重时甚至使油品变质。尤其是各种中、高档的润滑油，含有多种特殊作用的添加剂，当加有不同体系添加剂的油品相混时，就会影响它的使用性能，甚至会使添加剂沉淀变质。比如润滑油中混入轻油，会降低闪点和黏度；食品机械油脂混入其他润滑油脂则会污染食品。因此，为防止各种油品相混或储油容器受到污染，必须采取下列措施：

（1）散装油品在收发、输转、灌装等作业时，应根据油品的不同性质，将各管线、油泵分组专用，并加强检查，对关键阀门加锁，在可能泄漏的支管上加铁板隔断，以杜绝混油事故的发生。汽油的管线，对特种油品和高档润滑油要专管、专泵、专用。

（2）油罐、油罐汽车、铁路罐车和油船等容器改装其他品种的油料时，应进行清洗、干燥；如灌装与容器中原残存品种相同的油料，则可视具体情况，确认容器合乎要求，方可重复灌装，以保证油品质量。尤其是装载高档润滑油时，容器内必须无杂质、水分、油垢和纤维，并无明显铁锈，在目视或用抹布擦拭检查后不见锈皮、锈渣及黑色油污时，方准装入，否则将会影响质量。

第五节 安全防护

《中华人民共和国安全生产法》规定："加强安全生产监督管理，防止和减少生产安全事故，保障人民群众生命和财产安全，促进经济发展"。石油化工行业是我国国民经济的支柱产业之一，而今人们的"衣、食、住、行"样样都离不开石化产品。安全生产是企业的生命，是发展石化企业的需要，是社会稳定的需要，是企业获得最大经济利益的保障。

一、认真贯彻中国石化集团公司安全生产的基本方针

安全生产的基本方针是："安全第一，预防为主，全员动手，综合治理"。

安全生产基本方针的实质是预防。"安全生产、重在预防"，事前把工作做得周全一些，事前有所准备，变被动为主动，变事后处理为事前预防，才能把事故消灭在萌芽状态。

二、安全管理的基本原则

"四全原则"即实行"全员，全过程，全方位，全天候"管理。

全过程：即在形成生产力的全过程需要抓安全；在形成商品的全过程要抓安全。

全方位：涉及安全活动的各个专业、各个方面必须按照分工抓好自己的安全工作。

全天候：指石化生产和经营具有连续性，只要有生产活动和经营活动，就要求永远延续下去。因此，安全只有起点没有终点。要把安全纳入到一切生产和经营中去。

三、计量员应具备的安全防护基本知识

安全教育要常抓不懈。作为计量员在计量操作中也应对安全防护的基本知识有所了解。具体有以下三方面。

1. 自身安全防护

（1）认真遵守进入危险工作区的各项安全规则；

（2）进入工作区要求穿防静电工作服，不穿能引起火花的鞋，在干燥地带不推荐穿胶鞋；

（3）计量员所用工具仪器应装在包内，以便空手攀扶梯子。

2. 设备安全防护

（1）在工作区域内所使用的照明灯和手电应是防爆的；

（2）通路梯、油罐梯、平台和栏杆在结构上要处于安全状态，应有良好的照明；

（3）在工作区域所使用的计量器具应符合防爆要求。

3. 操作时的安全防护

（1）当用金属量油尺进行测量时，在降落和提升操作期间，应始终保持与检尺口的金属相接触；

（2）为了使人体的静电接地，在进行检尺前人体应接触金属结构上的某个部件；

（3）在室外作业时，操作者一定要在上风口位置，以减少油蒸气的吸入；在室内作业时，要求作业场所保持良好的通风状态，使油气尽量散开；

（4）当对盛装可燃性液态烃的容器进行检尺时，如果液态烃的储存温度高于其闪点温度时，为避免发生静电危险，应再次检查容器的静电接地状况。检尺时需在正确安装的计量管进行测量；

（5）在雷电、冰雹、暴风雨期间，不应进行室外检尺、采样、测温等项操作；

（6）计量员在锥形或拱形罐顶走动时，应小心随时会遇到的特别危险，如霜、雪、滴落的油、大风、腐蚀了的钢板等；

（7）工作场所如有非挥发性油品散落在容器顶上，应立即擦拭干净。工作中，擦拭过计量器具的已浸了油的物质或废棉纱不应乱放，应集中放入容器中；

（8）取样时注意避免吸入石油蒸气，戴上不溶于烃类的防护手套，在有飞溅危险的地方，应戴上眼罩或面罩；

（9）因特殊需要，计量员需到浮顶油罐罐顶进行计量时，应有另一名计量员在罐顶平台上监护。在下列情况下，计量员应佩戴安全带或呼吸器：

① 当浮顶停止在支架上或局部浸没时；

② 当浮顶不圆或浮顶密封全损坏时；

③ 当油罐内油品含有挥发性硫醇时；

④ 当油品蒸发达到危险浓度时。

习 题

一、填空题

1. 石油是原油及其_____的总称。原油是地下岩石中生成的、液态的、以_____化合物为主要成分的_____矿产物。古代动、植物的遗体，由于地壳运动压在地层深处，在缺氧、高压、_____的条件下，经历了数百万年的_____变化和_____变化，逐渐变成黑色或深棕色亦或为暗绿、赤褐色的具有特殊气味的流体或半流体。

2. 由_____组成的化合物，简称"烃"。如烷烃、环烷烃、_____，这是原油的主要成分。

3. 非烃类化合物对原油加工和成品油质量有_____影响，是燃料与润滑油的_____成分。

4. 天然气以_____为主要成分，而且是以气体状态从地下岩石中来到地面的。天然气是_____气体。

5. 汽油是应用于_____发动机（即汽油发动机）的专用燃料。汽油一般为水白色透明液体，有特殊的汽油芳香味。按_____划分牌号。

6. 柴油是应用于_____发动机（即柴油发动机）的专用燃料。_____表示柴油燃烧性能的项目，是柴油在发动机中着火性能的一个_____。按_____划分牌号。

7. A类火灾指_____火灾，B类火灾指_____固体火灾，C类火灾指_____火灾，D类火灾指_____类火灾。

8. 热传播是影响火灾发展的决定性因素。热量传播通过_____、_____和_____三种途径传播。

9. 初始温度高，爆炸极限范围_____；初始压力高，爆炸极限范围_____；混合物中加入惰性气体，爆炸极限范围_____，特别对爆炸上限的影响更大。混合物含氧量增加，爆炸下限_____，爆炸上限_____。

10. 存放在密闭容器中的石油，由于温度升高，体积随之_____，其蒸气压也随之

_____。黏度小的品种膨胀_____，黏度大的品种如润滑油膨胀_____。

11. 中华人民共和国安全生产法规定：加强安全生产_____，防止和减少生产安全_____，保障人民群众_____安全，促进经济发展。

二、判断题(答案正确的打√，答案错误的打×)

1. 由碳、氢元素组成的化合物通常称为烃类的化合物。 (   )
2. 不同的产地的原油在化学组分上有一定的差异。 (   )
3. 不饱和烃在原油中有较大含量。 (   )
4. 精心选择、仔细平衡、合理调配添加剂，可以提高润滑油质量。 (   )
5. 实际胶质在内燃机中起良好的保护作用。 (   )
6. 目前我国车用汽油采用研究法辛烷值来确定产品牌号。 (   )
7. 轻柴油质量要求燃烧性好、蒸发性好、含硫量小、稳定性好。 (   )
8. 不同性质不同牌号的油品不能相混，否则会使油品质量下降。 (   )
9. 火灾是在时间上和空间上失去控制的燃烧。 (   )
10. 闪点越低，燃烧起火的可能性越小。 (   )
11. 油料在管内流动速度越快，摩擦越剧烈，产生的电荷越多，遇火燃烧的可能性越大。
(   )
12. 油罐量油口的初起火灾，灭火的最好方法是冷却法。 (   )
13. 油罐安全容量，是指储存在油罐内的油品能满足在最高温度状况下不溢出罐外的合理容量。 (   )
14. 在雷电、冰雹、暴风雨期间，可在室外检尺、采样、测温，但应小心。 (   )

三、选择题(将正确答案的符号填在括号内)

1. 石油：(   )
   A. 称为膏油
   B. 一种包含多种元素组成的多种化合物的混合物
   C. 有一定毒性
   D. 是重要的能源

2. 石油产生静电：(   )
   A. 与周围的空气湿度有关   B. 与颜色有关
   C. 与油料在容器或导管中承受的压力有关   D. 与导电率有关
   E. 与密度有关   F. 与油料流动速度有关
   G. 与同品种标号有关

四、问答题

1. 什么是石油？组成原油的主要元素是什么？
2. 什么是烷烃？
3. 什么是环烷烃？
4. 什么是芳香烃？
5. 什么是不饱和烃？
6. 石油常用的基本生产方法有哪些？
7. 石油密度有哪些特性？
8. 目前石油黏度分为哪几种？

9. 简介馏程试验。

10. 实际胶质对发动机有哪些危害？

11. 什么叫辛烷值？有何作用？汽油以什么定牌号？

12. 什么叫十六烷值？有何作用？柴油以什么定牌号？

13. 石油有哪些特性？

14. 什么是燃烧？其三要素是什么？按火灾分类石油属于哪类？扑灭火灾通常有哪些基本方法？

15. 什么是爆炸？石油在什么情况下易爆炸？

16. 什么是蒸发？石油蒸发与哪些因素有关？

17. 什么是静电？石油静电积聚程度与哪些因素有关？

18. 石油膨胀和压缩与哪些因素有关？

19. 石油通过哪些途径危害人体？怎样预防？

20. 汽油的质量要求有哪些？

21. 煤油的质量要求有哪些？

22. 柴油的质量要求有哪些？

23. 怎样搞好油品质量管理？

24. 安全生产的基本方针和安全管理的基本原则各是什么？

25. 石油计量员应具备哪些安全防护基本知识？

五、计算题

1. 3 号卧式金属油罐储存柴油，计量温度为 15.8℃，经计算后的密度为 0.8439g/cm³；最高计量温度 35℃时经计算后的密度为 0.8297g/cm³；求安全容量和安全高度。

2. 2 号立式金属油罐罐壁总高为 11404mm，储存柴油，使用化学泡沫灭火，储存期油品标准密度为 0.8400g/cm³，待收油的计量温度 12℃，储存期的最高计量温度为 37℃，该罐消防泡沫口下沿（A 点）离罐壁最高点距离为 280mm，求安全容量和安全高度？（按安全高度法计算，化学泡沫厚度 180mm）

第七章　散装油品测量方法

散装油品的计量，目前以人工测量作为计量的基本方法，还常被采用作为对外贸易的一种交货手段。

人工计量的特点是：设备简单，便于操作，能取得较高的测量精度，目前油罐(车)油品交接数量的认定，仍以人工操作所取得的数据为准。

人工计量一般测量：油水总高、水高、计量温度、取样测量密度(试验温度)和大气温度，然后根据这些条件并借助容器容积表和中华人民共和国国家标准 GB/T1885—1998《石油计量表》来计算出该容器内油品的质量。

用人工测量的方法对容器内的液态石油产品作静态计量时，其结果准确度分别为：

立式油罐±0.35%；卧式油罐±0.7%；铁路罐车±0.7%；汽车罐车±0.5%。

石油计量按其目的可分为：交接计量、盘点计量、中间计量三种。

为确定接收入库或发出库液体石油产品数量或在发生超溢耗需要提赔前进行复核而作的计量称交接计量。交接计量又分为外贸交接和国内交接两种。

为盘点非动转油罐的存量或盘点以流量计发货后油罐存量而作的计量称盘点计量。

大批量接收或发放油品时为了了解动转速度，控制油面高度，经过一定时间间隔对收(发)油油罐进行的计量称中间计量。

交接计量和盘点计量为全过程计量，中间计量为部分计量。

第一节　油罐技术要求

人工计量，容器是主体，因为油是装在油罐或罐车这些容器内的。要计算出容器内油品在调入、销售、储存中准确的数量，都要在容器内采集到一系列基本数据，然后通过计算才能得到。因此，要求储油容器处于良好的技术状态，以满足人工计量的需要。

一、油罐分类

油罐按建造材料划分为金属罐和非金属罐。金属罐材料主要采用 A3F 平炉沸腾钢板(油罐环境温度低于-10℃的采用 A3 平炉镇静钢板)，非金属罐材料主要采用玻璃钢，极少数采用水泥混凝土。

油罐按建造位置划分为地上罐、地下或半地下罐和山洞罐等，绝大部分油库油罐均为地上罐，由于某种需要才建造其他罐。按设计规范要求，目前的加油站油罐建造位置均应为地下罐。

油罐按几何形状划分为立式圆柱体、卧式圆柱体和球体三种。立式油罐只有罐身为立式圆柱体，罐顶为多种形状，主要建在油库；卧式油罐只有罐身为圆柱体(汽车罐车和部分铁路罐车为椭圆体)，罐顶除平顶外还有多种形状，主要建在加油站。球形罐是一种压力容器，罐体就为球体，主要建在炼油厂、液化气站，用于储存液氨、液化石油气、液化天然气及各种压缩气体等。

立式金属油罐结构为：基础、罐底、罐壁、罐顶。基础层由下至上分别为素土、灰土、砂垫、沥青砂防腐层。罐底、罐壁材料为不低于 4mm 的钢板，罐顶按结构分为拱顶和浮顶。拱顶罐顶为球缺形，要求有较大的刚性；浮顶分为外浮顶和内浮顶。外浮顶是由敞开的立式圆柱体罐体和浮在油面上的金属圆盘顶构成的整体，浮顶由浮盘、密封装置、浮盘附件等组成。内浮顶罐是在普通的立式圆柱体拱顶罐内建造浮顶，浮顶随液面的升降而升降。过去浮顶罐通过竖在油罐内的量油管进行计量，因为达不到准确计量的目的，现新建油罐已无此装置，以浮盘上半密封的量油孔所取代。浮顶罐的浮顶或浮盘与液面之间基本不存在气体空间，基本消除了大小呼吸损耗。常用的浮顶罐储存原油和易挥发的汽油等轻质油品，用来减少蒸发损耗、大气污染和发生火灾的危险性。

卧式金属油罐结构为：罐身、罐顶和加强环等，两端罐顶形状分为：平顶、弧形顶、圆台顶、锥顶、球缺顶、半椭球顶。其罐体承受内压的能力为 0.1~2MPa。

球形罐结构为：球罐本体、支撑构件和其他附件。

油罐按钢板焊接方式划分为：对接与搭接。浮顶立式金属罐和大部分卧式金属罐，钢板焊接通常为对接，拱顶立式金属罐和一部分卧式金属罐钢板焊接为搭接。搭接方式卧式金属罐为交互式，立式金属罐则有交互式、套筒式和混合式。

油罐技术条件为：

（1）罐的形状、材料、加强件、结构形式保证罐在大气和罐内液体压力的作用下无永久变形和计量基准点的实际位置不变，立式罐倾斜度不大于 1°，其立式罐椭圆度不得超过 ±1%。

（2）罐的形状应能防止装液时形成气囊。

（3）位于罐壁附近最少受阳光暴晒的计量口为主计量口。

（4）罐的主计量口要有下尺槽，并用铭牌标明上部计量基准点。量油投尺点，立罐、卧罐在下尺槽处。

（5）各种罐均应符合油罐静态计量装置的安装，使用及其他技术要求。

（6）容量为 500m³ 以上的立式油罐，计量口中心位置与罐壁的距离不应少于 700mm。

（7）当立式油罐计量口垂直测量轴线下方的罐底不水平时，在其上方应设有直径不小于 300mm 的水平计量板。

（8）罐检定后，计量口、计量板及下尺槽不得拆卸、转动、改装或改变位置，必须改变得检定部门同意并重新进行检定。

（9）卧式油罐下尺槽及铁路罐车、汽车罐车帽口加封处应位于罐体垂直径的上端。

（10）每个油罐应有以下内容铭牌：① 罐号；② 标称容量；③ 上部基准点位置；④ 参照高度；⑤ 生产厂。

（11）油罐计量检定规程和检定周期：立式金属罐检定规程为 JJG 168—2005，检定周期为 4 年；卧式金属罐检定规程为 JJG 266—1996，检定周期为最长不超过 4 年；球形金属罐检定规程为 JJG 642—1996，检定周期为 5 年；汽车油罐车的检定规程为 JJG 133—2005，检定周期初检 1 年，复检 2 年；铁路罐车容量检定规程为 JJG 140—1998，装载油品的铁路罐车检定周期与厂修周期相同，均为 5 年。经过厂修、大修、更换罐体或底架、发生事故定为中破或大破的铁路罐车，修竣后均应进行罐体容积检定；油船检定规程为 JJG 702—2005，检定周期为 10 年。

二、油罐附件

油罐附件是保证油罐在收、发、储存油料时以达到方便工作、保障安全的必要构件，是油罐组成的重要部分，主要包括：

(1) 进出油管。安装在立式油罐第一圈板下部，油库卧式油罐的端板下部和加油站地埋卧式罐的人孔处，连接油罐阀门，是油罐重要设备之一。

(2) 机械呼吸阀。装在油罐顶部，其工作原理是利用自身阀盘的重量来控制油罐的呼气压力和罐内真空度。当罐内进油或油温升高，气体达到阀的控制压力时，阀被顶开，罐内气体通过呼吸阀逸出；当油罐出油或油温降低，罐内真空达到控制的真空度时，罐外大气顶开呼吸阀进入罐内。

(3) 阻火器。由防火箱、铜丝网和铝隔板组成，装在油罐呼吸阀下面，起阻火作用。

(4) 消防泡沫产生器。装在立式油罐上圈板上部，起扑灭罐内火灾的作用。

(5) 通气阀。装于挥发性能较差油品的罐顶上，起调节罐内气压作用。

(6) 加热器。用于加热高黏度、高凝点的重质油品，以防止凝固，提高流动性。

(7) 量油口。垂直焊接在油罐板上，用以测量罐内油料。量油口设有盖和松紧螺栓，盖下有密封槽，并嵌有耐油胶垫。管内侧镶有铜(铝合金)套和导尺槽(投尺槽)。

(8) 膨胀管(回油管)。下端同输油管道连接，上端装在油罐顶板上，中间有阀门。油管作业时，将阀门关闭，防止窜油；不作业时，将阀门打开。其作用是当发油管道受热温度升高，致使管内油料膨胀气化，沿膨胀管输入油罐，防止附件爆损。

(9) 放水管及放水阀(虹吸栓)。装在立式罐第一圈板下缘(有的装在底板集油坑上)，罐内部分弯向罐底，罐外部分装有阀门，用以放出罐底部垫水。

(10) 人孔。装在立式油罐第一圈板上，或卧式油罐顶部，直径600mm，为了进出油罐、清除水杂和采光通风。

(11) 光孔。装在立式油罐顶板上，直径500mm，用于采光。

(12) 扶梯。主要为旋梯，供操作人员上下油罐用。

(13) 导电接地线。一端焊在油罐底板边缘或圈板上，一端埋入土中一定深度。由于罐底部涂有防腐层，罐基础垫有沥青砂(细砂)与地形成绝缘。接地线的作用，使罐在输传油料时产生和聚集的静电，通过接地线导入地下，防止因静电作用引起油罐着火。

(14) 避雷针。焊接在油罐顶部或圈板边缘外，起防雷击作用。

(15) 呼吸阀挡板。用来减少油品蒸发损耗的附件，设在呼吸阀和阻火器的下面，是伸入罐内的一个圆形挡板。由于罐内进口有挡板挡着，罐外的空气进入受到一定的阻碍，从而减少了油品损耗。

三、铁路油罐车

铁路油罐车是运输液体石油产品的车辆。在目前情况下，它既是运输工具，又是主要的计量器具。

1. 铁路罐车的基本组成

铁路罐车基本由走行部、制动装置、车钩缓冲装置、车体、附件组成。

走行部的作用一是承受车辆自重和载重，二是在钢轨上行驶，完成铁路运输位移的功能。

制动装置的作用是保证高速运行中的铁路罐车能在规定的距离内停车，在运行中减速或使调车作业的罐车停车的装置。

车钩缓冲装置的作用一是将机车与车辆、车辆与车辆之间互相联挂，联成一组列车或车列；二是能传递纵向作用力，包括机车传动的牵引力和制动时产生的冲击力，三是缓和机车与罐车间的动力作用。

车体由底架和罐体等部分组成，底架是车体的基础，主要承受作用于车辆上的牵移力、冲击力和载重、罐体承受载重和其他力。

车辆附件主要有呼吸阀、泄油阀、外梯、走板、吸油口、进气口、遮阳罩等。

2. 铁路罐车的分类

铁路罐车根据所运货物的不同，主要分为：

1）轻油罐车

凡充装的油品黏度较小、密度$\leq 0.9 \mathrm{g/cm^3}$的罐车称为轻油油罐车，由于轻油类液体渗透能力强，易蒸发，易膨胀，所以采用上装上卸式，罐体外部涂刷成银白色。

我国目前使用的轻油罐车有：G_6、G_9、G_{13}、G_{15}、G_{16}、G_{18}、G_{19}、G_{50}、G_{60}、G_{60A}、G_{17G}、G_{70}、G_{70A}、G_{70B}等。

2）黏油罐车

凡充装的油品黏度较大、密度约在$0.9 \sim 1 \mathrm{g/cm^3}$的罐车称为黏油罐车。由于充装介质黏度、密度较大不易渗漏，所以采用下卸部式。因在低温时易凝，外设半加温套给罐车加温。运送原油的铁路罐车罐体外表涂刷成黑色，运送成品黏油的铁路罐车罐体外表涂刷成黄色。

我国目前使用的黏油罐车有G_3、G_{12}、G_{12s}、G_{14}、G_{17}、G_{17A}、G_S、G_L、G_{LA}、G_{LB}等。

另外还有酸碱罐车、液化气体罐车、粉装货物罐车。

3. 铁路罐车的罐体容积

1）总容积（V_Z）

铁路罐车罐体除空气包及人孔鞍形容积之外的结构容积，也就是当液体灌装到与罐体上外表面相平时，液体所占罐体的容积叫总容积。一般用$\mathrm{m^3}$表示，容积计量时用$\mathrm{dm^3}$表示。总容积是计算罐体有效容积、编制套表和制作容积表的依据。

2）有效容积（V_X）

可以用来装运液体、流体货物并能保证铁路罐车安全的容积。既能保证货物不超装、不超载，又能保证货物体积膨胀后在运输过程中不外溢的体积。

3）空容积（V_K）

留做液体升温膨胀及冲击振动不外溢的空载容积。空容积与有效容积之比为$4\% \sim 5\%$。

4）全容积（V_Q）

罐体内能够灌装液体，静态时不外溢的容积。

5）检定容积（V_J）

对铁路罐车容积强检测试或标定后所给出的容积称为检定容积，检定容积与总容积是相近的。总容积与检定容积的容积误差为总确定度$\pm 0.4\%$。

6）几种容积间的关系

$$V_Q > V_Z > V_X > V_K$$
$$V_Z = V_X + V_K$$
$$V_K = (4 \sim 5)\% V_X \text{ 或 } (2 \sim 3)\% V_X$$
$$V_J = (1 \pm 0.4)\% V_Z$$

4. 铁路罐车的标记

为了便于铁路车辆的运用和管理，将车辆型号、性能、配属及使用注意事项等在车体的明显部位用规定的符号标示出来，这种规定的符号叫做车辆标记，铁路罐车的标记是铁道车辆标记中的一种，其标记分为多种类型，与计量相关的标记分述如下：

（1）车号

车号由基本记号、辅助记号和号码组成。基本记号和辅助记号合称为车辆型号，简称车型。

车型包括：

基本记号：是把铁道车辆名称用汉语拼音简化后的字母表示，如罐车汉语拼音GUANCHE，简化后用"G"表示。

辅助记号：使用同一名称的车辆，但有的结构特征不同，为了便于更详细地区分，用不同的阿拉伯数字标在基本记号的右下角，用以表示车辆特征这种记号叫辅助记号，如 G_{60} 的"60"，G_{17} 的"17"。

号码——原由 1~6 位阿拉伯数字组成，现在改为 7 位阿拉伯数字。

如：0 1 3 5 2 6 8

其中　第一位数为 0 表示企业自备罐车；

第二位数为铁路局代号；

第三位数为铁路分局代号；

第四位数为车辆段代号；

第五至第七位数为顺序号。

2）载重

表示该货车的最大装载货物能力，以 t 为计量单位。

3）自重

在空车状态时，车辆自身的重量以 t 为计量单位。新造铁道车辆以定型生产前三辆车的平均自重为准。在改造和修理后，当发生 100kg 以上的自重变化时，要对自重标记进行修改。因此，铁路罐车的自重标记显示的标记自重，不能作为铁路罐车重量的计量依据，原因是：

（1）标记的自重是定型生产的前三辆罐车自重的平均值，并非该车的真实自重；

（2）标记自重的理论误差为 100kg；

（3）在运用过程中，铁路罐车的 8 个车轮直径因磨损会在 840~75mm 之间变化，将给标记自重带来约 1017kg 的最大误差；

（4）铁路罐车的 8 块闸瓦厚度在运行中可被磨损到 10mm 厚，可给其标记自重带来约 97kg 的最大误差；；因而标记自重会产生 1114kg 的最大误差，所以，铁路罐车的空车重量必须以衡器称量的重量为准。

4）换长

铁道车辆在编组时所占用铁道线路的换算长度简称为换长。一辆车两车钩钩舌内侧面（勾舌在闭锁位置时）的距离称为车辆全长，以 m 为计量单位。车辆全长除以 11m 为换长数（因 C_1 型货车的全长为 11m），保留小数一位。尾数四舍五入。换长无计量单位。

5）容积

铁路货车可供装载货物的容量称为货车容积，铁路罐车等以立方米表示；平车以长、宽替代容积标记；其他货车以内长×内宽×内高，以 m 为计量单位，作为容积标记。

6）危险标记

装运酸、碱类货品的罐车及运送危险品的特种车，在车体（或罐车罐体）四周涂刷宽为

200mm 的色带(有毒品为黄色、爆炸品红色)，并在每侧色带上或色带中间留空涂刷红色的"危险"字样。如果车体已为黄色时，只涂刷"危险"字样。

7）车辆检修标记

铁道车辆应涂刷各类检修标记，注明检修单位、日期及到期日期等。

厂修、段修标记涂刷在一处，其上部为段修标记，下部为厂修标记。右侧是本次检修的年、月和检修单位简称，左侧为下次检修年、月，厂、段修标记涂刷在车体两侧左端下角。铁路罐车的厂修标记是该辆罐车容积检定日期的鉴证，是该辆罐车罐体上喷涂容积表是否在有效期内的依据，也是顾客向国家铁路罐车容积计量站检索查询该罐车相关信息的基础资料。

8）铁路罐车的检修周期与检定周期

油品类铁路罐车段修周期、厂修周期和容积检定周期分别为 1 年、5 年、5 年。

5. 铁路罐车罐体型号与车辆型号的区分与判断

铁路罐车在作为计量器具时，为了便于判断和管理，在我国对保有 50 辆以上的主型铁路罐车，人为地给予了编号，称为罐体型号。罐体型号对铁路罐车容积计量和容重计量影响很大。因此，对其进行正确的区分与判断是十分重要的。

区分与判断的方法是按结构因素进行判断的，见表 7-1。可以看出在有些铁路罐车上，一种罐体型号就对应一种车辆型号，这种铁路罐车判断是比较容易的。但有些是同一种车辆型号包容着不同罐体型号；有些是同一种罐体型号包容了不同车辆型号的铁路罐车；还有一些具备同一结构特征的铁路罐车罐体型号与车辆型号，其区分和判断是比较困难的。下面分别介绍简单的判断方法。

1）同一种车辆型号包含不同罐体型号的判断与确认

（1）G_{60} 铁路罐车的通用特征为：内径 2800mm；内总长 10410mm；罐体对接焊；罐体无外半保温套。其包含 662、660A、660B 三种罐体型号，区分如表 7-2 所示。

（2）G_{50} 铁路罐车通用结构特征为：罐体内径为 2600mm；无外半保温套；内总长为 10mm 左右。区分如表 7-3 所示。

（3）G_{12} 铁路罐车通用结构特征为：内径 2600mm；内总长 10m；有外半保温套。区分如表 7-4 所示。

（4）G10 铁路罐车通用结构特征为：内径 1880~1890mm；内总长为 10004mm。区分如表 7-5 所示。

（5）G11 铁路罐通用结构特征为：内径 2200mm；内长 10280mm；有外半保温套。其区分如表 7-6 所示。

（6）G3 铁路罐车的通用结构特征为：罐体对接焊接；内总长为 8956mm。区分如表 7-7 所示。

2）同一种罐体型号包含不同车辆型号的判断与确认

（1）662 型铁路罐车的通用特征为：罐体内径 2800mm；内总长 10410mm；罐体各板对接焊接；罐体无空气包等。其区分如表 7-8 所示。

（2）604 型铁路罐车的通用特征为：罐体内径 2600mm；内总长 10004mm；罐体各板对接焊接；罐体有空气包等。其区分如表 7-9 所示。

（3）605 型铁路罐车的通用结构特征为：罐体内径 2600mm；内总长 10108mm；罐体各板对接焊接；罐体无空气包等。其区分如表 7-10 所示。

表 7-1　车辆型号与罐体型号结构因素区分表

顺号	车辆型号	罐体型号	空气泡 圆形	空气泡 椭圆	底架 长侧	底架 短侧	底架 无	罐体 搭焊	罐体 对焊	罐体内径/mm	罐体内长/mm	保温加温装置	载重/(t/m³)（总容积）	产地
1	G_3	500	0.7			O			O	2050	8960		25/29.1	
2	G_3	500	0.7			O			O	2100	8956		25/30.6	
3	G_5、G_9	4	1.5		O			O		2600	9578		50/49.8	独联体
4	G_{10}	G_{10}-DE		1.2	O				O	1890	9676		50/28.5	
5	G_{10}	G_{10}-DA		1.2	O			O		1880	9976		50/28.5	
6	G_{11}	G_{11}-A	0.7			O			O	2200	10280	半加温套	65/39	
7	G_{11}	G_{11}-B				O			O	2200	10280	半加温套	65/33.33	
8	G_{12}、G_{50}	604	1.5			O			O	2600	10004		50/52.5	
9	G_{12}、G_{16}、G_{50}	605		O	O				O	2600	10138		—/52.5	
10	G_{14}	602		O	O				O	2582	10048			原民主德国
11	G_{15}	601		2	O			O		2600	9572			罗马尼亚
12	G_{17}、G_{17A}、G_{60}、G_{60A}、G_s	662					O		O	2800	10383 10428			
13	G_{18}	G_{18}		O	O			O		2800	9985			罗马尼亚
14	G_{50}	600	1.5		O			O		2600	9968			
15	G_{60}	600A	2.4			O			O	2800	10383			
16	G_{60}	660B		O			O		O	2800	10383			
17	G_{LA}、G_{1B}、G_L	G_L							O	2600 2800	10026 10198			
18	G_{AL}、G_C-L-60	G_{AL}							O	2300	10400			
19	G_C-J-60	G_C-J-60							O	2600	10400			

（4）罐体型号为 4 型的铁路罐车的通用结构特征为:罐体内径 2600mm;内总长 9578mm;有空气包;端板与罐体圆直筒搭接焊接等。其区分如表 7-11 所示。

3）具备同一结构特征铁路罐车罐体型号及车辆型号的区分与确认。

（1）具备无中梁结构特征的铁路罐车的区分如表 7-12 所示。

（2）具备椭圆空气包结构特征的铁路罐车的区分如表 7-13 所示。

（3）具备罐体搭接结构特征铁路罐车的区分如表 7-14 所示。

表 7-2　G$_{60}$ 铁路罐车

罐体型号	空 气 包	底架形式	容积表字头
662	无	有	A
660A	圆型	有	K
660B	椭圆型	无	L

表 7-3　G$_{50}$ 铁路罐车

多体型号	空 气 包	罐体焊接	容积表字头	内总长/mm
600	圆型	搭接	D	9976
604	圆型	对接	B	10004
605	无	对接	C	10108

表 7-4　G$_{12}$ 铁路罐车

罐体型号	空 气 包	容积表字头
604	圆型	B
605	无	C

表 7-5　G$_{10}$ 铁路罐车

罐体型号	罐体焊接	内径/mm	容积表字头
G$_{10}$-DE	对接	1890	FA
G$_{10}$-DA	搭接	1880	FB

表 7-6　G$_{11}$ 铁路罐车

罐体型号	空 气 包	容积表字头
C$_{11}$-A	无	FC
G$_{11}$-B	有	FD

表 7-7　G$_3$ 铁路罐车

罐体型号	内径/mm	上 罐 厚	下 罐 厚	容积表字头
500(ϕ2050)	2050	8	10	I
500(ϕ2100)	2100	5	12	J

表 7-8　662 型用 A 表

车辆型号	外半保温套	底架形式	排 泄 阀	端板保温套	装运物品	罐体型号
G$_{60}$	无	有	无	无	轻油	662
G$_{60A}$	无	无	无	无	轻油	G$_{60A}$
G$_{17}$	有	有	有	有	粘油	662
G$_{17A}$	有	无	有	有	轻油	G$_{17A}$
G$_S$	有	有	无	无	粘油	662

表7-9 604型用B表

车辆型号	外半保温套	装运物品	外涂色彩	排泄阀
G$_{50}$	无	轻油	银色	无
G$_{12}$	有	粘油	黑色或黄色	有

表7-10 605型用C表

车辆型号	外半保温套	底架形式	外涂色彩	罐装货物
G$_{50}$	无	有	银色	轻油
G$_{16}$	无	无	银色	轻油
G$_{12}$	有	有	黑色或黄色	粘油

表7-11 4型用F表

车辆型号	转向架型号	转向架特征
G$_6$	转48型	构架为拱板式
G$_9$	转7型	构架为铸钢式

表7-12 无底架、无中梁的铁路罐车

车辆型号	罐型	表字头	内径/mm	半保温套	空气包	直筒形状
G$_{16}$	605	C	2600	无	无	圆直筒
G$_{17A}$	G$_{17A}$	A	2300	有	无	圆直筒
G$_{19}$	无	XB173	2800	无	无	圆鱼腹
G$_{60}$	660$_B$	L	2800	无	有	圆直筒
G$_{60A}$	G$_{60A}$	A	2800	无	无	圆直筒

表7-13 有椭圆空气包的铁路罐车

车型		G$_{14}$	G$_{15}$	G$_{18}$	G$_{60}$
罐型		602	601	G$_{18}$	660$_B$
容积表字头		H	G	E	L
外半保温套		有	无	无	无
底架形式		有	有	有	无
内径/mm		2582	2600	2800	2800
空气包	长/mm	2400	2700	3200	2300
	宽/mm	1450	1500	1500	1750
	高/mm	450	400	300	600
空气包横筋		无	三根	二根	二根
外漆色		黄色	银色	银色	银色

表7-14 罐体搭接的铁路罐车

车型	罐型	表字头	内径/mm	搭接部位	转向架型号	转向架特征	灌装货物
G$_6$	4	F	2600	直筒与端板	转48型	拱板构架	轻油
G$_9$	4	F	2600	直筒与端板	转7型	铸钢构架	轻油
G$_{10}$	G$_{10}$-DA	FB	1880	上板与下板	转6型	铸钢构架	废碱
G$_{50}$	600	D	2600	上板与下板	转4型	铸钢构架	轻油

6. 铁路罐车计量人员的工作程序

铁路罐车是一种可移动的特殊的计量器具。特别是在装卸货物时，罐车仍然停留在铁路的路轨上，因此对从事作业的计量员有些特殊的要求，其工作程序共分四个阶段。

1）计划阶段

从管理计划开始，到提出检尺计量任务为止。整个阶段由管理人员完成。

2）准备阶段

从计量员接受检尺计量任务开始，到实际测试操作前为止。主要的工作有"七确认"，即：

（1）确认罐体型号和容积表号是否正确；

（2）确认罐内液体的种类和质量好坏；

（3）确认所装油品装入罐车的准装高度；

（4）确认环境条件良好，罐体正常。即保护环境：无毒氛、无风、无雨雪、无砂尘；

（5）确认安全防护设备性能良好，安装正确。即：

① 白天红旗，夜间红灯；

② 安设脱轨器：主要包括手动、机械、电动、移动式等多种类型；

③ 关闭道岔：手工加锁、调度台电锁；

④ 安设响墩；

⑤ 人工瞭望。

（6）确认劳动保护用品作用良好穿戴齐全；

（7）确认计量器具及记录用品作用良好齐全，主要包括测深钢卷尺、保温盒、温度计、取样筒、密度计、笔、纸（表）等。

3）测试阶段

测液高、测计量温度、取样、测视温和视密度。

4）处理阶段

包括数据审核、软件计算和计算单的核发等。

四、汽车油罐车

汽车油罐车是公路运输液体石油化工产品的特种专用车。规则的汽车油罐车由专门设备制造厂生产。目前我国汽车油罐车容量一般为 $5m^3$、$8m^3$、$10m^3$、$15m^3$。不规则的汽车油罐车也可由有关相应技术条件和生产许可证的单位制造安装，其容量范围一般为 $2\sim30m^3$。

汽车油罐车由油罐、汽车车身（包括车架、底盘、发动机）和附属设备三部分组成。油罐罐体形状是根据公路运输燃料油的流动性特点，结合车型等设计制造的，一般为椭圆形罐体，也可根据用户特别要求制造，罐体用 $4\sim13mm$ 厚的钢板焊接制成，罐体顶部有帽口（人孔），底部有进、出油管和阀门等。

汽车油罐车技术要求如下：

汽车油罐车的罐体应无渗漏、罐内洁净，罐体上的呼吸阀、人孔、垫圈、放油管、放油阀、排污阀、接地线以及油泵和灭火器等附属设备应齐全完好，汽车油罐车的设计、制造、安装和使用均应符合易燃易爆石油化工产品的安全规定。

五、油船

1. 油船的分类

油船是散装油品的水运工具。油船可分为油轮和油驳。油轮有动力设备，可以自航，一般均有输油、扫舱、加热以及消防设施等。油驳不带动力设备，必须依靠拖船牵引并利用油库的油泵和加热设备装卸和加热油品。大的油轮载重数万吨油，小油轮载重几千吨。

2. 油船舱

油轮用来装油的部分称为油舱。油轮多用单层底，单层甲板。近年来，新建油轮多为双层底，并用纵横舱壁分隔成若干相互密封隔绝的舱室，增加了油轮的稳定性，减少因油轮摇动时油品的水力冲击。几个舱室缓慢抽油时，可使油轮向船首或船尾倾斜，以便将油品抽吸干净，还可增加防火安全性。油轮的机器舱、燃料舱等其他舱室之间设有隔离舱，防止油类气体向其他舱室渗漏，以防火防爆。运送汽油等一级油品时，隔离舱内必须灌满水。当运载几种油品时，为避免隔离板泄露造成油品混合变质，每两个舱室之间设一隔离舱。油轮还设有油泵舱、压载舱等。

3. 油轮管系

油轮上主要有以下管路系统。

（1）输油管系。由与岸上输油软管或输油壁连接的结合管接头，输油干管及伸向各油舱的输油支管组成。

（2）清舱管系。清舱管系用于吸净输油干管不能抽净的舱内残油。它设在油舱底部，与泵舱内专用清舱油泵相接。

（3）蒸汽加热管系。在油舱内设有蛇形蒸汽加热管，以便对黏度大、凝点高的油品加热。

（4）通气管系统。每一个油舱均有通气管，以免运输中温度变化致使油品体积变化时，使船体及舱壁受到异常压力。每一个油舱通气管均设有防火安全装置及节气阀，以便在发生火灾时，隔绝各舱气体。

（5）消除及惰性气体管系。在油轮上装有一系列固定的消防管路系统，如蒸汽灭火系统、二氧化碳灭火系统、水灭火系统及泡沫灭火系统等。

（6）洒水系统。必要时为降低甲板温度，减少舱内油品挥发须打开洒水系统。它设在栈桥下，沿主甲板全长敷设带有喷水孔的管道。

（7）每一油轮尾端的隔舱壁附近设有垂直的量油口，供测量舱内油深。

4. 油驳

油驳的载重量有100t、300t、400t、600t、1000t、3000t等多种。油驳一般有6~10个油舱，并有一套可以相互连通或隔离的管组。也可装载两种以上的油品。油驳是单条或多条编队，由拖轮拖带或顶推航行。拖轮上有强大能力的消防设施。

第二节　油品液面高度的计量

容器内石油液面以及水位高度的计量，最小计量单位为毫米（mm）。测量罐内液面高度的目的，在于取得罐内油品在计量时温度下的体积，即 V_t。

一、长度的基本概念

长度计量就是对物体几何量的测量，其主要任务是：确定长度单位和以具体的基准形式复制单位；建立标准传递系统和传递方法；正确使用计量器具，合理选择测量方法和确定测量精度。

长度计量的基本单位为"米"。

1792 年，法国人经过多年艰苦的测量和计算，把 1 米定为经过巴黎气象台的地球子午线的四千万分之一。这一长度单位是通过一根横截面为 25mm×4.05mm 铂杆来具体体现的，它命名为"阿希夫尺"；又因为一直保存在巴黎档案馆内，又称为"档案馆米尺"。但这种米尺在比较时困难，端面易磨损以及端点的标志本身不明确，尺子测量轴的概念不明确，因此在 1785 年的国际米尺会议上，要求制造具有刻线的基准米尺。

1889 年国际权度局第一届国际计量大会接受了三十一支米尺，通过与阿希夫尺比较，NO6 尺的长度最接近，特定为国际长度基准，存放在巴黎国际计量局。其余由抽签方法分发给当时国际计量局各成员国，作为该国最高基准器。米原器为"X"状，为 90% 的铂和 10% 的铱合成。当时长度单位"米"的定义是："在 0℃ 时，米尺左右两端光滑面上，两中间分划线间沿米尺测量轴的距离"。

1960 年国际第十一届计量大会对米给予新的定义：米的长度等于氪-86 原子的 $2P_{10}$ 和 $5d_5$ 能级之间跃迁的辐射在真空中的 1650763.73 倍波长。这个定义的修改：(1) 提高复精度几十倍，达 $\pm3\times10^{-9}$；(2) 不存在稳定性问题；(3) 不怕损坏，复现容易；(4) 可直接用于传递。

1983 年 10 月第十七届国际计量大会上正式通过米的新定义：米是光在真空中在 1/299792458 秒的时间间隔内行程的长度。其精度为 10^{-11}。这在米制历史上，又大大前进了一步。

我国是能够通过光谱复现米的定义的为数不多的几个国家之一。

目前我国用于长度量值传递的基准装置，主要包括 633mm 碘稳频 He—Ne 激光器和拍频测量装置两部分。前者用来产生一频率(波长)稳定的激光幅射，后者则用于量值传递。

与石油计量密切相关的线纹尺属于几何量计算的一个部分。如散装油品计量用的测深钢卷尺、检水尺(量水尺)、检定油罐(车)用的钢围尺、钢板尺等。线纹尺是以尺面上的刻度或纹印间的距离复现长度。散装油品计量用钢卷尺属工作用计量器具，检定油罐用钢卷尺属标准计量器具，是国家列入强制检定目录的计量器具，必须经上一级计量标准检定合格后才能使用。

二、容器石油静态液高测量有关术语

(1) 检尺。用测深钢卷尺测量容器内油品液面高度(简称油高)的过程。

(2) 检尺口(计量口)。在容器顶部，进行检尺、测温和取样的开口。

(3) 参照点。在检尺口上的一个固定点或标记，即从该点起进行测量。

(4) 检尺板(基准板)。一块焊在容器底(或容器壁)上的水平金属板，位于参照点的正下方，作为测深尺砣的接触面。

(5) 检尺点(基准点)。在容器底或检尺板上，检尺时测空尺砣接触的点。

(6) 参照高度。从参照点到检尺点的距离。

(7) 油高。从油品液面到检尺点的距离。

(8) 水高。从油水界面到检尺点的距离。

(9) 空距。从参照点到容器内油品液面的距离。

三、量具的基本结构和技术条件

1. 测深钢卷尺

(1) 测深钢卷尺是一种用于测量液体深度的组合型专用量具，由尺带、尺砣、尺架、手柄、摇柄、挂钩、轮轴组成，这些部件材料除尺带应是含碳量 0.8% 以下具有弹性并经过热处理的钢带外，其他部件都应采用撞击不发生火花的材料。

（2）测深钢卷尺的量程分别为 5m、10m、15m、20m、30m；尺带一般宽 10mm，厚 0.2±0.05mm；测量轻油和重油的尺砣重量分别为 700g 和 1600g；其最小分度值为 1mm。

（3）允许误差，包括零值误差和任意两线纹间误差。零值误差是从尺砣的端部到 500mm 线纹处的误差，其允许误差为 ±0.5mm；任意两线度间（指 500mm 以后）的允许误差其 Ⅱ 级为 $\Delta=\pm(0.3+0.2L)$mm。式中：L 是以米为单位的长度，当长度不是米的整数倍时，取最接近的较大的整"米"数。如标称值为 5 米的测深钢卷尺，500mm 至 5000mm 线度处其允许误差为：

$$\Delta=\pm(0.3+0.2\times5)\text{mm}=\pm1.3\text{mm}$$

另零值误差为 ±0.5mm。

（4）检定周期。使用中的钢卷尺的检定周期，一般为半年，最长不得超过 1 年。

（5）依据检定规程为：中华人民共和国国家计量检定规程 JJG4—1999《钢卷尺》。

2. 检水尺

检水尺为圆柱形或方形，黄铜制造，刻度全长 300mm，最小分度值 1mm，质量约 0.8kg。

四、油水总高测量

1. 计量注意事项

所有测量操作应符合 GB/T13894—92《石油和液体石油产品液位测量法（手工法）》的规定。其计量注意事项部分主要包括：

1）检尺部位

立式金属罐、卧式金属罐均在罐顶计量口的下尺槽或标记处（参照点）进行检尺。

铁路罐车在罐体顶部人孔盖铰链对面处进行检尺。汽车罐车在罐体顶部计量口加封处。

2）液面稳定时间

收、付油后进行油面高度检尺时必须待液面稳定、泡沫消除后方可进行检尺，其液面稳定时间有如下规定：

对于立式金属罐，轻油收油后液面稳定 2h，付油后液面稳定 30min；重质粘油收油后液面稳定 4h，付油后液面稳定 2h。

对于卧式金属罐和罐车，轻油液面稳定 15min；重油粘油稳定 30min。

3）新投用和清刷后的立式油罐应在罐底垫 1m 以上的油后，再进行收、付油品交接计量。

4）浮顶罐的油品交接计量，应在浮顶起浮后进行量油，以避免收、付油前后浮顶状态发生变化产生计量误差。

5）油品交接计量前后，与容器相连的管路工艺状态应保持一致。

2. 实高测量法

实高测量法是直接测量实际液面的高度。

测量低黏度油品（如汽油、煤油、柴油）时，应使用测轻油钢卷尺；测量高黏度油品（如润滑油）时，应使用测重油钢卷尺。检尺前要了解被测量油罐参照高度和估计好油面的大致高度再下尺。

检尺前将油面估计高度的尺带上擦净，必要时涂试油膏。一手握住尺手柄，另一手握住尺带，将尺带放入下尺槽或帽口加封处，让尺砣重力引尺下落。在尺砣触及油面时，放慢尺砣下降速度。尺砣距罐底 10~20cm 时放慢下降速度，尺砣触底即提尺。提尺时间轻油尺砣触底即提，重油尺砣触底停留 3~5s 再提，然后迅速收尺、读数。读数从小到大，即毫米、厘米、分米、米。测量至少两次，两次测量结果不超过 1mm 且取第一次的数，超过重测。

3. 空高测量法

空高测量法是测量油面主计量口上部基准点与液面之间的空间高度。用测深钢卷尺测量：操作大致同测实法。不同点：下尺后尺带进入油面即可在主计量口上部基准点读数，提尺再读液面浸没高度数。重复进行这个操作，直到两次连续测量值相差不大于 2mm 为止。如果第二次测量值与第一次测量值相差不大于 1mm 时，取第一次测量值作为空距；如果第二次测量值与第一次测量值相差大于 1mm 时，取两个测量值的平均值作为空距。

其公式为 $$H_Y = H - (H_1 - H_2) \tag{7-1}$$

式中　H_Y——油面高度；

　　　H——油罐参照高度；

　　　H_1——尺带零点至罐帽口高度读数；

　　　H_2——尺带浸没部分读数。

【例 7-1】　某立式金属罐主计量口下尺点至罐底高 10000mm，测量罐内润滑油，测得 H_1 为 1835mm，H_2 为 310mm，求油面实际高度？

解：　　　　　　　　$H_Y = 10000 - (1835 - 310) = 10000 - 1525 = 8475mm$

答：该罐液高 8475mm。

另外还有一种用计量杆(如丁字尺)测量容量内空高的方法，即：

丁字尺是检定汽车罐车容积和计量汽车罐车中油高的工具之一，是测量罐车内液面空间高度的专用器具，量程一般为 800mm。

丁字尺由水平横梁和垂直直尺两部分组成。横梁的下端面呈水平，长度略大于汽车罐车帽口外直径。直尺与横梁垂直。直尺的零点在横梁的下端面处，示值自上向下递增。

测量时将直尺伸入帽口，将横梁轻轻地搁在帽口指定的测量部位上，任直尺浸入液体中。此时，液面至直尺零点之间的距离即为空间高度。

如将丁字尺置于某油罐车测量部位，线段刻度显示为 152mm，该罐车容器总高 1300mm，则油面实际高度为：

$$1300 - 152 = 1148mm$$

五、罐内水位测量法

测量部位应与测油面高度是同一位置。

首先将水尺擦净，在估计水位高度处，涂上一层薄薄的试水膏，然后将检水尺下放到罐底，尺与罐底垂直，停留在 5~20s，然后提尺在水膏变色与未变色界线处读取水位高度。对于垫水罐进油中不含水分时(如铁路罐车进油)，可不测水位；对垫水罐每次收发后应测水，不动转罐每三天应测一次水位。另外还有一种尺砣带线纹刻度的测深钢卷尺在水位超过检水尺高度时也可以测水，方法基本同检水尺操作。

第三节　油品温度的测量

一、温度的基本概念

温度是描述系统不同自由度之间能量分布状况的基本物理量。温度是决定一系统是否与其他系统处于热平衡的宏观性质，一切互为热平衡的系统都具有相同的温度。

分子运动论以微观的角度来观察，温度是与大量分子的平均动能相联系，它标志着物体内部分子无规则运动的剧烈程度。

它的单位名称为开[尔文]，单位符号为 K，它是国际单位中七个基本单位之一。

热平衡是指当物体吸收的热量等于放出的热量，物体各部分都具有相同的温度时，物体呈热平衡；或两个以及多个物体之间，通过热量交换，彼此都具有相同的温度时，物体间是热平衡。温度属于"内涵量"，国际单位制中其他六个物理量属于"广延量"，两者区分是"内涵量"不可以叠加，"广延量"可以叠加。温度与其他物理量相比，显得抽象和复杂些。

为了保证温度量值的统一和准确，应该建立一个用来衡量温度的标准尺度。温度的数值表示法，就称为温标。1967 年第十三届国际计量大会(CGPM)确定，把热力学温度的单位开尔文(K)定义为：水三相点热力学温度的 1/273.16。温度的高低必须用数字来说明，各种温度计的数值都是由温标决定的。由于温度这个量比较特殊，只能借助于某个物理量来间接表示。因此，温度的尺子不能像长度的尺子那样明显，它是利用一些物质的"相平衡温度"作为固定点刻在"标尺"上，而固定点中间的温度值则是利用一种函数关系来描述，称为内插函数(或称内插方程)。通常把温度计、固定点和内插方程叫作温标的三要素，或称为三个基本条件。从温标发展来看，有经验温标、热力学温标、国际温标。

借助于某种物质物理参量与温度变化的关系，用实验方法或经验公式构成的温标，称为经验温标。如摄氏、华氏、列氏温标等。经验温标的缺点是局限性和随意性。

目前石油计量采用的为摄氏温标即经验温标。它由瑞典科学家摄尔休斯 1742 年提出：规定在一个标准大气压下，水的凝固点为 0 度(叫做冰点)，水的沸点定为 100 度。然后把 0 度和 100 度之间分成 100 等份，每一等份就叫做 1 摄氏度。再按同样分度大小标出 0 度以下和 100 度以上的温度。0 度以下的温度为负的。这种标定温度的方法叫摄氏温标。

用摄氏温标表示的温度叫摄氏温度。摄氏温度的每一刻度和热力学温度的每个刻度是完全一致的。

摄氏温标的单位叫摄氏度，摄氏度是国际单位制(SI)中具有专门名称的导出单位，其单位符号为"℃"。

摄氏温度与热力学温度之间的换算关系为：

$$t = T - T_0 \qquad\qquad (7-2)$$

式中　t——摄氏温度；

　　　T——热力学温度

　　　T_0——水冰点的热力学温度，$T_0 = 273.15\text{K}$。

温度测量在散装成品油人工计量中，是一个不可缺少的项目。严格地说，没有温度相对应，油高和密度都是无效的。成品油温度是确定油高量值和密度量值的前提。

利用物质的某些物理性质随温度变化而变化而制成的计量器具为温度计。通常有体积、电阻、压力、热电势、辐射式温度计。石油计量用温度计大部分为体积式(膨胀式)温度计，它是根据物体随温度的变化而膨胀或收缩的原理制成的温度计。由于它价格便宜，使用简单，精度符合石油计量要求，因此，应用十分广泛。

石油计量用温度计属于国家强制检定的计量器具。

二、容器石油温度测量有关术语

(1) 试验温度(t')——在读取密度计读数时的液体试样温度，℃。

（2）计量温度（t）——储油容器或管线内的油品在计量时的温度，℃。

三、量具的基本结构和技术条件

（1）石油温度计是一种可以直接测量和显示的最小分度值为 0.2℃ 的玻璃棒式全浸式水银温度计，其测量范围通常为 -10～50℃。其结构包括感温泡、感温液体、主刻度、辅刻度、毛细管、安全泡。全长约 300mm，外直径约 7mm。

（2）允许误差。量限为 -30～100℃ 的全浸式精密温度计，其示值允许误差为 ±0.3℃。

（3）检定周期。最长不得超过 1 年。

（4）依据检定规程为：中华人民共和国国家计量检定规程 JJG 130—2004《工作用玻璃液体温度计》。

四、测量方法

油罐、铁路罐车、汽车罐车等石油容器内石油液体温度的测量，按照中华人民共和国国家标准 GB 8927—88《石油和液体石油产品温度测定法》进行。

1. 油品计量温度的测量

容器内油品计量温度的测量，是将温度计置入杯盒（保温盒）并浸入油中指定部位进行的。保温盒的容量部分至少为 100mL。其作用是在油品计量温度测定读数过程中让温度计的感温泡一直浸没在保温盒所储存的油液中，而使其示值不会很快地发生明显改变，从而可以保证测得的温度与罐内测温点的温度保持一致。

（1）测量部位和位置。立式油罐、卧式油罐从主计量口放温度计至罐内测温；铁路罐车、汽车罐车从帽口加封处放温度计至罐内测温，输油管线在温度计插孔测温。测温位置：立罐油高 3m 以下，在油高 1/2 处测一点；油高 3～5m，在油品上液面下 1m、油品下液面界面上 1m 处共设两点，取算术平均值；油高 5m 以上，在油品上液面下 1m、油品 1/2 处和油品下液面界面上 1m 处共设 2 点，取算术平均值，如果其中有一点温度与平均温度相差大于 1℃，则必须在上部和中部测量点之间、中部和下部测量点之间各加测一点，取五点算术平均值。油船（驳）测温同立罐，但对装同一油品的油船（驳）要测量半数以上舱的温度。卧式油罐、铁路罐车均在油高 1/2 处测量。输油管线在插孔以 45° 角迎流插到至少管线内径 1/3 处测量。

（2）罐内测温最少浸没时间。石脑油、汽油、煤油、柴油以及 40℃ 时运动黏度小于等于 20mm²/s 的其他油品不少于 5min；原油、润滑油以及 40℃ 运动黏度大于 20mm²/s，100℃ 运动黏度低于 36mm²/s 的其他油品不少于 15min；重质润滑油、汽缸齿轮油、残渣油以及 100℃ 运动黏度等于或大于 36mm²/s 的其他油品不少于 30min。

（3）读数。装入测温盒的温度计放入罐内一定位置并达到规定浸没时间后，迅速提起竖直读数，先小数后大数，估读到 0.1℃。如果环境温度与罐内油品温度平衡，量筒内测温应在温度计全浸没情况下读数。

（4）报告结果。测量罐内一点以上的油温，取算术平均值。

2. 油品试验温度的测量

油品试验温度的测量，是配合油品视密度一同进行的测量。将温度计悬挂在装有油品的玻璃量筒内测量并读取数据，悬挂位置不得靠近筒壁和筒底。在整个试验期间，环境温度变化不应大于 2℃ 其浸没时间，试验温度与计量温度之差不应大于 ±3℃。其浸没时间、读数和报告结果同油品计量温度测量。

五、测温操作注意事项

（1）计量温度测量至少距离容器壁 300mm。

（2）对加热的油罐车，应使油品完全成液体后，切断蒸汽 2h 测量计量温度，如提前测计量温度应在油高的 3/4，1/2，1/4 处测上、中、下 3 点油温，取其平均值。

（3）对油船或油驳内计量温度的测量，2 个舱以内应逐个测量；3 个以上相同品种的油，至少测量半数以上的油舱温度。若各舱计量温度与实际测量舱数的平均计量温度相差 1℃以上，应对每个舱作温度测量。

（4）杯盒温度计的提拉绳应采用不产生火花的材料制成的绳和链。

（5）采用手提式的石油数字温度计测量油温时，应按上述的测温部位进行测量，每一点的测温停留时间以温度数字显示相对稳定为准。石油数字温度计应符合安全防爆规定并具有与水银温度计同等的准确度。

第四节　油品密度的取样测量和含水测定

一、密度的基本概念

密度是物质质量与其体积之比。密度是表现物质特征的一个重要物理量。

在同样的条件下，由不同的材料制成的具有相同体积的物质，它们的质量一定不等；相反，在相同的条件下，由不同材料制成的具有同样质量的物体，它们所占有的体积也不同。某种物质的质量越大，说明它在相同的体积内所含有的质量越多。密度、质量、体积三者之间的关系用下式表示：

$$\rho = m/V \tag{7-3}$$

式中　ρ——物质的密度；

m——物质的质量；

V——物质的体积。

液体和固体的密度主要取决于温度，也就是说密度是一个随温度变化的量。一般说，同一物质，温度越高，密度越小，而体积越大，但质量不变；温度越低，则密度越大，体积越小，其质量不变。所以常在 ρ 的右下角下标以密度测定时的温度。例如 $\rho_{20} = 0.7300 \text{g/cm}^3$ 表示的是温度 20℃的密度值为 0.7300 克每立方厘米。

在某些科学技术部门里，作为物质特性常以所谓"相对密度"值表示。我们说，任何一种物质的相对密度就是在标准条件下，该物质的密度与别的物质密度之比。通常相对密度同样可以看作是该物质的质量与同体积水的质量，在确定的标准状况下的值。其水指温度在 4℃时的蒸馏水。以 $\rho_4^{20}(\rho_{20/4})$ 表示。

密度与压力也有关，尤其对气体密度的测量其影响很大，但对固体、液体而言，其影响微小，可以忽略。

密度作为可燃性物体（如石油）的一个指标，其密度大小在一定程度上反映了它的燃烧性和挥发性。汽油的密度一般为 $0.69 \sim 0.74 \text{g/cm}^3$，煤油的密度一般为 $0.80 \sim 0.84 \text{g/m}^3$，柴油的密度一般为 $0.80 \sim 0.86 \text{g/cm}^3$，润滑油的密度一般在 0.85g/cm^3 以上。而密度小的汽油挥发快、燃烧快，持续时间短；而密度大的润滑油则挥发慢，不易燃烧，但燃烧后持续时间长。

密度在石油计量方面有非常重要的作用。按规定，我们把测得的视密度换算到标准密度(20℃)状态，然后与同温下(20℃)体积相乘，得出油品质量。根据量值传递的原理和目前科技发展的水平，确定物体质量的基本方法是使用砝码进行平衡比较(使用天平、弹性机构或压力传感物质)。当使用砝码"称"油品质量时，因油品体积比与之质量相当的砝码的体积大得多，油品将受到额外的空气浮力影响，这使得与之比较的砝码只需要比油品小一些的质量就可以与该油品平衡了。这个用砝码衡量的质量，被称为"空气中的质量"、"空气中的重量"或"商业质量"。换算标准密度的油品标准密度换算表，所列数据均为其在真空中数据，所以计算油品质量时应减出空气中的质量。在油量计算中，为了修正这个因空气浮力而对油品数量计算产生的影响，国家规定采用空气浮力修正值的方法。这个空气浮力修正值为一常数。即 $0.0011g/cm^3$。应该说明，空气浮力修正值随温度和密度的变化而不同，只有当 $\rho_{20}=0.6785g/cm^3$ 时，其空气浮力修正值才是 $0.0011g/cm^3$。当 $\rho_{20}>0.6785g/cm^3$ 时，其油品的计算结果都比真正的结果偏小，尽管误差为十万分之几。所以，空气浮力修正值是一个近似值。

密度属于力学计量的范畴。

二、容器石油密度测量有关术语

(1) 视密度(ρ_t')——在试验温度下，玻璃密度计在液体试样中的读数，kg/m^3 或 g/cm^3。

(2) 标准密度(ρ_{20})——在标准温度20℃下的密度，kg/m^3 或 g/cm^3。

三、量具的基本结构和技术条件

(1) 浮计是液体密度计、浓度计的总称。它是测量液体密度(浓度)的计量器具，根据阿基米德定律制造。中华人民共和国国家计量检定规程 JJG 42—2011《工作玻璃浮计》其范围包括密度计、石油密度计、酒精计、糖量计、乳汁计、土壤计等质量固定工作玻璃浮计。由于它具有结构简单、制造容易、携带方便、使用迅速和测量精度较高等优点，所以被广泛用于科学技术和生产应用之中。浮计分为固体质量和固体体积两种。固定质量的浮计浸没于液体中的深度根据被测液体的密度不同而异，而固定体积的浮计浸没于液体的深度始终不变，石油密度计属于前者。

(2) 石油密度计由压载室、躯体、干管和置于干管的标尺组成。躯体是圆柱体的中空玻璃管，其压载室部分封闭，以便密度计重心下降，使密度计在液体中垂直地漂浮，并且处于稳定平衡状态。

(3) 密度计技术要求见表7-15。

表7-15 密度计技术要求

型　　号	单　　位	密度范围	每支单位	刻度间隔	最大刻度误差	弯月面修正值
SY-02		650~1100	20	0.2	±0.2	+0.3
SY-05	kg/m^3 (20℃)	650~1100	50	0.5	±0.3	+0.7
SY-10		650~1100	50	1.0	±1.0	+1.4

注：浮计示值的最大允许误差，除分度值为 $0.5kg/m^3$ 的石油密度计为±0.6个分度值外，其他均不得大于±1个分度值。

(4) 检定周期。工作浮计检定周期为1年，但根据其使用及稳定性等情况可为2年。

(5) 依据检定规程为：中华人民共和国国家计量检定规程 JJG42—2011《工作玻璃浮计》；依据的标准为：中华人民共和国国家标准 GB/T1884—2000《原油和液体石油产品密度

实验室测定法(密度计法)》。

四、石油液体手工取样

石油液体的手工取样应严格按照中华人民共和国国家标准 GB/T4756—1998《石油液体手工取样法》执行。

1. 取样工具的技术条件

(1)取样器的材质应以铜、铝或与铁器撞击不产生火花的其他合金材料制成。

(2)取样器的自身重量应足以排出液体重量而自沉于石油液体中。

(3)取样器必须是密闭的,塞盖要严密,松紧适当,在非人为打开盖塞的情况下,油品不得渗进采样器内。

(4)取样器上禁止使用化纤与塑料绳以及不导电易产生火花的材料,以免摩擦起火。

(5)取样器应清洁干燥,容量适当,有足够的强度。

2. 取样部位

取样部位见表7-16。

表 7-16 取样部位

	容器名称	取样部位	取样份数	取样容器数
均匀油品	立罐液面3m以上,油船舱(每舱)	上部:顶液面下 1/6 处 中部:液面深度 1/2 处 下部:顶液面下 5/6 处	各取一份按等体积 1:1:1混合成平均样	油船舱 2~8 个取 2个,9~15 个取 3 个,16~25 个取 5 个,26~50 个取 8 个
	立罐液面低于 3m,卧罐容积小于 60m³,铁路罐车(每罐车)	中部:液面深度 1/2 处	各取一份	原油龙车 2~8 个取 2个,9~15 个取 3 个,16~25 个取 5 个,26~50 个取 8 个
非均匀油品	立罐	出口液面向上每米间隔取样	每份分别试验	

3. 取样方法及操作注意事项

(1)取样时,首先用待取样的油品冲洗取样器一次,再按照取样规定的部位、比例和上、中、下的次序取样。

(2)试样容器应有足够的容量,取样结束时至少留有10%的无油空间(不可将取满容器的试样再倒出,造成试样无代表性)。

(3)试样取回后,应分装在两个清洁干燥的瓶子里密封好,供试样分析和提供仲裁使用。贴好标签,注明取样地点、容器(罐)号、日期、油品名称、牌号和试样类型等。

(.4)安全操作应遵照国家规程和石油安全操作规范执行。

五、油品密度测定

在油品计量测定密度时,试验温度应在容器中计量温度±3℃范围内测定。与此同时,环境温度变化应不大于2℃。将均匀的试样小心地倾入玻璃量筒中,将温度计插入试样中并使温度计保持全浸且不接触筒壁和筒底,再将清洁、干燥、大体适应试样密度范围的石油密度计轻轻地放入试样中,待达到平衡让其自由地漂浮并注意不弄湿液面以上的干管。测试密度计时,保持清洁干管,未浸油干管沾油高度不得超过密度计两个分度。再将密度计按到平衡点以下 1~2mm,并让它回到平衡位置,观察弯月面形状,先使眼睛稍低于液面的位置慢慢地升到表面,读取液体下弯月面与密度计刻度相切的那一点,估读到0.0001g/cm²。先读小数，然后再读大数。如果试样是不透明液体，则使眼睛稍高于液面的位置观察，读取液体上弯月面与密度计刻度相切的那一点，也同样估读到 0.0001g/cm³，先读小数，然后再读大数。与此同时，读取温度计示值，估读到 0.1℃。第一次读数完成后，又稍稍提起密度计，然后放下处于平衡，进行密度、温度的第二次读数。连续两次测定的温度读数不应超过±0.5℃，否则应重新测定。

六、含水测定

1. 原油含水量测定

原油含水量测定的操作要符合 GB/T 8929—88《原油水含量测定法(蒸馏法)》中的规定。

1) 测定方法概述

在采取的试样中，用量筒取出规定的试样量(也可直接在蒸馏烧瓶中称量)，加入与水不混溶的溶剂 400mL(用二甲苯作溶剂，包括冲洗量筒壁残留样的溶剂)，在回流的条件下加热蒸馏。冷凝下来的溶剂和水在接受器中连续分离，水沉降到接受器中，溶剂返回到蒸馏烧瓶中，读出接受器中水的体积。

2) 试剂和仪器

二甲苯：符合 HG3-101《二甲苯》、化学纯或 GB 3407《石油混合二甲苯》的 5℃石油混合二甲苯的要求规定。把 400mL 溶剂放在蒸馏仪器中进行试验，确定溶剂空白。

3) 水含量计算

试样中的水含量 X_1(体积%)或 X_2(质量%)分别按下式计算：

$$X_1 = (V_1 - V_2)/V \times 100 \qquad\qquad (7-4)$$

$$X_2 = (V_1 - V_2)/m \times 100 \qquad\qquad (7-5)$$

式中 V_1——接受器中水的体积，mL；

　　　V_2——溶剂空白试验水的体积，mL；

　　　V——试样的体积，mL；

　　　m——试样的质量，g。

原油水含量取两个连续测定结果的算术平均值。二甲苯溶剂极易燃，其蒸气有毒，全部试验仪器应严密，操作应远离火源。详细操作见 GB 8929—88《原油水含量测定法(蒸馏法)》。

本章所涉及的计量方法(包括计量器具、仪器、配套辅助设备)和现场操作以及计量员的着装都应遵守有关防火、防爆、防静电的安全规定。

2. 石油产品的水分测定

石油产品的水分测定操作应符合 GB/T 260—77《石油产品水分测定法》中的规定。

测定石油产品水分，采用水分测定器，将一定量的试样均与无水溶剂混合，进行蒸馏，测量其水含量，用百分数表示。

1) 仪器和材料

水分测定器包括 500mL 的圆底烧瓶一个、接受器和 250～300mm 直管式冷凝器。水分测定器的各部分连接处，用磨口塞或软木塞连接。接受器的刻度在 0.3mL 以下设有 10 等份的刻线；0.3～1.0mL 设有 7 等份的刻线；1.0～10mL 之间每分度为 0.2mL。

试验用的溶剂是工业溶剂油或直馏汽油在 80℃以上的馏分，溶剂在使用前必须脱水和过滤。

2) 测定方法和含水量计算

向圆底烧瓶中称量 100g 摇匀的试样，用量筒取 100mL 溶剂倒入圆底烧瓶中，再投入一些无釉瓷片、浮石或毛细管，将水分测定器严格按要求安装好，并保持仪器内壁干燥、清洁。

用电炉或酒精灯小心加热圆底烧瓶，控制回流速度，使冷凝管每秒钟滴 2~4 滴液体。当接受器中水的体积不再增加，而且上层完全透明时，停止加热。将冷凝器内壁的水滴完全收集于接受器中，读出接受器中收集水的体积。试样中水分质量百分含量 X，按下式计算：

$$X = V \times \rho_{水} / G \times 100 \tag{7-6}$$

式中　V——接受器中收集水的体积，mL；

　　　$\rho_{水}$——接受器中收集水的密度，g/cm^3。

　　　G——试样的重量，g；$G = V_{试样} \times \rho_{试样}$

试样中水分体积百分含量 Y，按下式计算：

$$Y = V/G/\rho_{试样} \times 100 \tag{7-7}$$

测定二次，其结果不应超过接受管的一个刻度，取二次的算术平均值作为试样的水分。

【例 7-2】　在石油水含量测定时，已知向仪器中注入 100mL 试样，其 $\rho_{试样} = 0.8000 g/cm^3$，$\rho_{水} = 1.0000 g/cm^3$，实验后收集水 5mL，问该试样水分质量百分含量和水分体积百分含量各是多少？

解：

$$X = (5 \times 1)/(100 \times 0.8000) \times 100 = 6.25$$

$$Y = 5/(100 \times 0.8000)/0.8000 \times 100 = 5.00$$

答：该试样水分质量百分含量和水分体积百分含量各是 6.25 和 5.00。

习　题

一、填空题

1. 目前的石油计量，包括_____计量和_____计量。

2. 用人工测量的方法对容器内的液态石油产品作静态计量时，其结果准确度分别为：卧式油罐_____；立式油罐_____；汽车罐车_____；铁路罐车_____。

3. 测量罐内液体深度的目的，在于取得罐内油品在计量时温度下的_____，即_____。

4. 长度计量就是对_____的测量。长度计量的基本单位为_____。

5. 摄氏温度的每一刻度和热力学温度的每个刻度是_____的。

6. 在容器底或检尺板上检尺时尺砣接触的点称为_____。

7. 使用中的钢卷尺的检定周期，一般为_____，最长不得超过_____。

8. 汽车罐车的检尺部位在罐体顶部计量口_____处。

9. 油品交接计量前后，与容器相连的_____状态应保持一致。

10. 丁字尺是_____汽车罐车容积和计量汽车罐车中_____的工具。

11. 试水膏是一种遇水_____而与油_____的膏状物质。

12. 在国际单位制中，温度属于_____，其他六个物理量属于_____。两者区分是前者_____叠加，后者_____叠加。

13. 用摄氏温标表示的温度叫_____。摄氏温标的单位叫_____。

14. 试验温度指在_____的液体试样温度；计量温度指_____的油品在计量时的温度。

15. 对加热的油罐车，应使油品完全成液体后，切断蒸汽 测量_____。

16. 石油密度计是测量_____的计量器具。浮计是_____、_____的总称。它根据_____制造。

17. 石油密度计由_____、_____、干管和置于干管的_____组成。

18. 密度是 _____ 与其 _____ 之比。密度是表现物质特征的一个重要_____量。

19. 密度的单位是_____。它由基本单位_____量和_____量_____的。其主单位和常用单位分别是_____和_____。

20. 空气浮力修正值 0.0011g/cm³ 是一个_____。

21. 视密度(ρ'_t)是在_____下，玻璃密度计在_____中的读数。

22. 石油密度计检定周期为_____。依据的检定规程为：中华人民共和国国家计量检定规程_____。

23. 取样器上禁止使用_____，以及_____的材料，以免摩擦起火。

24. 在油品计量测定密度时，试验温度应在容器中计量温度_____范围内测定。与此同时，环境温度变化，应不大于_____。

25. 浮顶罐的浮顶或浮盘与液面之间基本不存在_____空间，基本消除了大小呼吸损耗。常用的浮顶罐储存_____和易挥发的_____等轻质油品，用来减少_____、_____和发生火灾的危险性。

26. 测深钢卷尺是一种用于测量_____深度的组合型专用量具，由_____、_____、尺架、手柄、_____、_____、轮轳组成。

27. 油罐按建造位置划分为_____罐、_____或半地下罐和_____罐等，按设计规范要求，目前加油站油罐均为_____罐。

28. 卧式金属油罐结构为：罐身、_____和加强环等，两端罐顶形状分为：_____、_____、圆台顶、锥顶、_____、_____。

29. 油罐在大气和罐内液体压力的作用下应无_____和计量基准点的_____不变。

30. 卧式金属油罐罐体应尽量安装成_____状态，计量口下尺点应在圆筒_____的上。

31. 机械呼吸阀其工作原理是利用自身_____来控制油罐的_____和罐内_____。当罐内进油或油温升高，气体达到阀的控制压力时，阀被_____，罐内气体通过呼吸阀_____；当油罐出油或油温降低，罐内真空达到控制的_____时，罐外大气顶开呼吸阀_____。

32. 汽车油罐车是公路运输液体石油化工产品的_____车。汽车油罐车由油罐、汽车_____和_____三部分组成。

33. 铁路罐车基本由_____、制动装置、_____、_____及附件组成。

34. 铁路罐车的罐体容积分为_____容积、_____容积、_____容积、全容积、_____容积。

35. 铁路罐车车号由_____、_____和号码组成。

二、判断题(答案正确的打√,答案错误的打×)

1. 人工计量的特点是:设备简单,便于操作,能取得较高的测量精度。　　　( )
2. 检定油罐用钢卷尺属工作用计量器具。　　　　　　　　　　　　　　　( )
3. 我国能够通过光谱复现米的定义。　　　　　　　　　　　　　　　　　( )
4. 钢卷尺允许误差包括零值误差和任意两线纹间误差。　　　　　　　　　( )
5. 油罐空高测量的目的是计算油罐的空间容量。　　　　　　　　　　　　( )
6. 钢卷尺、温度计、密度计的数字认读方法都是读数从大到小。　　　　　( )
7. 测深钢卷尺的允许误差是其零值误差与500mm以后的尺带示值误差的代数和。

　　　　　　　　　　　　　　　　　　　　　　　　　　　　　　　　　　( )
8. 测深钢卷尺的零值误差是用零位检定器进行检定。　　　　　　　　　　( )
9. 对垫水罐每次收发后应测水,不动转罐每三天应测一次水位。　　　　　( )
10. 开尔文(K)定义为:水三相点热力学温度的1/273.15。　　　　　　　( )
11. 量限为-30~100℃的全浸式精密温度计,其示值允许误差为0.3℃。　( )
12. 石油密度计检定依照中华人民共和国国家标准GB/T1884—2000《原油和液体石油产品密度实验室测定法(密度计法)》进行。　　　　　　　　　　　　　　　　　( )
13. 浮计分为固体质量和固体体积两种。石油密度计属于后者。　　　　　　( )
14. 在相同条件下由不同材料制成的具有同样质量的物体,它们所占有的体积不同。

　　　　　　　　　　　　　　　　　　　　　　　　　　　　　　　　　　( )
15. 任何一种物质的相对密度是在标准条件下,该物质的密度与别的物质密度之比。

　　　　　　　　　　　　　　　　　　　　　　　　　　　　　　　　　　( )
16. 标准密度是在标准温度20℃下的质量与t℃体积之比。　　　　　　　( )
17. 取样器在油罐取样,是按照上、中、下的次序取样。　　　　　　　　　( )
18. 在雷电、冰雹、暴风雨期间,可在室外检尺、采样、测温,但应小心。　( )
19. 铁路粘油罐车,罐体外部涂刷成银白色。　　　　　　　　　　　　　　　( )

三、选择题(将正确答案的符号填在括号内)

1. 钢卷尺:(　　　)

A. 就是测深钢卷尺

B. 最小计量单位为毫米

C. 允许误差包括零值误差和任意两线纹间误差

D. 检定规程号为JJG398—85

2. 卧式金属油罐:(　　　)

A. 安装不能倾斜　　　B. 下尺点应在油罐中垂线上　　　C. 计量后应关好量油口盖

3. 人工计量的特点是:(　　　)

A. 设备简单　　　　　B. 便于操作　　　　　　　C. 能取得较高的测量精度

D. 计算方便　　　　　E. 各方面都优于自动计量

4. 容器内液体计量法有:(　　　)

A. 实高测量法　　　　B. 空高测量法　　　　　　C. 水高测量法

5. 液面在3m以下,测温、取样在液高的:(　　　)

A.1/2处　　　　　　B.5/6处　　　　　　　　C.1/6处

D 在油品上液面下1m

6. 试水膏是：（　　）

A. 一种遇水变色而与油不起反应的膏状物质

B. 一种可清晰显示出油品液面在尺上的位置膏状物质

C. 一种保护量水尺的膏状物质

7. 充溢盒温度计和取样器的提拉绳应是：（　　）

A. 采用不产生火花的材料制成的金属链

B. 棉绳　　　　　　　C. 尼龙绳　　　　　　　D. 麻绳

8. 石油密度计透明液体读数位置在：（　　）

A. 液体下弯月面与密度计刻度相切的那一点

B. 液体上弯月面与密度计刻度相切的那一点

四、问答题

1. 散装油品人工计量的特点和项目有哪些？

2. 石油计量按其目的分为哪些计量？其中哪种计量是部分计量？

3. 立式金属油罐的结构为哪几部分？按顶形结构分为哪两大类？浮顶有哪些作用？

4. 油罐技术条件有哪些？

5. 油罐附件主要指哪些？

6. 铁路罐车由哪些部分组成？在进行油品装卸作业时，其计量工作程序有哪些？

7. Ⅱ级测深钢卷尺 5m、10m、15m 的两线纹间允许误差各是多少？

8. 油罐油品收发作业后计量，为什么要有一定的稳油时间？

9. 油品计量温度的测量部位和位置是怎么规定的？

10. 石油密度计由哪些部分组成？按不同型号的密度计其最大允许误差和检定周期各是多少？

11. 石油怎样取样？

12. 机械呼吸阀的工作原理是什么？

五、计算题

1. 测得 4 号油罐车下尺点空高为 284mm，问实际装油高是多少？

2. 在石油水含量测定时，已知向仪器中注入 100mL 试样，其 $\rho_{试样}=0.8500g/cm^3$，$\rho_{水}=1.0000g/cm^3$，实验后收集水 7mL，问该试样水分质量百分含量和水分体积百分含量各是多少？

第八章　容器容积表的使用方法

第一节　容积的基本概念

一、特性

容积是指"容器内容纳物质的空间体积"，容量是"容器在一定条件下可容纳物质数量（体积或质量）的多少"。两者区别点在于"虚"与"实"。

容量计量与质量计量，长度计量一样，有着悠久的历史，我国古代度、量、衡中的量，就是指容量。

从物理学得知，液体（流体）有如下两个特性：

（1）液体受到压力作用时，如果压力值不大（即在通常的压力值下），液体的体积变化很小，实际上可以认为是不变化的。例如水在 $0.1\sim2.5MPa$（$1\sim25$ 大气压）的压力范围内，每增加一个大气压，体积相对减少值约 0.005%，这个特性称为液体的不可压缩性。

（2）液体在静止时不能保持固定的形状。这一特性显著不同于固体。液体的形状由盛装它的容器的形状决定，这个特性称为液体的流动性。所谓容器就是具有内部空间，可以盛装液体的固定结构物。

由于液体具有上述两个特性，在计算液体的数量时，当采用容量法时主要是计算它的体积。如果再考虑它的密度 ρ 的话，那么它的质量 m 可用下式求出：

$$m = V \times \rho \tag{8-1}$$

实际上，由于液体的流动性，直接测量它的体积是很困难的。因此，就利用液体可以装入任何容器的特性，用一个已知具有一定容量的容器来测量液体的体积。所谓容器的容量（或称容积）就是容器可以装有液体的内部空间的体积。

由此可知，为了测量液体的体积，主要依靠测量准确的容器。所以，容量计量的经常性工作是测量容器的容积。容量在国际单位制中是由长度基本单位"米"导出来的导出单位，即立方米（m^3）和与倍数或分数单位结合而成的为 dm^3、cm^3 等。另外国际单位制规定允许并用的单位有升（L）。历史上升的定义由质量单位定义，即：一升是一个大气压下 $3.98℃$ 时一千克纯水所占有的体积（1901 年），与立方分米之间的关系是：

$$1L = 1.000028dm^3$$

为使升和立方分米求得统一，在 1964 年第十二届国际计量大会上，会议决定取消升的原来从质量单位来的定义，而采用从长度基本单位得到的体积单位为容量单位，即 m^3。其分数单位：$1dm^3 = 1L$。

石油库、加油站的立式金属油罐、卧式金属油罐、球形罐以及铁路油罐车、汽车油罐车容积的确定，都是通过计量检定所确定的。检定的过程是一个比较复杂的过程，初学者短时间内不易掌握，也超出了初学者学习的范围，这里介绍的是容积表的使用方法。

二、容量计量的有关术语

（1）标准体积（V_{20}）——在标准温度 $20℃$ 下的体积，m^3、dm^3。

（2）非标准体积（V_t）——任意温度下的体积，m^3、dm^3。

（3）体积修正系数（VCF）——石油在标准温度下的体积与其在非标准温度下的体积之比。

第二节 立式金属油罐容积表

一、拱顶立式金属油罐容积表

立式金属油罐是国际间石油化工产品贸易结算的主要计量器具之一，也是我国国内贸易结算的重要计量器具。容积表反映容器中任意高度下的容积，即从容器底部基准点起，任一垂直高度下该容器的有效容积。容积表编制的基础是按照容器的形状，几何尺寸及容器内的附件体积等技术资料为依据，经过实际测量、计算后编制。

立式金属油罐容积表一般包括：

（1）主表。从计量基准点起，通常以间隔 1dm 高对应的容积，累加至安全高度所对应的一列有效容积值。但在该罐有异于按几何体计算处和每一圈板终端，则标出到毫米的累计有效容积值。如 1 号罐主表 0.079m 对应的容积表明罐底至该高度不规则容积；1.555m 对应的容积表明第一圈板的累计有效容积值；以后的 3.159m、4.764m 等都表明其累计有效容积值。

（2）附表。又称小数表，按圈板高度和附件位置划分区段，给出每区段高度 1～9cm 和 1～9mm 的一列对应的有效容积值。

（3）容量静压力增大值表。一般按介质为水的密度 $1g/cm^3$ 编制，储存高度从基准点起，以 1dm 间隔累加至安全高度所对应的一列罐容积增大值（编表从 1m 开始）。当测得值不为表载值时，按就近原则取相邻近的值。静压力增大值是油罐装油后受到液体静压力的影响，罐壁产生弹性变形，使得油罐的容量比空罐时大出的那部分量。使用时将静压力增大值 $\Delta V_水$ 与装载油品的相对密度 D_4^t 相乘，得出静压力容积 $\Delta V_压$，即 $\Delta V_压 = \Delta V_水 \times D_4^t$。又由于 D_4^t 值接近于油品 ρ_{20} 与石油体积系数 VCF 相乘的值即 ρ_w 则以 ρ_w 代替 D_4^t，$\Delta V_压 = \Delta V_水 \times \rho_w$。

因为罐底非水平状态且凹凸不平，有时将确定高度下的罐底量作为一个固定量处理。编容积表时，将这个固定量和它所对应的高度编入主表。同样以上的值为累计值。如 1 号油罐小数表从 0.079 米编表，说明这 79mm 以下是凹凸不平的，此为死量，79mm 以下高度的容量不能通过比例内插法求得。同理，2 号油罐 25mm 高度容量为死量。高度超过死量高度而不足 1dm，则采取底量加小数量得出，如 2 号罐测得水高 26mm，则容量为 2876 + 182 = 3058L。

那么，立式罐某装油高度下的容量则为

$$V_t = V_主 + \Delta V_小 + \Delta V_水 \times \rho_{20} \tag{8-2}$$

【例 8-1】 2 号立式金属油罐储存 90 号汽油，测得油高为 6973mm，测得密度经计算后得出的 $\rho_w = 0.7300g/cm^3$，试求该罐装油容积。

解：

（1）查主表高度为 6.900m 时容积为 1247775L；

（2）查小数表在 6.687～7.936m 这一区段 7cm 时的容积为 12625L，3mm 时的容积为 541 L；

（3）查测量油高 6973mm 相对应的静压力增大值，因为 6973mm 靠近 7.0m，取静压力

增大值为 514，则

$$V_t = 1247775 + (12625 + 541) + 514 \times 0.73 = 1261316.22 \approx 1261316L$$

答：该罐装油容积为 1261316L。

若罐内有水，则相应减出水高时的容积。

【例 8-2】 2 号立式金属油罐储存 90 号汽油，测得油水总高 4000mm，水高 28mm，测得密度经计算后得出 $\rho_w = 0.7300g/cm^3$，试求该罐装油容积。

解：

（1）查主表高度为 4000mm 时容积为 723714L；

（2）查主表和小数表水高 28mm 时容积

主表 25mm 底量的容积为 2876L

小数表 0.025~1.463m 这一区段 3mm 的容积为 545L

（3）查测量油水总高 4000mm 相对应的静压力增大值 144，则

$$V_t = 723714 + 144 \times 0.73 - (2876 + 545) = 720398.12 \approx 720398L$$

答：该罐装 90 号汽油容积为 720398L。

二、浮顶立式金属油罐容积表

浮顶罐在罐内有一个由金属和其他轻质材料制成的浮盘浮在油面上，并随着油品液面升降而升降。由于油品液面与浮顶之间基本不存在油气在空间，油品不能蒸发。因而基本上消除了油品大小呼吸损耗。所以，常使用它来储存易挥发的汽油和原油。浮顶罐储油除能减少蒸发损耗外，同时还可以减少对大气的污染，减少火灾发生的危险性。浮顶罐容积的编制形式和方法同拱顶立式金属罐，只是在容积表附栏注明浮顶重量、浮顶最低液面起浮高度和非计量区间。

浮顶罐的容量和质量计算应注意以下三种情况：

（1）装油的油面在浮盘最低点以下，为第一区间。在计算容量时与普通拱顶立式罐相同。

【例 8-3】 测得 1 号浮顶油罐 90 号汽油油高 800mm，求存油容量是多少？

解： 油高 800mm，在浮盘最低点 1600mm 以下，查主表 0.800m 时容量为 323075L。

答：该罐存油容积 323075L。

（2）油面在浮盘之中，浮盘没有起浮，浮盘最低点至起浮高度以下。因为此区间浮盘似浮非浮，占据的体积不能确定，因此，此区间的液位不能计量。如 1 号浮顶罐 1.600~1.800m 这一区间。

（3）浮盘起浮后为第三区间，这时浮盘已自由起浮，计算出油品的重量时应扣除浮盘重量（W）。

另外，关于立式油罐有以下情况的测量数据不得作交接计量用。

① 总高明显不符；

② 浮顶已浸没，但尚未起浮；

③ 空罐进油后罐内没有垫水，垫水低于最低垫水高度，而容积表上没有底量表以及发油后油高低于出口以上 20cm；

④ 底量表上没有水高为零的容积，而水高又在容积表规定的第一间隔之间；

⑤ 内浮顶罐内水高超过导向管下缘。

第三节　卧式金属油罐容积表

卧式金属油罐是一个两端封顶的大至水平放置(倾斜比不大于 0.08)的圆筒,其容积由两端封顶和圆筒两部分组成。卧式金属油罐容积表以厘米为间隔,单位高度容积各不相同,无线性关系。从计量基准点起累加到最高高度所对应的容积为有效容积值。当测得高度不为表载值时,按比例内插法计算出该高度时的容积值。

【例 8-4】 3 号卧式油罐储存汽油,测得油高 1410mm,求装油量是多少?

解:查容积表 140cm 和横行 1cm 相交的容积得 25766L

答:该罐储存汽油 25766L。

【例 8-5】 3 号卧式油罐储存汽油,测得油水总高 2657mm,水高 34mm,求装油量是多少?

解:

(1)求油水总高容积

$$V_{t总} = 50082 + \frac{50182-50082}{266-265}(265.7-265) = 50152L$$

(2)求水高容积

$$V_{t水} = 94 + \frac{143-94}{4-3}(3.4-3) = 113.6L$$

(3)求净油容积

$$V_{t油} = 50152 - 113.6 = 50038.4 \approx 50038L$$

答:该罐装油量为 50038L。

第四节　球形罐容积表

球形罐是一种压力密闭容器,在承压状态下使用。球形罐容积表的编制包括空罐状态下的容积 V 和承压容积增大值 ΔV 两部分,承压球形罐总容积 $V_P = V + \Delta V$。球形罐按罐竖内直径编容积表,每厘米为一间隔,从罐底零点开始计算,累计至安全高度下的一列对应的有效容积值。当测得高度不为表载值时,按比例内插法计算出该高度时的容积值。

查表方法同卧式金属罐。

第五节　铁路油罐车容积表

铁路油罐车容积表是铁路油罐车作为计量器具进行容量及质量计量交接的技术依据,也是罐内安全装置监控的科学依据。

目前使用的是中国石油化工总公司大容器计量检定站编制的《简明铁路罐车容积表》,以及部分机车车辆厂生产的特种罐车容积表。

一、简明铁路罐车容积表

铁道部采用的新罐车容积表共有两万个,分为 20 个字头、每一个字头一千个表。即 A000 ~ A999、B000 ~ B999、C000 ~ C999、D000 ~ D999、E000 ~ E999、F000 ~ F999、

G000~G999、H000~H999、I000~I999、J000~J999、K000~K999、L000~L999、M000~M999、N000~N999、FA000~FA999、FB000~FB999、FC000~FC999、FD000~FD999、FE000~FE999、FF000~FF999。简明铁路罐车容积表把每个字头的一千个表分为十组，每组一百个表压缩为一个表，称为组表。如 A 字头十个组表是：A000~A099、A100~A199、A200~A299、A300~A399、A400~499、A500~A599、A600~A699、A700~A799、A800~A899、A900~999。每组表可以推算出一百个容积表，其他各字头的容积表也是这样编制的。这样将 2 万个容积表压缩成 200 个组表，其绝对误差不大于±2L，常装高度绝对误差不大于±1L。

简明铁路罐车容积表分上下两册，上册编入 A、B、C、D、E、F、G、H 八个型号罐车容积表。常装高度部分编表间隔为毫米，非常装高度部分编表间隔为厘米。A、E 型车常装高度 2300~2700mm，其余各型车常装高度 2200~2600mm。下册编入 K、L、I、J、M、N、FA、FB、FC、FD、FE、FF 十二个型号罐车容积表。其中 KLIJ 采用了原来的容积表，即 K 型车三个表原 175~177，L 型车三个表原 178、179、180，I 型车三个表原 2、5、7，J 型车三个表原号对照表。

该简明罐车容积表用基础表和系数表两个部分组成。使用时首先应确定使用哪个表。例如铁路罐车上打印的表号为 A747 时应使 A700~A799 这个表。查表方法是：根据罐内油品高度在表中查得基础容积 V_J 和系数 K，然后将系数和表号相乘（表号只取后二位）把乘得结果加到基础容积上就是要查的容积。

其计算公式是： $$V_t = V_J + Kb \tag{8-3}$$
式中 b——表号后二位数。

【例 8-6】 罐车表号 A747，罐内油品高度 2318mm，求油品体积 V_t。

根据表号 A747 应查简明表中 A700~A799 表，在表中查得基础容积为 $V_t = 53716$L、系数为 $K = 26.4747$ 代入上式：

$$V_t = 53716 + 26.4747 \times 47 = 54960\text{L}$$

答：罐车内装油 54960L。

【例 8-7】 表号 A751，罐内油高 2257mm，求油品体积 V_t。

根据表号确定应查 A700~A799 表，油高 2257mm 为非常装高度，用比例插值法计算出基础容积和系数，再计算出油品体积。

解：

在表中查得如下数据：

高　度	容　积	系　数
2260	52485	25.8505
2250	52267	25.7424

（1）插值计算：

基础容积 $$V_J = 52267 + \frac{52485 - 52267}{2260 - 2250} \times (2257 - 2250) = 52420\text{L}$$

系数 $$K = 25.7424 + \frac{25.8505 - 25.7424}{2260 - 2250} \times (2257 - 2250) = 25.8181$$

（2）油品体积计算：

根据公式： $$V_t = V_J + Kb$$

$$V_t = 52420 + 25.8181 \times 51 = 53737L$$

答：该罐车装油 53737L。

此表可以在中国石化集团公司系统内作为交接计量用，对系统外使用如发生争议应以国家授权的计量单位公布的数据为准。

二、特种罐车容积表

特种罐车容积表属各机车车辆厂设计制造并由国家铁路罐车容积检定站检定合格的非主型罐车，为一车一表。其容积表以每厘米为一间隔，从计量基准点起累加到最高高度所对应的容积为有效容积值。当测得高度不为表载值时，按比例内插法计算出该高度对应的容积值。其查表方式同卧式金属罐。

【例 8-8】 收车型为 G70D 车号为 6277975 的铁路罐车 90 号汽油，测得油高为 3087mm，查容积表号为 TQ053，试计算该车收油量。

解： 查 TQ053 容积表，3087mm 处于 308cm 与 309cm 之间，采用比例内插法计算收油量为

$$V_t = 72061 + \frac{70170 - 72061}{309 - 308}(308.7 - 308) = 72137.3 \approx 72137L$$

答： 该车收油量为 72137L。

对于确定铁路油罐车的方法，有目测法、检索法、查证法、咨询法、仲裁法等。

第六节　汽车油罐车容积表

汽车油罐车是公路运输散装油品的运输工具，油品数量以车上交接数为准，因此，汽车油罐车又在计量器具的范畴之内。汽车油罐车容积表按每厘米为一间隔编制，编表形式分为测实高容积表和测空高容积表。测实高如同卧式金属罐一样将尺砣触及罐底读出液面高度，然后根据液面高度查实高容积表。容积表从基准点起加累到最高高度所对应的容积为有效容积值。测空高是测得罐内空高，通过空高查测空高容积表，查得装油的实际容积。容积表从基准点为最大容积，然后逐步递减，即空高越小，容量越大，空高越大，容量越小。使用两种容积表，当测得值不为表载值时，按比例内插法计算出该高度时的容积值。

【例 8-9】 4 号汽车罐车装汽油一车，测得油水总高 1044mm，水高 20mm，试求装车容量。

解：（1）求 $V_{t总}$：

$$V_{t总} = 4912 + \frac{4940 - 4912}{105 - 104}(104.4 - 104) = 4923.2L$$

（2）求 $V_{t水}$：

$$V_{t水} = 36L$$

（3）求 $V_{t油}$：

$$V_{t油} = 4923.2 - 36.0 = 4887.2 \approx 4887L$$

答： 该车装油 4887L。

【例 8-10】 5 号汽车油罐车运输 0 号柴油一车，用钢卷尺测得高度数据：尺带对准计量口上沿基准点读数为 560mm，尺带浸没点 206mm，求装油量。

解：（1）求空高：

$$H_{空} = 560 - 206 = 354mm$$

（2）求实际装油量：

$$V_t = 6071 + \frac{6071 - 6031}{35 - 36}(35.4 - 35) = 6055L$$

答：该罐装油 6055L。

第七节　油船舱容积表

1. 小型油轮、油驳舱容表

小型油轮、油驳舱容表是在船舱计量口的指定检尺位置的垂直高度上，从船舱基准点起，以 1cm 间隔累加至安全高度的一列高度与容积的对应值。计量时按照实际油高查舱容表，一般不作倾斜修正。查表方法同卧式油罐表法。

有时，为了排列和使用方便，在油轮、油驳舱容表上只给出各段的起讫点、高差、部分容积、毫米容积和累计容积。使用时取与油高最近又低于油高的那个"讫点"的累计容积加上油高和这个讫点的高差与该段每毫米容积的乘积。

【例 8-11】　102 号油驳左 1 舱，油高 2452mm，求表载体积？

解：102 号左 1 舱容表，油高 2452mm 的讫点是 2130mm，累计容积是 62519.6L，高差为 2452-2130＝322mm，每毫米容量为 28.960L，油高 2452mm 的表载体积为：

$$62519.6 + 28.960 \times 322 = 71845L$$

答：102 号左 1 舱装油 71845L。

2. 大型油轮舱容表

大型油轮舱容大，若计量口不在液货舱中心，装油以后船体会有不同程度的纵倾，就会造成计量误差。

大型油轮的液货舱一般是按空距和水平状态编制的，舱容表上注明了舱容总高（参照高度），还列出了与空距相对的实际高度。为了修正装油后的船体和编容积表时的船体状态不一致造成的误差，液位下的表载容积需要用纵倾修正值修正。纵倾修正值表将倾斜状态下测量的高度修正到水平状态时的高度。

【例 8-12】　大庆油轮左 1 舱空距 0.29 m，水实高 0.12m，测量时的前吃水 0.7 m，后吃水 1.2m，求舱内装油体积？

解：计算前后吃水差：1.2-0.7＝0.5m

将测量空距进行水平空距修正：

查液货舱纵倾修正表：

吃水差 0.5m 时，修正值为：

$$吃水差 = 0.05 + \frac{0.10 - 0.05}{0.6 - 0.3}(0.5 - 0.3) = 0.05 + 0.033 = 0.083 \approx 0.08dm$$

水平空距为：　　　　　　　　　0.29+0.008 = 0.298m

查舱容表，空距 0.298m 时，其舱容为：

$$V = 273.000 + \frac{26848 - 27300}{0.3 - 0.2}(0.298 - 0.2) = 268.5704 \approx 268.570m^3$$

水高经水平修正后得：　　　　　　0.12-0.01 = 0.11m

计算水的体积，查舱容表得：1.58+(3.40-1.58)×0.1=1.762m³

该舱装油体积为 268.570-1.762=266.808m³

答：大庆油轮左 1 舱装油 266.808m³。

另外，中国石油化工集团公司成品油计量管理标准(Q/SH039-019-90)2.6.2 计量交接方式："……油轮、油驳运输，油罐发油，以油罐计量数为准"。说明轮(驳)计量容量不能作为交接依据。这是因为油轮(驳)浮在水上，稳定性差，形状呈不规则几何体，检定误差大，不确定度达不到油品交接的要求，所以，油轮(驳)使用容积表，其值不能作为成品油计量交接依据。

当然，不受企业标准限制而实行国家计量检定规程的，即按 JJG702—90《船舶液货计量舱容量》实行的单位和个人，也是可以的。

注：附后容积表为教学表，未将正规容积表完整录入。

习　题

一、填空题

1. 油罐容量的计算属于力学计量的分支_____的范畴。加油站的油罐主要包括：金属油罐、_____。

2. 液体在静止后，其_____在各种力的作用下，自然形成了_____。这个特性称为液体的_____。

3. 容器的容量就是容器可以装有_____的_____的体积。

4. 国际单位制规定容量的计量单位是_____和与倍数或分数单位结合而成的计量单位，还允许并用的其他单位是_____。

5. 体积修正系数是石油在_____温度下的体积与其在_____温度下的体积。

二、判断题(答案正确的打√，答案错误的打×)

1. 液体的形状由盛装它的容器的形状决定，这个特性称为液体的流动性。　　　　（　　）

2. 容量在国际单位制中是由长度基本单位"米"导出来的导出单位。　　　　　（　　）

3. 非标准体积是指 20℃下的体积。　　　　　　　　　　　　　　　　　　（　　）

4. 内浮顶罐的浮顶随液面的升降而升降。　　　　　　　　　　　　　　　　（　　）

5. 卧式金属油罐容量表以厘米为间隔，高度容量呈线性关系。　　　　　　　（　　）

6. 汽车油罐车油罐空高容量表，查得的是该高度的空间容量。　　　　　　　（　　）

7. 立式金属油罐静压力增大值是油罐装油后受到液体静压力的影响，使得油罐的容量比空罐时大出的那部分量。　　　　　　　　　　　　　　　　　　　　　（　　）

8. 立式金属油罐死量以下容量，可按实测高度通过比例内插法求得。　　　　（　　）

9. 简明罐车容积表用基础表和系数表两个部分组成。　　　　　　　　　　　（　　）

三、问答题

1. 什么是容积和容量？其计量单位主要有哪些？

2. 浮顶立式金属油罐容量表的三个区间是怎样划分的？

3. 目前使用的铁路油罐车容积表有哪几种？

四、计算题

1. 3 号卧式油罐储存汽油，求以下各题容积值。

① 油水总高 1400mm，水高 230mm。

② 油水总高 2438mm，水高 13mm。

③ 油水总高 2800mm，水高 8mm。

2. 3 号卧式油罐在 3 月 1 日、3 月 13 日、3 月 18 日进油，分别求每次进油量。

① 收油前油水总高 1234mm，水高 156mm；收油后油水总高 2347mm，水高 237mm。

② 收油前油高 834mm；收油后油水总高 1825mm，水高 208mm。

③ 收油前油高 1119mm，内直径 100mm 长 300dm 的油管内无油；收油后油高 2068mm，管内装满油。

3. 测量以下汽车罐车油品，求容积值。

① 车号 4 号，油水总高 1068mm，水高 15mm；

② 车号 5 号，空高 343mm；

4. 测量以下汽车罐车油品，求容积值。

① 车号 4 号，空高 357mm，水高 15mm；

② 车号 5 号，空高 399mm；

5. 使用测深钢卷尺验收 5 号汽车罐车油品，测得尺带对准计量口上沿基准点读数为 570mm，尺带浸没点为 163mm，求收油量。

6. 已知 2 号立式油罐柴油 $\rho_{20} = 0.8500 \text{g/cm}^3$，求以下各题容积值。

① 油水总高 900mm，水高 25mm；

② 油水总高 1432mm，水高 26mm；

③ 油水总高 10156mm，水高 38mm；

7. 已知 2 号立式油罐汽油 $\rho_{20} = 0.7500 \text{g/cm}^3$，求以下各题容积值。

① 油水总高 974mm，水高 25mm；

② 油水总高 1895mm，水高 39mm；

③ 油水总高 7938mm，水高 323mm；

8. 已知 1 号立式浮顶油罐 $\rho_{20} = 0.7300 \text{g/cm}^3$，求以下各题容积值。

① 油水总高 1569mm，0 以下为水；

② 油水总高 830mm，水高 81mm；

③ 油高 1720mm。

9. 已知 1 号立式浮顶油罐 $\rho_{20} = 0.7269 \text{g/cm}^3$，求以下各题容积值。

① 油水总高 3359mm，水高 79 mm；

② 油水总高 1890mm，水高 121mm；

③ 油高 2465mm。

10. 测量以下各铁路油罐车油品，求容积值。

① 表号 A730，油水总高 2710mm，水高 20mm；

② 表号 A798，油水总高 2696mm，水高 50mm；

③ 表号 A758，油水总高 2283mm，水高 33mm；

④ 表号 A700，油水总高 2147mm，水高 30mm；

⑤ TQ053，油高 3034mm。

11. 测量以下各铁路油罐车油品，求容积值。

① 表号 A765，油水总高 2728mm，水高 27mm；

② 表号 A747，油水总高 2264mm，水高 96mm；

③ 表号 A792，油水总高 2047mm，水高 8mm；

④ 表号 A701，油水总高 2799mm，水高 112mm；

⑤ TQ053，油高 3174mm。

12. 102 号油驳右 1 舱，油高 2512mm，求表载体积？

13. 大庆油轮左 1 舱空距 0.46m，水实高 0.15m，测量时的前吃水 1.0m，后吃水 1.8m，求舱内装油体积？

第九章　石油产品质量计算

第一节　质量的基本概念

质量是物体内所含物质的多少。质量是物体固有的一种物质属性，它既是物理理性的量度，又是物体产生引力场和受力场作用的能力和量度。

质量计量是力学计量中最基础的项目之一。质量计量就是采用适当的仪器和方法，确定被测物体作为质量单位的国际千克原器之间的质量对应关系。千克为质量的基本单位，它也是七个基本单位中唯一一个带词头的基本单位。千克的复现通过千克原器和原器天平。千克原器是质量的基准，原器天平是基准的比装置。千克原器是一个用 90% 铂和 10% 铱的合金做成的高度和直径都为 39mm 的圆柱体，现存放在法国巴黎国际计量局的地下室的保险库里，并用特殊的双层玻璃罩罩着。它是国际单位制 7 个基本单位中唯一一个不能通过光谱复现成高精度的实物基准。我国于 1965 年引进国际计量局编号为 60 号和 61 号的两个千克原器，并把 61 号原器作为国家质量基准。它的质量为 $1kg + 0.295mg$，标准不确定度为 $0.0023mg$，$0℃$ 时它的体积为 $46.3837cm^3$。我国的原器天平是由奥地利 Rueprecht 厂制造的等臂原器天平，分度值为 $0.04mg$，精度为 $4×10^{-8}$，用交换法进行多次称量时，相对不确定度为 10^{-9} 量级，保存在中国计量科学研究院质量实验室。

在我国的法定计量单位中，规定质量有时可称为重量，这其实是由于历史的原因。在日常生活和贸易中，它往往是质量的代名词。所以国务院《关于在我国统一实行法定计量单位的命令》(1984 年 2 月 27 日)中注明：“人民生活和贸易中，质量习惯称为重量”。其实，重量与质量是不相同的。

重量是物体所受重力的大小，它等于该物体的质量乘以重力加速度值。重力具有力的三要素，即大小、方向和作用点。

质量与重量的区别点，一是定义不同，二是变化规律不同，在牛顿力学范围内，物体的质量是恒量，不随地理纬度和海拔高度而变。物体的重量随地理纬度和海拔高度而变。在无重力的空间内，物体的重量为零。三是单位不同，在国际单位制中，质量是基本单位，单位名称为千克，单位符号为 kg；重量是导出单位，单位名称为牛[顿]，单位符号为 N。

目前，我国石油计量的方法有三种，即：衡量法，属直接测量法，例如用台秤称某一桶油的质量；容量法，如用流量仪表计量油品；体积-质量法，这两种属间接测量法，大宗石油产品的计量采用这种方法，是我们学习的重点。它的表达式为：$m = V \cdot \rho$。

第二节　石油计量表

中华人民共和国国家标准 GB/T1885—1998《石油计量表》等效采用国际标准 ISO91—2：1991《石油计量表——第二部分：以 20℃ 为标准温度的表》的技术内容，计算结果与 ISO91—2：1991 一致。

该标准基础数据取样方法，石油计量表按原油、产品、润滑油分类建立。现已为世界大多数国家采用，在石油贸易中更是通用性。

该标准规定了将在非标准温度下获得的玻璃石油密度计读数（视密度）换算为标准温度下的密度（标准密度）和体积修正系数的方法。

石油计量表的组成包括：

1. 标准密度表

表 59A——原油标准密度表

表 59B——产品标准密度表

表 59D——润滑油标准密度表

2. 体积修正系数表

表 60A——原油体积修正系数表

表 60B——产品体积修正系数表

表 60D——润滑油体积修正系数表

3. 特殊石油计量表

在油品特殊且贸易双方同意的情况下，可以直接使用 ISO91—1：1982 中的表 54C。

4. 其他石油计量表

表 E_1—20℃密度到 15℃密度换算表

表 E_2—15℃密度到 20℃密度换算表

表 E_3—15℃密度到桶/t 系数换算表

表 E_4—计量单位系数换算表

第三节　石油标准密度的换算

用玻璃石油密度计和玻璃棒式全浸式水银温度计测得石油的数据后，按所测的油品（原油、产品、润滑油）直接查取相应的标准密度表。表 59A、表 59B、表 59D 的查表方法是一样的，这里主要介绍表 59B——产品标准密度表。

表 59B——产品标准密度换算表的计量单位为 kg/m^3，它的适应范围和排列形式见表 9-1 和表 9-2。

表 9-1　适应范围

密度/（kg/m^3）	温度/℃
653~778	-18~95
778~824	-18~125
824~1075	-18~150

表 9-2　排列形式　　　　　　　　　　　　单位：kg/m^3

ρ_{20} $\quad$ ρ_t' $\diagdown$ $t'/℃$	709.0	711.0
29.00	717.2	719.2
29.25	717.4	719.4
29.50	717.6	719.6
29.75	717.9	719.8

从表 9-2 可以看出，该表的试验温度间隔为 0.25℃，视密度间隔为 2kg/m^3，而且个位为奇

数。按照人们从上到下、自左至右的读数习惯,表中的数值排列为 t' 从低到高,ρ_{20} 从小到大;ρ_t' 从小到大,ρ_{20} 从小到大。

其使用步骤为:已知某种油品在某一试验温度下的视密度,

(1)根据油品类别选择相应油品的标准密度表;

(2)确定视密度所在标准密度表中的密度区间;

(3)在视密度栏中,查找已知的视密度值;在温度栏中找到已知的试验温度值。该视密度值与试验温度值的交叉数即为油品的标准密度;如果已知视密度值正好介于视密度栏中两个相邻视密度值之间,则可以采用内插法确定标准密度,但试验温度值不内插,用较接近的温度值查表;

(4)最后结果保留到万分位。

由于贯穿于整个石油质量计量过程中,最后体现的为千克,也为了认读和书写方便,我们将表中的 kg/m³ 换算为 g/cm³ 来计算,如视密度 711.0kg/m³ 我们当作 0.7110g/cm³ 来读,与试验温度 28℃ 相交的标准密度 718.3kg/m³ 我们当作 0.7183g/cm³ 来读,这样在以后的计算中会方便一些。

当所测得的值与表载值相同,可从表上直接查得 ρ_{20}。

【例 9-1】 测得 $\rho'_{29.0} = 0.7110\text{g/cm}^3$,求 ρ_{20}。

解:查得 $t=29℃$ 与 $\rho_t' = 0.7110\text{g/cm}^3$ 相交的 ρ_{20},得:$\rho_{20} = 0.7192\text{g/cm}^3$

答:求得该油品 ρ_{20} 为 0.7192g/cm³。

当所测得值 ρ_t' 与表载值 ρ_t' 不相同时,采用视密度内插试验温度靠近的方法求得,其公式为:

$$\rho_{20} = \rho_{20基} + \frac{\rho_{20上} - \rho_{20基}}{\rho'_{t上} - \rho'_{t基}} \left(\rho'_{t测} - \rho'_{t基}\right) \tag{9-1}$$

式中 $\rho'_{t测}$——测得的视密度值;

$\rho'_{t基}$——测得值十分位至千分位与表载值相同的 ρ_t' 值;

$\rho'_{t上}$——邻近并大于 $\rho'_{t基}$ 的 ρ_t' 值;

$\rho_{20基}$——$\rho'_{t基}$ 相对应的 ρ_{20} 值;

$\rho_{20上}$——$\rho'_{t上}$ 相对应的 ρ_{20} 值;

【例 9-2】 测得 $\rho'_{29.2} = 0.7106\text{g/cm}^3$,求 ρ_{20}。

解:产品标准密度表中 t' 间隔为 0.25℃,测得值 $t' = 29.2℃$ 靠近表中的 $t' = 29.2℃$,取其与 ρ_t' 相交的 ρ_{20};表中 ρ_t' 间隔为 0.002g/cm³,测得值 ρ_t' 0.7106g/cm³。介于 0.7090g/cm³ 与 0.7110g/cm³ 之间,取 0.7090g/cm³ 为 $\rho'_{t基}$,然后根据公式计算,得:

$$\rho_{20} = 0.7174 + \frac{0.7194 - 0.7174}{0.7110 - 0.7090}(0.7106 - 0.7090) = 0.7190\text{g/cm}^3$$

答:求得该油品 ρ_{20} 为 7190g/cm³。

【例 9-3】 测得 $\rho'_{29.8} = 0.7103\text{g/cm}^3$,求 ρ_{20}。

解:

产品标准密度表中 t' 间隔为 0.25℃,测得值 t'29.8℃ 靠近表中的 t'29.75℃,取其与 ρ'_t 相

交的 ρ_{20};表中 ρ'_t 间隔为 0.002g/cm^3,测得值 $\rho'_t 0.7103\text{g/cm}^3$。介于 0.7090g/cm^3 与 0.7110g/ cm^3 之间,取 0.7090g/cm^3 为 $\rho'_{t基}$,然后根据公式计算,得:

$$\rho_{20} = 0.7179 + \frac{0.7198 - 0.7179}{0.7110 - 0.7090}(0.7103 - 0.7090)$$

$$= 0.7179 + 0.95 \times 0.0013$$

$$= 0.7179 + 0.00124$$

$$= 0.71914 \approx 0.7191\text{g/cm}^3$$

答:求得该油品 ρ_{20} 为 7191g/cm^3。

在石油计量表中,间隔为 0.002g/cm^3 两视密度间,ρ_{20} 差值一般为 0.002g/cm^3、0.0019g/ cm^3、0.0021g/cm^3,那么其商分别为 1、0.95、1.05,这样我们在运算熟练后乘上后面括号里的尾数再加上基数就可以很快地得出得数,也无须列式计算。

第四节　石油标准体积的计算

石油标准体积(V_{20})是根据查得的容积表值即非标准体积(V_t)与体积修正系数(VCF)相乘而得到,即:$V_{20} = V_t \cdot VCF$。表 60A、表 60B、表 60D、的查表方法是一样的。这里主要介绍表 60B——产品体积修正系数表。

表 60B——产品体积修正系数表的适应范围和排列形式见表 9-3 和表 9-4。

表 9-3　适应范围

标准密度/(kg/m^3)	计量温度/℃
650~770	−20~95
770~810	−20~125
810~1090	−20~150

表 9-4　排列形式

ρ_{20}/(kg/m^3) VCF t/℃	716.0	718.0	720.0	ρ_{20}/(kg/m^3) VCF t/℃	716.0	718.0	720.0
7.50	1.0160	1.0160	1.0159	28.75	0.9887	0.9887	0.9888
7.75	1.0157	1.0157	1.0156	29.00	0.9884	0.9884	0.9885
8.00	1.0154	1.0153	1.0153	29.25	0.9880	0.9881	0.9881
8.25	1.0151	1.0150	1.0150	29.50	0.9877	0.9878	0.9878

从表 9-4 可以看出,计量温度间隔为 $0.25℃$,标准密度间隔为 2kg/m^3,而且个位为偶数。按照人们从上到下、自左至右的读数习惯,表中的数值排列为:t 从低到高,VCF 从大到小;ρ_{20} 从小到大,VCF 在 $20℃$ 以上从小到大,在 $20℃$ 以下从大到小。

其使用步骤为:已知某种油品的标准密度,换算出该油品从计量温度下体积修正到标准体积的体积修正系数:

(1)根据油品类别选择相应油品的体积修正系数表;

(2)确定标准密度所在体积修正系数表中的密度区间;

(3)在标准密度栏中,查找已知的标准密度值,在温度栏中找到油品的计量温度值,二者交叉数即为该油品从计量温度修正到标准温度的体积修正系数;如果已知标准密度介于标准密度行中两相邻标准密度之间,则可以采用内插法确定其体积修正系数。温度值不用内插，仅以较接近的温度值查表。

（4）最后结果保留到十万分位。

与石油标准密度表一样，我们将 kg/m^3 换算成 g/cm^3 来计算。

当所测得值与表载值相同，可以表中直接查得 VCF。

【例9-4】 已知 $\rho_{20}=0.7180g/cm^3$，$t=29.5℃$ 时油体积为 385467L，求 VCF 并计算出该油 V_{20}。

解： 查得 $t=29.5℃$ 与 $\rho_{20}=0.7180g/cm^3$ 相交的 VCF，得：$VCF=0.98780$

$$V_{20}=385467×0.98780=380764.3≈380764L$$

答： 求得该油品 VCF 为 0.98780，V_{20} 为 380764L。

当提供的 ρ_{20} 与表载值不相同时，采用标准密度内插计量温度靠近的方法求得。其公式为：

$$VCF=VCF_{基}+\frac{VCF_{上}-VCF_{基}}{\rho_{20上}-\rho_{20基}}(\rho_{20测}-\rho_{20基}) \quad\quad (9-2)$$

式中 $\rho_{20测}$——提供的标准密度值；

$\rho_{20基}$——提供的 ρ_{20} 十分位至万分位与表载值相同的 ρ_{20} 值；

$\rho_{20上}$——邻近并大于 $\rho_{20基}$ 的 ρ_{20} 值；

$VCF_{上}$——$\rho_{20上}$ 相对应的 VCF。

【例9-5】 已知 $\rho_{20}=0.7192g/cm^3$，$t=28.7℃$ 时油体积为 385467L，求 VCF 并计算该油品 V_{20}。

解： 产品体积修正系数表中 t 间隔为 $0.25℃$，测得值 $t=28.7℃$ 靠近表中的 $28.75℃$，取其与 ρ_{20} 相交的 VCF；表中 ρ_{20} 间隔为 $0.002g/cm^3$，提供的 $\rho_{20}=0.7192g/cm^3$ 介于 $0.7180g/cm^3$ 与 $0.7200g/cm^3$ 之间，取 $0.7180g/cm^3$ 为 $\rho_{20基}$，然后根据公式计算，得：

$$VCF=0.9887+\frac{0.9888-0.9887}{0.7200-0.7180}(0.7192-0.7180)=0.98876$$

$$V_{20}=385467×0.98876=381134.3≈381134L$$

答： 该油品 VCF 为 0.98876，V_{20} 为 381134L。

在石油体积修正系数表中，间隔为 $0.002g/cm^3$ 两标准密度间，VCF 差值一般为 $+0.0001$、-0.0001、0，那么其高分别为 $+0.05$、-0.05、0。这样我们在运算熟练后前两种情况乘上后面括号里的尾数再加上基数就可以很快得出得数，也无须列式计算。后一种情况为 0 直接写出 VCF 的表载值就是了。

【例9-6】 已知 $\rho_{20}=0.7189g/cm^3$，$t=7.8℃$ 时油体积为 385467L，求 VCF 并计算该油品 V_{20}。

解： $VCF=1.0157+\dfrac{1.0156-1.0157}{0.7200-0.7180}(0.7189-0.7180)=1.015655≈1.01566$

$$V_{20}=385467×1.01566=391503.4≈391503L$$

答： 该油 VCF 为 1.01566，V_{20} 为 391503L。

第五节　空气中石油质量的计算

一、空气中石油质量计算的要求

1. 主要术语和定义

（1）游离水（FW）。在油品中独立分层并主要存在于油品下面的水。V_{FW} 表示游离水的扣除量，其中包括底部沉淀物。

（2）罐壁温度修正系数（STSH）。将油罐从标准温度下的标定容积（即油罐容积表示值）修正到使用温度下实际容积的修正系数。

（3）总计量体积（V_{to}）。在计量温度下，所有油品、沉淀物和水以及游离水的总测量体积。

（4）毛计量体积（V_{go}）。在计量温度下，已扣除游离水的所有油品以及沉淀物和水电总测量体积。

（5）毛标准体积（V_{gs}）。在标准温度下，已扣除游离水的所有油品以及沉淀物和水的总测量体积。通过计量温度和标准温度所对应的体积修正系数修正毛计量体积可得毛标准体积。

（6）净标准体积（V_{ns}）。在标准温度下，已扣除游离水及沉淀物和水的所有油品的总体积。

（7）表观质量（m）。有别于未进行空气浮力影响修正的真空中的质量，表观质量是油品在空气中称重所获得的数值，也习惯称为商业质量或重量。通过空气浮力影响的修正也可以由油品体积计算出油品在空气中的表观质量。

（8）表观质量换算系数（WCF）。将油品从标准体积换算为空气中的表观质量的系数。该系数等于标准密度减去空气浮力修正值。空气浮力修正值为 $1.1kg/m^3$ 或 $0.0011g/cm^3$。

（9）毛表观质量（M_g）：与毛标准体积（V_{gs}）对应的表观质量。

（10）净表观质量（M_n）：与净标准体积（V_{ns}）对应的表观质量。

（11）总计算体积（V_{tc}）：标准温度下的所有油品及沉淀物和水与计量温度下的游离水的总体积。即毛标准与游离水体积之和。

2. 计算步骤

1）基于体积的计算步骤

（1）由油水总高查油罐容积表，得到总计量体积（V_{to}）；

（2）扣除游离水高度查油罐容积表得到的游离水体积（V_{fw}）；

（3）应用罐壁温度影响的修正系数（CTSH），得到毛计量体积（V_{go}）；

（4）对应浮顶罐，还应从中扣除浮顶排液体积（V_{rd}）；

（5）将毛计量体积（V_{go}）修正到标准温度，得出毛标准体积（V_{gs}）；

（6）用沉淀物和水（SW）的修正值（CSW）修正毛标准体积（V_{gs}），可以得到净标准体积（V_{hs}）；

（7）如果需要油品的净表观质量（m_n），可通过净标准体积（V_{ns}）与表观质量换算系数（WCF）相乘得到。

2）基于质量的计算步骤

（1）由油水总高查油罐容积表，得到总计量体积（V_{to}）；

（2）扣除游离水高度查油罐容积表得到的游离水体积（V_{fw}）；

（3）应用罐壁温度影响的修正系数（CTSH），得到毛计量体积（V_{go}）；

（4）将毛计量体积（V_{go}）修正到标准温度，得出毛标准体积（V_{gs}）；

（5）用毛标准体积（V_{gs}）乘以表观质量换算系数（WCF），再减去浮顶的表观质量（mfr）得到油品的毛表观质量（m_g）；

（6）用沉淀物和水（V_{gs}）的修正值（CSW）修正油品的毛表观质量（m_{fr}），可得油品的净表观质量（m_n）。

注：在基于表观质量的计算步骤中，由于浮顶的排液量在计算油品表观质量时扣除，

(3)和(4)涉及毛计量体积和毛标准体积包含了浮顶的排液体积。将净表观质量(m_n)除以表观质量换算系数(WCF)可间接计算出净标准体积。

3. 计算公式

石油空气中质量依据中华人民共和国国家标准 GB/T1885—1998《石油计量表》公式计算，即：

$$m = V_{20} \times (\rho_{20} - 1.1) \tag{9-3}$$

把密度 kg/m^3 换算为 g/cm^3，其公式为：

$$m = V_{20} \times (\rho_{20} - 0.0011) \tag{9-4}$$

对于浮顶油罐，在浮盘起浮后，应在油品总质量中减去浮盘质量(重量)，其公式为：

$$m = V_{20} \times (\rho_{20} - 0.0011) - G \tag{9-5}$$

式中　G—— 油罐浮顶质量(重量)。

对于原油或其他含水油品，计算纯油量的计算式为：

$$m_c = m(1 - w_s) \tag{9-6}$$

式中　m_c——纯油的质量；

w_s——原油或其他含水油品的含水率，%。

中华人民共和国国家标准 GB/T19779—2005《石油和液体石油产品油量计算静态计量》公式计算，即：

(1) 基于体积：

$$V_{gs} = \{[(V_{to} - V_{fw}) \times CTSH] - V_{frd}\} \times VCF \tag{9-7}$$

$$V_{ns} = V_{gs} \times CSW \tag{9-8}$$

$$m_n = V_{ns} \times WCF \tag{9-9}$$

其中：

① 立式圆筒形金属油罐：

$$V_{go} = [(V_{to} - V_{fw}) \times CTSH] - V_{frd} \tag{9-10}$$

$$V_{to} = V_c + \Delta V_c \times \rho_w / \rho_c \tag{9-11}$$

式中　V_c——由油品高度查油罐容积表得到的对应高度下的空罐容积；

ΔV_c——由油品高度查液体静压力容积修正表得到的油罐在标定液静压力作用下的容积膨胀值；

ρ_c——编制油罐静压力容积修正表是采用的标定液密度，通常为水的密度(1.0000 g/cm^3)；

ρ_w——油罐运行时工作液体的计量密度，可用标准密度(ρ_{20})乘以计量温度下的体积修正系数(VCF)求得。则 $\rho_w = \rho_{20} \times VCF$。

② 卧式金属罐、铁路罐车和汽车罐车：

$$V_{go} = (V_{to} - V_{fw}) \times CTSH \tag{9-12}$$

关于石油体积的计算，涉及油罐罐壁温度对罐壁胀缩的影响，应该进行修正。对于保温油罐，其 V_{20} 的计算公式为：

$$V_{20} = (V_B + \Delta V_p)[1 + 2\alpha(t - 20)] \times VCF \tag{9-13}$$

式中　α——油罐材质线膨胀系数(碳钢材质一般取 $\alpha = 0.000012$)，$1/℃$；

V_B——油罐内油品容积表表示值(非标准体积)，L；

ΔV_p——静压力容量，L；$\Delta V_p = \Delta V_c \times \rho_w / \rho_c$。

t——罐内油品计量温度,代替罐壁温度,℃。

对于非保温罐,由于罐壁内外温度大,t 为罐内、外壁温度的平均值,其 V_{20} 的计算公式为:

$$V_{20} = (V_B + \Delta V_P)[1 + 2\alpha(t - 20)] \times VCF \qquad (9-14)$$

式中
$$t = [(7 \times t_y) + t_g]/8, ℃; \qquad (9-15)$$

t_y——罐内油品计量温度,℃;

t_g——罐外四周空气温度的平均值,℃。

用量油尺测量液位高度时,如果测量时量油尺的温度不同于其鉴定温度(我国通常为标准温度20℃),量油尺发生膨胀或收缩,则应将量油尺的观察读数(t_d)修正到其检定温度,以计算出实际液位高度。其修正系数 F 按下式计算:

$$F = 1 + \alpha \times (t_d - 20) \qquad (9-16)$$

(2) 基于质量:

$$m_g = \{[(V_{to} - V_{fw}) \times CTSH] \times VCF \times WCF\} - m_{fr} \qquad (9-17)$$

$$m_n = m_g \times CSW \qquad (9-18)$$

$$V_{ns} = m_n / WCF \qquad (9-19)$$

二、立式金属油罐油品质量的计算

1. 保温罐油的质量计算

【例 9-7】 2号立式金属保温油罐储存 0 号柴油,测得油高 6973mm,$\rho'_{13.6} = 0.8403$g/cm³,$t = 13.0$℃,求该罐储存 0 号柴油质量。

解: $\rho_{20} = 0.8345 + \dfrac{0.8365 - 0.8345}{0.8410 - 0.8390}(0.8403 - 0.8390) = 0.8358$g/cm³

$VCF = 1.0060 + \dfrac{1.0059 - 1.0060}{0.8360 - 0.8340}(0.8358 - 0.8340) = 1.00591$

$\rho_w = 0.8358 \times 1.00591 = 0.8407$g/cm³

$V_t = 1247775 + 12625 + 541 + (514 \times 0.8407) = 1261373.1$L

$v_{20} = 1261373.1 \times [1 + 0.000024(13 - 20)] \times 1.00591$

$\quad = 1261161.1 \times 1.00591 = 1268614.5$L

$m = 1268614.5 \times (0.8358 - 0.0011) = 1058912.5$

$\quad \approx 1058912$kg

答: 2 号立式金属保温油罐储存 0 号柴油 1058912kg。

2. 非保温罐油品质量计算

1) 未考虑温度因素修正油品质量计算

【例 9-8】 1 号浮顶油罐储存 90 号汽油,测得油高 1801mm,$\rho'_{243} = 0.7208$g/cm³,$t = 24.0$℃,求该罐储存 90 号汽油质量。

解:

$$m = [V_t \times VCF \times (\rho_{20} - 0.0011)] - W$$

式中 W——油罐浮顶重量(质量),kg。

$$\rho_{20} = 0.7228 + \frac{0.7248 - 0.7228}{0.7210 - 0.7190}(0.7208 - 0.7190) = 0.7246 \text{g/cm}^3$$

$$VCF = 0.99490$$

$$\rho_w = 0.7246 \times 0.99490 = 0.7209 \text{ g/cm}^3$$

$$V_t = 720485 + 398 + (46 \times 0.7209) = 720916.2L$$

$$m = [720916.2 \times 0.99490 \times (0.7246 - 0.0011)] - 21400$$
$$= 497522.8 \approx 497523 \text{kg}$$

答：1 号浮顶罐储存 90 号汽油 497523kg。

2）考虑温度因素修正油品质量计算

【例9-9】 1号浮顶油罐输转90号汽油到3号卧式金属油罐，输转前油水总高1599mm，水高0mm，$\rho'_{-3.2} = 0.7570 \text{g/cm}^3$，$t_y = -2.8℃$，$t_g = -4.2℃$；输转后油水总高1555mm，水高0mm，$\rho'_{-3.0} = 0.7567 \text{g/cm}^3$，$t_y = -2.9℃$，$t_g = -4.3℃$，求该罐输转前后油品及输出油品质量。

解：输转前：

$$\rho_{20} = 0.7364 \text{g/cm}^3$$

$$VCF = 1.0279 + \frac{1.0278 - 1.0279}{0.7380 - 0.7360}(0.7364 - 0.7360) = 1.02788$$

$$\rho_w = 0.7364 \times 1.02788 = 0.7569 \text{ g/cm}^3$$

$$t = [(7 \times -2.8) + (-4.2)]/8 = 2.975 \approx -3.0℃$$

$$V_{t1总} = 623020 + 14018 + 1402 + (34 \times 0.7569) = 638465.7L$$

$$V_{t1水} = 3214L$$

$$V_{t1油} = 638465.7 - 3214 = 635251.7L$$

$$V_{-3.0油} = 635251.7[1 + 2 \times 0.000012(-3.0 - 20.0)] = 635251.7 \times 0.999448 = 634901.1L$$

$$m = 634901.1 \times 1.02788 \times (0.7364 - 0.0011) = 479858.3 \approx 479858 \text{kg}$$

输转后：

$$\rho_{20} = 0.7346 + \frac{0.7367 - 0.7346}{0.7570 - 0.7550}(0.7567 - 0.7550) = 0.73638 \approx 0.7364 \text{g/cm}^3$$

$$VCF = 1.0282 + \frac{1.0281 - 1.0282}{0.7380 - 0.7360}(0.7364 - 0.7360) = 1.02818$$

$$\rho_w = 0.7364 \times 1.02818 = 0.7572 \text{ g/cm}^3$$

$$t = [(7 \times -2.9) + (-4.3)]/8 = 3.075 \approx -3.1℃$$

$$V_{t1总} = 623020 + (34 \times 0.7572) = 623045.7L$$

$$V_{t1水} = 3214L$$

$$V_{t1油} = 623045.7 - 3214 = 619831.7L$$

$$V_{-3.1油} = 619831.7[1 + 2 \times 0.000012(-3.1 - 20.0)] = 619831.7 \times 0.9994456 = 619488.1L$$

$$m = 619488.1 \times 1.02818 \times (0.7364 - 0.0011) = 468345.9 \approx 468346 \text{kg}$$

输出量

$$479858 - 468346 = 11512 \text{kg}$$

答：1 号罐 90 号汽油输转前为 479858kg；输转后为 468346kg；输出量为 11512kg。

【例9-10】 2 号立式油罐储存含水油品，测得油水总高 3000mm，明水高 25mm，

$\rho_{20.5} = 0.7330\text{g/cm}^3$，$t = 20.3℃$，油中含水率 0.84%，试计算该罐内纯油量。（本题及本章以下题均未考虑温度因素修正）

解：

$\rho_{20} = 0.7334\text{g/cm}^3$ $VCF = 0.99970$

$\rho_w = 0.7334 \times 0.99970 = 0.7332$ g/cm^3

$m = (542709 + 72 \times 0.7332 - 2876) \times 0.99970 \times (0.7334 - 0.0011)(1 - 0.84\%)$

$= 539885.8 \times 0.99970 \times 0.7323 \times 0.9916$

$= 391919.7 \approx 391920\text{kg}$

答： 2 号油罐储油纯油量为 91920kg。

三、卧式金属油罐油品质量的计算

【例 9-11】 1 号浮顶油罐输转 90 号汽油到 3 号卧式金属油罐，3 号卧罐输转前存油 23869kg，输转后测得油高 2453mm，$\rho'_{10.3} = 0.7451\text{g/cm}^3$，$t = 10.5℃$，知 1 号浮顶罐输出量为 11510kg，求 3 号卧罐实际输入量和输转溢损量。

解：

$$V_t = 47505 + \frac{47656 - 47505}{246 - 245}(245.3 - 245) = 47550.3\text{L}$$

$$\rho_{20} = 0.7363 + \frac{0.7383 - 0.7363}{0.7470 - 0.7450}(0.7451 - 0.7450) = 0.7364\text{g/cm}^3$$

$VCF = 1.01170$

$m = 47550.3 \times 1.01170 \times (0.7364 - 0.0011) = 35372.8 \approx 35373\text{kg}$

输入量 $= 35373 - 23869 = 11504\text{kg}$

输转损耗量 $= 11504 - 11510 = -6\text{kg}$

答： 3 号卧式金属油罐 90 号汽油输入量为 11504kg，输转损耗量为 6kg。

四、铁路油罐车油品质量计算

1. 简明铁路罐车容积表

【例 9-12】 验收表号为 A747 的铁路罐车 0 号柴油，测得油高 2318mm，$\rho'_{13.0} = 0.8410\text{g/cm}^3$，$t = 12.9℃$，求该收油量是多少？

解：

$V_t = 53716 + 26.4747 \times 47 = 54960\text{L}$

$\rho_{20} = 0.8362\text{g/cm}^3$

$VCF = 1.00590$

$m = 54960 \times 1.0059 \times (0.8362 - 0.0011) = 46167.9 \approx 46168\text{kg}$

答： 该车收油 46168kg。

2. 特种罐车容积表

【例 9-13】 收车型为 G70D 车号为 6277975 的铁路罐车 90 号汽油，知 $V_t = 72137\text{L}$，测得 $\rho'_{15.0} = 0.7330\text{g/cm}^3$，$t = 15.5℃$，求收油量。

解：

$\rho_{20} = 0.7285\text{g/cm}^3$

$VCF = 1.00560$

$m = 72137 \times 1.00560 \times (0.7285 - 0.0011) = 52766.29 \approx 52766\text{kg}$

答： 车号为 6277975 的铁路罐车收 90 号汽油 52766kg。

五、汽车油罐车油品质量计算

【例 9-14】 5 号汽车油罐车运输 0 号柴油一车，知 $V_t = 6055L$，测得 $\rho'_{20.1} = 0.8310\text{g}/\text{cm}^3$，$t = 19.9℃$，求收油量。

解：

$$\rho_{20} = 0.8310\text{g}/\text{cm}^3$$

$$VCF = 1.00000$$

$$m = 6055 \times 1.00000 \times (0.8310 - 0.0011) = 5025\text{kg}$$

答： 5 号汽车油罐车收 0 号柴油 5025kg。

注： 附后计算用表为教学表，未将计算用表完整录入。

习 题

一、填空题

1. 物体在力的作用下，如果这个物体原来运动状态改变_____，说明这个物体_____，反之，说明这个物体_____。

2. 物体所受到的力方向与这个物体所产生_____是一致的。

3. 两个物体之间的引力大小与它们的质量乘积成_____，而与它们质心之间的距离平方成_____。

4. 千克的复现通过_____和_____。

5. _____是国际单位制 7 个基本单位中唯一一个不能通过光谱复现成高精度的_____。

6. 在我国的法定计量单位中，规定质量有时可称为_____。

7. 重力具有力的三要素，即_____、_____和_____。

8. 我国石油计量的方法有_____、_____。

9. 中华人民共和国国家标准 GB/T1885—1998《石油计量表》_____国际标准 ISO91—2：1991《石油计量表——第二部分：以 20℃ 为标准温度的表》的_____，计算结果与 ISO91—2：1991 _____。

10. 石油计量表的组成包括标准密度表、体积修正系数表、_____、_____。

11. 59B 产品标准密度换算表的取位（kg/m³）：标准密度是_____分位，计量温度是_____分位。

12. 求标准密度时，当所测得值 ρ'_t 与表载值 ρ'_t 不相同时，采用 的方法求得。

二、判断题（答案正确的打√，答案错误的打×）

1. 质量是表示一个物体惯性大小的量度。 （ ）

2. 质量的基本单位是国际单位制七个基本单位中唯一一个带词头的基本单位。 （ ）

3. 质量计量就是采用适当的仪器和方法，确定被测物体作为质量单位的国家标准千克之间的质量对应关系。 （ ）

4. 在国际单位制中，重量是基本单位，单位名称为牛［顿］，单位符号为 N。 （ ）

5. 标准密度是通过测量在密度计上直接读取的。 （ ）

6. 59B 产品标准密度换算表标准密度计算结果的保留为十分位。 （ ）

7. 石油标准体积是根据非标准体积与体积修正系数相乘而得到。 （ ）

8. 如果已知标准密度介于标准密度行中两相邻标准密度之间，仅以较接近的密度值确定其体积修正系数。 （ ）

9. 立式金属油罐静压力增大值就是静压力容量。 （ ）

10. 石油质量是通过石油标准体积乘以石油标准密度而得到的。 （　　）

三、问答题

1. 质量与重量有哪些区别？生活中所称的重量实际上是指什么？

2. 写出《石油计量表》的标准号及其组成部分。

3. 换算石油标准密度时，当测得值不为表载值时，应采用什么方法进行换算？其依据来自哪里？

4. 换算石油体积系数时，当测得值不为表载值时，应采用什么方法进行换算？其依据是什么？

5. 术语解释：游离水、罐壁温度修正系数、总计量体积、毛计量体积、毛标准体积、净标准体积、表观质量、表观质量换算系数、毛表观质量、净表观质量、总计算体积。

6. 试述石油体积和质量计算步骤。

四、计算题

1、列式计算 ρ_{20}：

① $\rho'_{14.5} = 0.7150 \mathrm{g/cm^3}$；　② $\rho'_{25.75} = 0.7330 \mathrm{g/cm^3}$；　③ $\rho'_{25..5} = 0.7310 \mathrm{g/cm^3}$；

④ $\rho'_{2.0} = 0.8330 \mathrm{g/cm^3}$；　⑤ $\rho'_{25.1} = 0.7324 \mathrm{g/cm^3}$；　⑥ $\rho'_{19.3} = 0.7323 \mathrm{g/cm^3}$；

⑦ $\rho'_{9.8} = 0.8417 \mathrm{g/cm^3}$；　⑧ $\rho'_{15.7} = 0.7201 \mathrm{g/cm^3}$；　⑨ $\rho'_{3.5} = 0.8429 \mathrm{g/cm^3}$；

⑩ $\rho'_{11.6} = 0.8333 \mathrm{g/cm^3}$；　⑪ $\rho'_{8.5} = 0.8406 \mathrm{g/cm^3}$；　⑫ $\rho'_{14.5} = 0.7207 \mathrm{g/cm^3}$。

2. 列式计算 VCF：

① 已知 $\rho_{20} = 0.7288 \mathrm{g/cm^3}$，分别求计量温度（℃）在 15.0、17.8、22.8、17.3、26.1 时的 VCF；

② 已知 $\rho_{20} = 0.7312 \mathrm{g/cm^3}$，$V_t = 385467\mathrm{L}$，分别求计量温度（℃）在 14.5、16.9、20.0、24.75、24.9 时的 VCF 和 V_{20}。

③ 已知 $\rho_{20} = 0.8346 \mathrm{g/cm^3}$，$V_t = 496732\mathrm{L}$，分别求计量温度（℃）在 2.5、2.8、13.25、10.8、6.7 时的 VCF、V_{20} 和 m。

3. 列式计算 VCF：

① 测得 $\rho'_{15.6} = 0.7238 \mathrm{g/cm^3}$，分别求计量温度（℃）在 15.5、16.8、23.0、24.2、25.3 时的 VCF；

② 测得 $\rho'_{23.9} = 0.7317 \mathrm{g/cm^3}$，分别求计量温度（℃）在 15.8、21.3、23.4 时的 VCF；

③ 测得 $\rho'_{25.2} = 0.7162 \mathrm{g/cm^3}$，分别求计量温度（℃）在 15.2、18.1、21.9 时的 VCF；

④ 已知 $\rho'_{12.3} = 0.8407 \mathrm{g/cm^3}$，$V_t = 387489\mathrm{L}$，分别求计量温度（℃）在 2.8、6.2、8.9 时的 VCF 和 V_{20}。

⑤ 已知 $\rho'_{3.8} = 0.8355 \mathrm{g/cm^3}$，$V_t = 54712\mathrm{L}$，分别求计量温度（℃）在 4.1、4.7、2.8 时的 VCF、V_{20} 和 m。

4. 3 号卧式金属油罐储存汽油，测得油高 1764mm，$\rho'_{16.7} = 0.7151 \mathrm{g/cm^3}$，$t = 16.1℃$，求 m。

5. 3 号卧式金属油罐储存汽油，测得油高 2156mm，$\rho'_{15.8} = 0.7149 \mathrm{g/cm^3}$，$t = 16.6℃$，求 m。

6. 2 号立式金属油罐卸收 0 号柴油，收油前油水总高 865mm，水高 25mm，$\rho'_{10.3} = 0.8466 \mathrm{g/cm^3}$，$t_y = 10.4℃$，$t_g = 11.4℃$；收油后的油水总高 2384mm，水高 26mm，$\rho'_{9.8} =$

115

$0.8527 g/cm^3$，$t_y = 9.5℃$，$t_g = 10.8℃$，求收油前后 m 和来油 m。

7.2 号立式金属油罐向 1 号立式金属油罐输 90 号汽油，测得 2 号罐输油前油高 9864mm，

$\rho'_{14.6} = 0.7318 g/cm^3$，$t = 15.1℃$；输出后油高 527mm，$\rho'_{14.8} = 0.7316\ g/cm^3$，$t = 15.5℃$。1 号罐输入油前油水总高 1599mm，水高 79mm，$\rho'_{15.0} = 0.7307\ g/cm^3$，$t = 15.2℃$；输入后油水总高 5913mm，水高 79mm，$\rho'_{15.2} = 0.7310 g/cm^3$，$t = 15.3℃$，求 2 号和 1 号罐输转后油量和分别的输出、输入量以及输转损耗量。

8. 验收表号为 A754 的铁路油罐车 93 号汽油，测得油高 2292mm；$\rho'_{20.1} = 0.7300 g/cm^3$，$t = 19.2℃$，求收发油量。

9. 验收表号为 A767 的铁路油罐车 97 号汽油，测得油高 2310mm；$\rho'_{21.8} = 0.7305 g/cm^3$，$t = 19.6℃$，求收发油量。

10. 验收 4 号汽车油罐车 0 号柴油，用丁字尺测得空高 263mm，$\rho'_{6.7} = 0.8398\ g/cm^3$，$t = 6.2℃$，求收油量。

11. 验收 4 号汽车油罐车 0 号柴油，用钢卷尺测得 H_1 559mm，H_2 204 mm，$\rho'_{6.8} = 0.8388\ g/cm^3$，$t = 6.4℃$，求收油量。

12. 验收 5 号汽车油罐车 90 号汽油，测得空高 384mm，$\rho'_{25.1} = 0.7305 g/cm^3$，$t = 24.8℃$，求收油量。

13. 验收 5 号汽车油罐车 90 号汽油，测得空高 386mm，$\rho'_{25.1} = 0.7307 g/cm^3$，$t = 24.7℃$，求收油量。

第十章　石油产品自然损耗和管理

节约能源、降低石油产品损耗，是一项很重要的工作。石油产品自然损耗贯穿于商品流转的全部过程和每个操作环节，损耗水平的高低是衡量每个企业管理好坏和技术进步的重要标志。因此，积极采取有效措施，节约点滴石油，降低损耗，不仅能提高企业的经营管理水平，增加经济效益，更重要的是优质低耗地为建设社会主义现代化强国而服务。

做好石油降耗工作，是每一个石油计量员应尽的职务。

石油产品自然损耗和管理依照中国石化总公司《成品油计量管理标准》执行。

第一节　油品损耗原因

油品损耗是在生产、储存、运输、销售过程中，由于油品的自然蒸发以及不可避免的滴洒、渗漏、容器内壁的粘附、车船底部未能卸净等而造成油品在数量上的损失。损耗为蒸发损耗和残漏损耗的总称。前者在气密性良好的容器内按规定的操作规程进行装卸、储存、输转等作业或按规定的方法零售时，由于石油产品表面汽化而造成数量减少的现象。后者指在保管、运输、销售中由于车、船等容器内壁粘附，容器内少量余油不能卸净和难免的漏洒、微量渗漏而造成数量上损失的现象。

一、蒸发损失

蒸发性强，是石油成品油主要性能之一，尤其是轻质油品如汽油、煤油、轻柴油等。这几种油品密度小，在温度作用下，其液体表面的自由分子，很容易克服液体引力，变成蒸气分子离开液面而扩散到空间，造成液体的蒸发损失，这就是蒸发损耗。蒸发损耗不仅造成油品数量上的减少，同时(特别是汽油)还会引起质量的下降。散失到大气中的油蒸气，不仅造成了空气污染，而且还形成了潜在的火灾危险。蒸发损耗大小与油品密度、蒸发面积、液面压力、大气温度和油面温度等因素有直接关系。因此，反映在不同油品、不同地区、不同季节、不同储存条件下的油品蒸发损失也就不同。但是，蒸发损耗贯穿于石油经营的全部流转过程和每个操作环节。因此，可以认定，蒸发是造成油品损耗的主要原因，必须引起足够重视。蒸发损耗在油品经营过程中表现为：

1. 储存保管过程

1) 散装

（1）小呼吸损失。不动转的储存油罐，白天受热罐内温度升高，油料蒸发速度加快，蒸气压也随之增高。当气体压力增加到油罐呼吸阀极限时就要放出气体；相反夜间气温下降，油和油蒸气体积收缩，罐内又要吸进空气。小呼吸蒸发损失量与油罐存油量、空容量、罐内允许承受蒸气压力以及温度的变化有着密切的关系。温差大，蒸发损失大，温差小，蒸发损失就小；空容量大，蒸发损失大，空容量小，蒸发损失就小。

（2）大呼吸损失。当向油罐注入油料，由于罐内液体体积增加，油罐内气体体积受到压力增加，当压力增至呼吸阀压力极限时，呼吸阀自动开启排气；相反，从油罐输出油料时，减少罐内液体体积，使罐内压力降低，当压力降至呼吸阀负压极限时，则吸进空气。这种由于输转油料致使油罐排出蒸气和吸入空气的过程叫做大呼吸。如果库内同品种油品经常输转，则罐与罐之间都有较大的损耗，增大了油库总的损耗量。

（3）空罐装油蒸发损失。新投产或经过大修后的油罐，进油后，罐内油品就开始了蒸发，一直蒸发至罐内气体空间达到饱和状态为止。在同样的储存条件下，蒸发损失的大小还与蒸发面积、罐外壁抵御辐射的能力、油罐的密封程度等有很大关系。油罐储油少，则空容量大，损失就大。如果频繁地进行计量等作业，则罐内蒸气呼出至外界大气平衡，造成的损失更大。当大批量油品如果选择装进一个能容纳这批油品的立式油罐或几个卧式油罐，可以肯定，立式油罐油品损失要少得多，其原因是卧式油罐与外界接触的单位面积比立式油罐要大得多。罐壁涂刷的银白色颜色比黑颜色的油品损失要小，其原因是辐射对黑色的穿透能力强，增大了罐内油品的温度，从而也增大了损失。如果油罐不密封，空气在罐内无限制地进行自由调节，油品的气化现象自然加大，损失也加大。

（4）清罐损失。根据清罐安全技术操作规定，清罐前必须排除罐内全部石油蒸气，由此造成损失。除了蒸发损失外，当然还包括了粘附、洒漏以及沉积失效造成的损失。

2）整装

（1）由于桶盖未上紧或垫圈老化失效，使桶内石油蒸气外逸造成损失。

（2）桶装油品倒桶作业，油品与大气接触所挥发的油蒸气外逸造成损失。

2. 运输过程

（1）由于车、船在运行中振荡、颠簸，加速了装载容器内油料的蒸发。特别是当运输容器密封程度不良，装载量超过安全高度，不仅会使石油蒸气逸出，造成蒸发损失，甚至造成油料外溢，增大运输损耗量。

（2）向车、船灌装或从车、船上卸收油料时，在车、船油料进出口处挥发油蒸气造成损失。

二、零星洒漏损失

（1）灌装车、船，当装满或卸空后，自车、船内取出鹤管（或胶管）内残留油洒漏在地面所造成的损失。

（2）倒装作业时发生的零星抛洒损失。

（3）连续进行灌桶作业，桶口或灌油枪嘴的滴洒损失。

还有管道、阀门、油泵、法兰、油罐、油桶的渗漏，虽然不能当作自然损耗处理，却也是不可忽视的损耗，应当加强设备的检查和维修管理，杜绝这一类油品的损失。

三、储输油容器设备的黏附、浸润损失

尤其是黏度大的润滑油（脂），对包装容器的附着力较强，如再受低温影响，损失很大。它受时间和设备条件限制，不易清除干净，即使较长时间的倒装，也同样有黏附，甚至浸润到一些易受浸润的物质（如木材）里面去而造成损失。

第二节　石油损耗的分类、计算与管理

油品损耗工作环节分为运输、保管、零售损耗，由于损耗而减少的数量为损耗量；油品在储运过程中，由于油品的特性，储运技术水平和正常设备技术状态下所造成的油品数量损失的极限为油品的定额损耗，其定额损耗率按《散装液态石油产品损耗标准》GB11085—89执行；油品到站计量数加上定额损耗后超过发货量的油品数量为油品运输溢余。

一、保管过程中损耗的分类与计算

保管损耗是指油品从入库到出库，整个保管过程中发生的损耗。其中包括储存、输转、灌桶、装、卸五项损耗。

保管损耗分为散装保管损耗和整装保管损耗。

1. 散装油品保管损耗

1) 储存损耗及储存损耗率

储存损耗指单个油罐在不进行收发作业时，因油罐小呼吸而发生的油品损失。

储存损耗率是石油产品在静态储存期内，月累计储存损耗量同月平均储存量之百分比。其中月累计储存损耗量是该月内日储存损耗量的代数和；月平均储存量是该月内每天油品储存量的累计数除以该月的实际储存天数。储存期内某一油罐有收、发作业时，该罐收、发作业时间内发生的损耗不属储存损耗。

$$储存损耗量 = 前油罐计量数 - 本次罐油计量数 \qquad (10-1)$$
$$月储存损耗率 = (月累计储存损耗量／月平均罐存量) \times 100\% \qquad (10-2)$$

【例10-1】 湖南省某油库8号露天汽油拱顶罐3月盘点累计损耗5000kg，储油量3000000kg有6天，800000kg有5天，2800000kg有3天，1200000kg有6天，3100000kg有10天，两次输转损耗分别为1600kg和1500kg，求储存损耗率和储存定额损耗量。

解：扣除输转损耗后，月累计储存损耗量为：
$$5000-1600-1500=1900kg$$

月平均储存量为：
$$(3000000\times6+800000\times5+2800000\times3+1200000\times6+3100000\times10)\div(6+5+3+6+10)$$
$$=2286667kg$$

储存损耗率为：
$$(1900\div2286667)\times100\%=0.083\%$$

查：湖南属A类地区，3月份为春冬季范畴，查附录表1汽油月储存定额损耗率为0.11%，则：

月储存定额损耗量为：
$$2286667\times0.11\%=2515.3\approx2515kg$$

答：8号油罐3月份汽油损耗率为0.083%；定额损耗量为2515kg。

2) 输转损耗及输转损耗率

输转损耗指油品从某一油罐输往另一油罐时，因油罐大呼吸而产生的损失。

输转损耗率是指石油产品在油罐与油罐之间通过密闭的的管线转移时，输出量和收入量之差与输出量之百分比。

$$输转损耗量 = 付油油罐付出量 - 收油油罐收入量 \qquad (10-3)$$
$$输转损耗率 = (输转损耗量／付油油罐付出量) \times 100\% \qquad (10-4)$$

【例10-2】 湖南省某油库6月份甲罐向乙罐(两罐均为固定顶罐)输转汽油，甲罐输出384984kg，乙罐收油384100kg，求输转损耗量、输转损耗率和输转定额损耗量。

解：
$$输转损耗量=384984-384100=884kg$$
$$输转损耗率=(884/384984)\times100\%=0.230\%$$
$$查附录表4输转定额损耗率为0.22\%$$
$$则输转定额损耗量=384984\times0.22\%=847kg$$

答：两罐输转汽油输转损耗量为884kg，输转损耗率为0.230%；输转定额损耗量为847kg。

3）装、卸油品损耗及装卸车(船)损耗率

装卸油品损耗指油品从油罐装入铁路罐车、油船(驳)、汽油罐等运输容器内或将油品从运输容器卸入油罐时，因油罐大呼吸及运输容器内油品挥发和黏附而产生的损失。

装车(船)损耗率指将石油产品装入车、船时，输出量和收入量之差同输出量之百分比。

卸车(船)损耗率指从车、船中卸入石油产品时，卸油量和收油量之差同卸油量之百分比。

$$装、卸油损耗量 = 付油容器付出量 - 收油容器收入量 \qquad (10-5)$$
$$装、卸油损耗率 = (装、卸油损耗量 / 付油容器付出量) \times 100\% \qquad (10-6)$$

注：油轮、驳运输油品，中国石油化工总公司《成品油计量管理标准》中规定其交接方式以岸罐计量为准，装油的损耗率暂定为固定值。

【例10-3】 湖南省某甲油库灌装一汽车罐车汽油至某乙油库，油罐付出量为4963kg，汽车罐车计量收油量为4950kg，罐车到乙库计量量为4945kg，罐车卸入油罐罐收油量为4938kg，试求装卸油损耗量、装卸油损耗率和装卸油定额损耗量。

解：装油损耗量 = 4963-4950 = 13kg

装油损耗率 = (13/4963)×100% = 0.262%

查附录表2装车定额损耗率为0.10%

则装车定额损耗量 = 4963×0.10% = 5kg

卸车损耗量 = 4945-4938 = 7kg

卸车损耗率 = (7/4945)×100% = 0.142%

查附录表3卸车定额损耗率为0.23%

则卸车定额损耗量 = 4938×0.23 = 11kg

答：该车汽油甲库装车损耗量为13kg；装油损耗率为0.262%，乙库卸车损耗率为7kg，卸油损耗率为0.142%；装车定额损耗量应为5kg；卸车定额损耗量应为11kg。

4）灌桶损耗及灌桶损耗率

灌桶损耗指灌桶过程中油品的挥发损失。

灌桶损耗率指容器输出量与灌装量之差同容器输出量百分比。

$$灌桶损耗量 = 油罐付出量 - 油桶收入量 \qquad (10-7)$$
$$灌桶损耗率 = (灌桶损耗量 / 油罐付出量) \times 100\% \qquad (10-8)$$

【例10-4】 某油罐通过台秤灌装油桶汽油，灌装前存油38465kg，灌装后存油33364kg，油桶装油量为5090kg，试求灌桶损耗量、灌桶损耗率和灌桶定额损耗量。

解：油罐付出量 = 38465-33364 = 5101kg

灌桶损耗量 = 5101-5090 = 11kg

灌桶损耗率 = (11/5101)×100% = 0.216%

查附录表5灌桶定额耗率为0.18%

则灌桶定额损耗量 = 5101×0.18% = 9.2kg≈9kg

答：该油罐灌桶损耗量为11kg；灌桶损耗率为0.216%；灌桶定额损耗量为9kg。

【例10-5】 湖南省某油库向湖北省某油库发汽油一船，油罐付出量590948kg，运到湖北某油库油罐收入量为585721kg，试求装船实际量和装、卸船定额损耗量。

解：查湖南属A类地区，查表2装船定额损耗率为0.07%

则，装船定额损耗量-590948×0.07 = 414kg

油船收入量 = 590948-414 = 590534kg

查湖北属 B 类地区，查附录表 3 卸船定额损耗率为 0.20%

则卸船定额损耗量 = 585721×0.20% = 1171kg

答：该批油油船装油量为 590534kg；装船定额损耗量为 414kg；卸船定额损耗量为 1171kg。

2. 整装油品保管损耗

以听、桶储存的油品，在储存期间所发生的损耗。它包括储存损耗和倒桶损耗。

$$保管定额损耗率(\%) = \frac{损耗量}{保管量} \times 100\% \qquad (10-9)$$

【例 10-6】 某油库 6 月份盘点 CD30 号汽油机油，整装保管量为 25200kg，保管期间进行了发油、倒桶作业，损耗量为 58kg，试求整装保管率和定额损耗量。

解：保管损耗率为：

$$\frac{58}{25200} \times 100\% = 0.230\%$$

查《石油库管理制度》附录八整装保管损耗率(%)，6 月属夏秋季，润滑油整装保管定额损耗量为：

$$25200 \times 0.423\% = 106.596 = 107kg$$

答：该库 6 月份 CD30 号汽油机油整装损耗率为 0.230%；整装定额损耗量为 107kg。

二、运输损耗的分类与计算

运输损耗指以发货点装入车、船起至车、船到达卸货点止整个运输过程中发生的损耗。

运输损耗率指将石油产品从甲地运往乙地时，起运前和到达后车、船装载量之差与起运前装载量之百分比，一批发运两个或两个以上铁路罐车，起运前装载量为各车起运前装载量之和；运输损耗量以一个批次为计算单位，即等于到达后各车损耗量之代数和。

1. 散装油品运输损耗和运输损耗率

(1) 铁路罐车及公路运输损耗。指油品装车计量后至收站计量验收止运输途中发生的损耗，定额损耗标准按 GB11085—89 表七执行。运输损耗量及损耗率按下式计算。

$$运输损耗量 = 起运前罐车计量数 - 卸收前罐车计量数 \qquad (10-10)$$

$$运输损耗率 = \frac{运输损耗量}{起运前罐车计量数} \times 100\% \qquad (10-11)$$

【例 10-7】 从武汉油库发运一批三辆铁路罐车汽油至湖南长沙油库，里程 300km，在武汉车上计量数分别 31874kg、30633kg、30311kg；车到长沙库计量数分别 31813kg、30587kg、30236kg。试按规定计算这批油运输损耗量、运输损耗率及运输定额损耗量。

解：运输损耗量 = (31874+30633+30311) - (31813+30587+30236) = 92818-92636 = 182kg

$$运输损耗率 = \frac{182}{92818} \times 100\% = 0.196\%$$

查附录表 7 运输定额损耗率为 0.16%

则运输定额损耗量 = 92818×0.16% = 149kg

答：这批油运输损耗量为 182kg；运输损耗率为 0.196%；运输定额损耗量为 149kg。

【例 10-8】 某加油站从距离 450km 的某油库用 2 号汽车油罐车运回汽油 7770kg，到站车上验收数据为：油水总高 1083mm，水高 12mm，$\rho'_{19.8} = 0.7290g/cm^3$，$t = 19.3℃$，已知运输定额损耗率为 0.05%，试按规定办理验收手续。

解：
$$\rho'_{20} = 0.7288 \text{ g/cm}^3$$
$$VCF = 1.00090$$

$$V_t = 10623 + \frac{10638 - 10623}{1090 - 1080}(1083 - 1080) - \left[79 + \frac{157 - 79}{20 - 10}(12 - 10)\right]$$
$$= 10627.5 - 94.6$$
$$= 10532.9 \text{L}$$
$$m = 10532.9 \times 1.00090 \times (0.7288 - 0.0011)$$
$$= 7671.7 \approx 7672 \text{kg}$$
$$m_{运} = 7770 \times 0.05 = 3.9 \approx 4 \text{kg}$$
$$m_{互} = 7770 \times 0.2\% = 15.5 \approx 16 \text{kg}$$
$$m_{损} = 7672 + 4 - 7770 = -94 \text{ kg}$$

超耗 94 kg，超过互不找补量 16kg

答：超耗 94 kg，超过互不找补量 16kg，应向发货方索赔 94 kg。

【例 10-9】 某加油站与承运方签定油品保量运输合同，按单车总量的 0.2% 以内损耗由加油站负担，超过部分由承运方赔偿。今承运方到油库为该加油站用汽车油罐车运柴油一车，出库前承运方与油库确定发油量(V_{20})为 3650L，承运方运油到加油站后验收量(V_{20})为 3640L，问该车油溢损怎样结算？

解：总损耗量 = 3650-3640 = 10L

　　　站损耗负担量 = 3650×0.2% = 7.3 ≈ 7L

　　　承运方损耗负担量 = 10-7.3 = 2.7 ≈ 3L

答：总损耗量 10L；站损耗负担量 7L；承运方损耗负担量 3L。

(2) 水上运输损耗指将石油产品从甲地装入船(驳)到乙地后整个运输过程中发生的损耗。

$$水上运输损耗量 = 发货量 - 收货量 \tag{10-12}$$

式中　发货量 = 发油油罐计量数 - 装船定额损耗量

$$收货量 = 收油罐收入量 + 卸船定额损耗量 \tag{10-13}$$

对于"过驳"入库转运油品时，收货量应为：

$$收货量 = 收油罐收入量 + 2 \times 卸船定额损耗量 + 短途运输损耗量 \tag{10-14}$$

$$运输损耗率 = \frac{运输损耗量}{发货量} \times 100\% \tag{10-15}$$

对于水运在途九天以上，自超过日起，按同类油品立式金属罐的储存损耗率和超过天数折算。

【例 10-10】 湖南省某油库向湖北省某油库发汽油一船，油罐付出量 590948kg，运到湖北某油库油罐收入量为 585721kg，(见本章【例 10-5】题)，试求运输损耗量、运输损耗率和运输定额损耗量和收货量。

解：知【例 10-5】题该油船收入量(发货量)590534kg，卸船定额损耗量为 1171kg，收油罐收油量为 58572kg，则

收货量 = 585721+1171 = 586892kg

运输损耗量 = 590534-586892 = 3642kg

$$运输损耗率 = \frac{3642}{590534} \times 100\% = 0.617\%$$

运输定额损耗量 = 590534×0.24% = 1417kg

122

答：该汽油运输损耗量为 3642kg；运输损耗率为 0.617%；运输定额损耗量为 1417kg；收货量为 586892kg。

2. 整装油品运输损耗

使用油桶、扁桶、方听等小包装盛装的石油成品油、用车(船)或其他运输工具在运输过程中所发生的损耗。

$$运输损耗量 = 发货量 - 收货量 \qquad (10 - 16)$$

注：目前国家和企业标准中无整装油品运输定额损耗标准。

【例10-11】 某油库验收整装 CD30 号柴油机油为 3860kg，发货方发货量为 3875kg，求运输损耗量。

解：运输损耗量 = 3860-3875 = -15kg

答：该库 CD30 号柴油机油整装运输损耗量为 15kg。

三、零售损耗及零售损耗率计算

零售损耗指零售商店、加油站在小批量付油过程和保管过程中发生的油品损失。其定额损耗标准按 GB11085—89 表六计算。

零售损耗率指盘点时库存商品的减少量与零售总量之差同零售总量之百分比。

$$零售损耗 = 月初库存量 + 本月入库量 - 本月出库量 - 月末库存量 \qquad (10 - 17)$$

$$零售损耗率 = \frac{当月零售损耗量}{当月付出量} \times 100\% \qquad (10 - 18)$$

【例10-12】 某加油站通过加油机发油，4 月份汽油盘存账目如下：月初库存量 29464kg，当月入库量 589666kg，当月出库量 573193kg，月末库存量 44240kg，试求零售损耗量、零售损耗率和零售定额损耗量。

解：

$$零售损耗量 = 29464 + 589666 - 573193 - 44240 = 1696kg$$

$$零售损耗率 = \frac{1697}{573193} \times 100\% = 0.296\%$$

查附录表 6 零售定额损耗率为 0.29%

则零售定额损耗量 = 573193×0.29% = 1662kg

答：该加油站 4 月份汽油零售损耗量为 1697kg；零售损耗率为 0.296%；零售定额损耗量为 1662kg。

第三节 石油产品损耗及处理

一切损耗处理必须实事求是，有依据、有凭证，不得弄虚作假。油品的定额损耗必须经油库主管科(室)负责人批准后核销。

一、运输损耗处理

(1) 收货方担负定额损耗，发货方承受溢余，责任方负担超耗。确系由于承运责任造成超耗时，由承运方负担。

(2) 运输损耗按批计算，同批同品种发运的油品溢耗可以相抵，但单车超耗 500kg 以上时应单独核算，不得相抵。

(3) 运输损耗在扣除定额损耗后，超耗、溢余的互不找补幅度为：油轮、油驳为发油量的 0.3%；铁路罐车、汽车罐车、整装油品为发货量的 0.2%。

(4) 整船、整车转运的油品所发生的损耗，责任方承担超耗。查不出原因时，由转运方负担。

(5) 定额内的运输损耗按收油批次，逐批核销，并填报《收油凭证》。

(6) 油品的运输、损耗超过定额损耗，并超过(3)中规定的溢耗互不找补幅度时，超出部分为超耗量溢余量；超出溢耗互不找补幅度的溢余量为超溢量。超耗(溢)量从 1kg 起算作为索赔(退款)的数量。

(7) 油品交接应做到：

① 内贸交接：

a. 允许收、发油前后管线存油量发生变化，但必须能计算出管线中的实际存量。

b. 不允许同一个油罐或一根管线同时进行两个或两个以上的作业。

c. 当管线充满油时，计量前应先打开罐边阀。

② 外贸交接：

a. 收发油过程中应将主管线与支管线用盲板隔开防止串油。

b. 一个以上油罐参加收发油时应于发前量好几个罐的前尺，发后量好几个罐的后尺，不允许收(发)好一个测量一个。

二、保管、零售损耗处理

(1) 出库前的一切损耗，由经营单位负担，不得转嫁给用户或其他单位；中转代管油品，在储存、收、发环节中发生的一切定额损耗，由委托方负担。

(2) 保管、零售损耗，按月核销。

(3) 保管、零售油品发生超额或溢余，填报《油品损耗(溢余)处理凭证》，必须经主管科(室)调查、查找原因后，报上级主管部门批准核销。

(4) 超耗或溢余量等于或超过定额损耗一倍以上时，必须查出原因，写出详细的分析报告，说明情况，采取防范措施，否测按油库第四级事故处理。超耗或溢余量经上级计量主管部门审查核实原因后，按事故损耗批准权限核销。

三、超耗索赔

(1) 当收货方现超耗(溢)确认不是自己责任时，有权向责任方提出索赔。

(2) 索赔三方责任

① 发货方。车船起运前，必须加封，并在货票上注明施封情况；油轮、油驳要检尺并做出记录。车船起运后，及时将每车、船装载油品品名、数量、密度、规格电告收货方。对车、船(驳)技术状态不合格的，应不予使用。

② 收货方。车船到达后，认真检验铝封及运输容器是否完好，如有问题，请承运部门出具记录。车、船必须卸净。

(3) 车、船在运输途中损坏或车(船)体技术状况不良造成的损失，收货方直接向承运方索赔；收货方确运超耗、按规定出证索赔资料、手续，在规定索赔期向发货方索赔，并抄告供应区计量站。

四、索赔资料及手续

(1) 索赔超耗必须具备下列资料：《油品运输超耗(溢余)通知书》、《罐车验收及复测记录》、《油罐验收计量记录》，以上手续要在规定时间内寄给发货单位。

(2) 超溢、耗，退赔货款，按结算程序单独核算，收货方不得因超耗拒付货款。

(3) 计量人员应符合规定，计量器具应符合规定。不符合者，超耗由责任方负担。

五、处理期限

收货方必须于同批油品全部到达后十天内提出索赔资料（以邮戳为准）。逾期由收货方负担。收货方收到索赔资料后，于一个季度内结清。

应该说明的是，目前水路运输和公路运输方式的油品交接，有的发货方收货方和承运方协商，采用保量运输的方式进行交接，这种方式也是可行的．其计算方法比现行方法略简单。

六、综合例题

1. 铁路油罐车运输

【例 10-13】 某油库接卸铁路罐车装运的 0 号柴油 4 车，发油量：表号 A700 车为 50000kg，表号 A723 车为 50962kg，表号 A789 为 52744kg，表号 TQ053 车为 60550kg。测得 4 车的计量数据分别为：① $H = 2685$ mm，$\rho'_{25.0} = 0.8350$ g/cm^3，$t = 25.5$℃；② $H = 2760$ mm，$\rho'_{25.0} = 0.8350$ g/cm^3，$t = 25.3$℃；③ $H = 2707$ mm，$\rho'_{26.0} = 0.8337$ g/cm^3，$t = 26.0$℃；④ $H = 3116$ mm，$\rho'_{26.0} = 0.8337$ g/cm^3，$t = 25.1$℃。试按规定办理这批油品验收手续。（经检定合格的计量器具的修正值极小，可忽略不计）。

解：（1）V_t 的计算：

① $V_t = 59805$ L

② $V_t = 60491 + 29.8586 \times 23 = 61177.7478 \approx 61177.7$ L

③ $V_J = 59966 + \dfrac{60067 - 59966}{2710 - 2700}(2707 - 2700) = 60036.7$ L

$$K = 29.5960 + \frac{29.6465 - 29.5960}{2710 - 2700}(2707 - 27007) = 29.63135 \approx 29.6314$$

$V_t = 60036.7 + 29.6314 \times 89 = 62673.8946 \approx 62673.9$ L

④ $V_t = 72371 + \dfrac{72464 - 72371}{3120 - 3110}(3116 - 31107) = 72426.8$ L

（2）ρ_{20} 计算：

① 前 2 车 ρ_{20}：$\rho_{20} = 0.8385$ g/cm^3

② 后 2 车 ρ_{20}：$\rho_{20} = 0.8372 + \dfrac{0.8391 - 0.8372}{0.8350 - 0.8330}(0.8337 - 0.8330) = 0.837865 \approx 0.8379$ g/cm^3

（3）VCF 计算：

① $VCF = 0.99530$

② $VCF = 0.9955 + \dfrac{0.9956 - 0.9955}{0.8400 - 0.8380}(0.8385 - 0.8380) = 0.995525 \approx 0.99552$

③ $VCF = 0.99490$

④ $VCF = 0.9957 + \dfrac{0.9958 - 0.9957}{0.8380 - 0.8360}(0.8379 - 0.8360) = 0.995795 \approx 0.99580$

（4）m 计算：

① $m = 59805 \times 0.99530 \times (0.8385 - 0.0011) = 49845.32768 \approx 49495$ kg

② $m = 61177.7 \times 0.99552 \times (0.8385 - 0.0011) = 51000.69466 \approx 52001$ kg

③ $m = 62673.9 \times 0.99490 \times (0.8379 - 0.0011) = 52178.04737 \approx 52178$ kg

④ $m = 72426.8 \times 0.99580 \times (0.8379 - 0.0011) = 60352.19791 \approx 60352$ kg

（5）定额损耗数量计算：

① 50000×0.12%＝60kg

② 50962×0.12%＝61.1544≈61kg

③ 52744×0.12%＝63.2928≈63kg

④ 60550×0.12%＝2.66≈73kg

（6）溢损量计算：

① （49495+60）－50000＝－95kg

② （51001+61）－50962＝100kg

③ （52178+63）－52744＝－503kg

④ （60352+73）－60550＝－125kg

（7）互不找补量计算：

① 5000×0.2%＝100kg

② 50962×0.2%＝101.924≈102kg

③ 52744×0.2%＝105.488≈105kg

④ 60550×0.2%＝121.1≈121kg

（8）比较：

① 表号 A789 车超耗 503kg，单独办理索赔 503kg。

② 另外 3 车合计计算溢损，即：

$$[（-95）+100+（-125）]<（100+105+121）-120<326$$

在互不找补范围内，不办理索赔。

答：表号 A789 车超耗 503kg，单独办理索赔 503kg；另外 3 车合计损耗 120kg，小于合计互不找补量 326kg，不办理索赔。

2. 油轮（驳）运输

【例 10-14】 某油库 1 号露天非保温浮顶罐接卸距发货方 501km 发来的 90 号汽油一船，测得该罐收油前油水总高 1801mm，水高 79mm，$\rho'_{9.6}$＝0.7306g/cm³，t_y＝9.1℃，t_g＝9.5℃；收油后测得油水总高 9067mm，水高 80mm，$\rho'_{10.1}$＝0.7321 g/cm³，t_y＝10.2℃，t_g＝10.9℃。内直径为 100mm 长 30m 的油管内收油前无油，收油后装满油。知这船油发油量为 2124840kg，使用的计量器具的修正值；测深钢卷尺：0～1m 时为 0.35mm，0～2 时为 0.47mm，0～9m 时为 1.03mm，0～10m 时为 1.98mm；温度计：0℃时为 0.10℃，10℃时为 0.18℃，20℃时为 0.25℃；密度计：0.7300g/cm³ 时为 0.0001 g/cm³，0.7400 g/cm³ 时为 0.0002 g/cm³；检水尺无修正值。试按规定办理验收手续，并按标准体积比例法计算出来油的大致 ρ_{20}。

解：（1）计量器具实际值计算：

① 测深钢卷尺：

收油前：H＝1801+0.47＝1801.47≈1801mm

收油后：H＝9067+1.03＝9068.03≈9068mm

② 温度计：

收油前：t'＝9.6+0.10+$\dfrac{0.18-0.10}{10-0}$（9.6-0）＝9.7768≈9.78℃

$$t_y = 9.1 + 0.10 + \frac{0.18 - 0.10}{10 - 0}(9.1 - 0) = 9.2728 \approx 9.27℃$$

$$t_g = 9.5 + 0.10 + \frac{0.18 - 0.10}{10 - 0}(9.5 - 0) = 9.676 \approx 9.68℃$$

收油后：$t' = 10.1 + 0.18 + \frac{0.25 - 0.18}{20 - 10}(10.1 - 10) = 10.2807 \approx 10.28℃$

$$t_y = 10.2 + 0.18 + \frac{0.25 - 0.18}{20 - 10}(10.2 - 10) = 10.3814 \approx 10.38℃$$

$$t_y = 10.9 + 0.18 + \frac{0.25 - 0.18}{20 - 10}(10.9 - 10) = 11.086 \approx 11.09℃$$

③ 密度计：

收油前：$\rho'_t = 0.7306 + 0.0001 + \frac{0.0002 - 0.0001}{0.7400 - 0.7300}(0.7306 - 0.7300)$

$$= 0.730706 \approx 0.7307 g/cm^3$$

收油后：$\rho'_t = 0.7321 + 0.0001 + \frac{0.0002 - 0.0001}{0.7400 - 0.7300}(0.7321 - 0.7300)$

$$= 0.732221 \approx 0.7322 g/cm^3$$

④ 罐壁温度：

收油前：$t = (9.3 \times 7 + 9.7)/8 = 9.32 \approx 9.3℃$

收油后：$t = (10.4 \times 7 + 11.1)/8 = 10.47 \approx 10.5℃$

(2) ρ_{20} 计算：

收油前：$\rho_{20} = 0.7198 + \frac{0.7218 - 0.7198}{0.7310 - 0.7290}(0.7307 - 0.7290) = 0.7215 g/cm^3$

收油后：$\rho_{20} = 0.7222 + \frac{0.7242 - 0.7222}{0.7330 - 0.7310}(0.7322 - 0.7310) = 0.7234 g/cm^3$

(3) VCF 计算：

收油前：$VCF_{9.3} = 1.0137 + \frac{1.0136 - 1.0137}{0.7220 - 0.7200}(0.7215 - 0.7200)$

$$= 1.013625 \approx 1.01362$$

收油后：$VCF_{10.4} = 1.01200$

(4) ρ_w 计算：

收油前：$\rho_w = 0.7215 \times 1.01362 = 0.7313 \ g/cm^3$

收油后：$\rho_w = 0.7234 \times 1.01200 = 0.7321 g/cm^3$

(5) m 计算：

收油前：

$m = [720485 + 398 + 46 \times 0.7313 - 36570] \times [1 + 2 \times 0.000012(9.3 - 20)] \times 1.01362 \times (0.7215 -$

$\quad 0.0011) - 21400$

$\quad = 684346.6 \times 0.9997432 \times 1.01362 \times 0.7204 - 21400$

$\quad = 693489.2 \times 0.7204 - 21400$

$\quad = 499589.6 - 21400$

$\quad = 478189.6 \approx 478190 kg$

收油后：

$$m=[3580938+23815+3175+(1^2×0.7854×300)+(1355×0.7321)-(36570+397)]×[1+2×\\0.000012(10.5-20)]×1.01200×(0.7234-0.0011)-21400$$

$$=[3607928+235.6+992.0-36967]×0.9997721×1.01200×0.7223-21400$$

$$=3571374.1×1.01200×0.7223-21400$$

$$=3614230.6×0.7223-21400$$

$$=2610558.7-21400$$

$$=2589158.7≈2589159kg$$

（6）进罐量：

$$2590425-478128=2112297kg$$

（7）定额损耗量：

$$运输定额损耗量=2124840×0.28\%=5945.552≈5950kg$$

$$卸船定额损耗量=2112297×0.01\%=211.2297≈211kg$$

（8）互不找补量计算：

$$2124840×0.3\%=6374.52≈6375kg$$

（9）溢损量计算：

$$(2110969+5950+211)-2124840=2117130-2124840=-7710kg$$

（10）比较：

超耗量7710kg，超过互不找补量6375kg，应办索赔7710kg。

（11）来油ρ_{20}计算：

$$693489.2÷3614231.1=0.19188（收油前）$$

$$1-0.19188=0.80812（来油）$$

$$\rho_{20来}：0.7215×0.19188+0.80812\rho_{20来}=0.7234$$

$$\rho_{20来}=0.723851≈0.7239g/cm^3$$

答：1号油罐收油2117506kg，应向发货方索赔7710kg，此船90号汽油ρ_{20}为0.7239g/cm³。

第四节　降低石油成品油损耗的措施

为了降低损耗，减少损失，各级石油经营单位都要根据本单位的实际情况，努力减少油料流转环节，并加强每个流转环节的管理，采取切实的降耗措施，节约点滴油料，把损耗水平降低到最小限度。降低损耗的主要措施有：

（1）加强储、输油设备容器的检查维修和保养

① 油罐、油泵、管道、阀门、鹤管、罐油嘴等，做到不渗气、不漏气、不跑气。

② 油罐呼吸阀正负压适度，呼吸正常，活门操纵装置等保证有效。

③ 漏桶和技术状况不良的车、船不装油：装油后发现渗漏者立即倒装。

（2）严格执行安全技术操作管理

① 灌装车、船时要严格控制油罐安全容量和车、船装载高度，不溢油、不冒油。不允许喷溅式灌油。

② 灌装或倒装油桶时，要精心操作，不漏洒油料。

③ 接卸散装油品时，要将车、船底部余油吸净或刮净。

④ 使用过或回空的油桶，要将桶底余油倒净、抽净。

⑤ 清洗油罐时，要将罐底余油清除干净。

（3）合理安排油罐使用，减少蒸发损失

① 加强对油罐使用的计划管理，尽量避免倒换油罐。

② 合理使用油罐，尽量减少储油的空容量，减少油罐的受热面积和油料蒸发面积。

③ 尽力减少同品种油罐之间的输转次数，力求减少大呼吸损失。一切必须的输转、计量，要尽可能选择在罐内外压力平衡时进行。

④ 收发业务频繁的油库，应固定吞吐油罐，逐罐吞吐，尽量保持其他储油罐的相对稳定。

（4）扩大散装发运，开展直达运输和"四就"（就炼厂、就站台码头、就车船、就仓库）直拨业务、尽量去掉搬运、装卸中间环节，减少泵装、泵卸等环节的损耗．

（5）地面罐降低储存损耗的措施

① 对油罐表面涂刷强反光的银灰色漆料。

② 向罐顶淋水降温，降低损耗。

③ 罐顶加装隔热层。

④ 筑防护墙。在罐体周围筑防护墙，减少阳光辐射面积，可降低损耗 40%。

⑤ 安装挡板。在呼吸阀下端安装挡板，使油罐内部空间蒸气分层。当油罐吸入新鲜气体通过挡板时，该气体被分散在罐顶部四周；呼出油蒸气时，首先将上层浓度较小的油蒸气从呼吸阀呼出，从而减少了蒸发损失。

⑥ 建造浮顶油罐。建造浮顶油罐，能大幅度减少蒸发损失。浮顶油罐的油液面全部为浮顶（或内浮顶）所覆盖，并随油液面升降而起浮。可大大减少因温度变化的小呼吸量和因油料输转的大呼吸所造成的损失。装有浮顶罐的蒸发损失仅为拱顶油罐的 1/20～1/30。

⑦ 修建聚气罐。聚气罐内装有升降板，与同品种油罐连通，专门收聚所连通各储油罐蒸发气体。当储油罐呼气时，被聚气管收入，罐内升降板下降；当各储油罐吸气时，聚气罐又把油蒸气送回各油罐，聚气罐内升降板上升。不使油蒸排出罐外，造成损失。

⑧ 安装还原吸收器。还原吸收器系一立式圆桶，内装隔板，隔板之间装填活性炭或充煤油、润滑油。当油罐呼气时，大气通过还原吸收器携带部分石油分子进入油罐，以控制罐内蒸发的油蒸气无拘无束地飞逸大气空间。试验油罐安装还原吸收器可减少损失大约 20%。

⑨ 在油罐区防火墙外围、桶装油储存区、小油罐群围堤外，在不影响安全警戒、不妨碍消防道路畅通和消防灭火操作、不破坏给排水设施的前提下，种植阔叶乔木利用树荫遮蔽，减弱阳光辐射，降低油罐外表温度，也可减少蒸发损耗。

⑩ 收集石油蒸气。利用山泉冷水或其他冷凝方法，使油蒸气还原为液体，也能收到降低蒸发损失的较好效果。

（6）建造耐高压油罐和山洞库、覆土隐蔽库。

（7）发动群众、开展关于降低损耗的科研活动与技术革新。

① 研究和实现各个环节的密封作业，避免和减少油料在作业过程中与空气接触，减少蒸发。

② 研究和实现油料输送、储油罐、计量罐、车船和灌桶液面高度的自动控制，杜绝溢、洒、冒油事故。

③ 研究和实现油罐遥测计量，避免人工计量的蒸发损失。

④ 研究各种油料在不同储存条件下，不同储存周期的质量变化情况，减少变质损失努力争取多出科研成果，指导储存工作逐步建立在科学基础上。

总之，各级石油经营单位都应十分重视油料损耗管理工作，加强领导，要有专人负责，建立损耗登记统记和超耗审批等制度，拟定损耗管理实施办法，制定降低损耗方案，把降低损耗指标落实到车间、班组。在执行中定期检查，及时解决存在的问题，保证降低损耗指标的实现。

第五节　油品虚假溢损的分析与防范

一、油品虚假溢损的分析

油品虚假溢损是指油品正常自然损耗之外的溢余或损耗。这种溢损因受技术条件的限制，因环境带来的影响，因计量方法的过于简陋，因统计方法的不相同，还包括人为的因素等。具体体现在：

（1）计量容器的不准确。我们知道，任何测量结果都具有误差，误差自始至终存在于一切科学实验和测量的过程之中。就现行的计量检定规程看，所确定的容器不准确度：立式金属罐按容量的大小分别为 0.1%（$k=2$）（$700m^3$ 以上）、0.2%（$k=2$）（$100\sim700$ m^3）、0.3%（$k=2$）（$20\sim100$ m^3）；卧式金属罐 0.4%（置信概率为 95%）；油船舱 0.2%、0.3%、0.4%（$p=0.95$）；铁路罐车 0.4%；汽车油罐车 0.25%。按《罐内液体石油产品计量技术规范》JJF1014—1989 指标，其容器准确度分别为：立式油罐 $\pm0.35\%$；卧式油罐 $\pm0.7\%$；铁路罐车 $\pm0.7\%$；汽车罐车 $\pm0.5\%$。这也就是说，即使检定人员对容器检定得再认真，由于目前的检定方法、计算方法不十分完善和严谨，容器制作不十分规则，容器在使用过程中不可避免地会出现变形，容器基座因压力、材质、土质等因素会发生倾斜，都会使容器带来不准确。这些不准确因素在某个容器中，会带来有规律的误差。在各容器之间如果是顺向误差，相互可以抵消一部分。而如果是反向误差，即这个容器是正误差值，另一个容器是负误差值，这样就拉大了误差范围。这在油罐车向加油站送油的过程中是经常出现此类事情的。

（2）其他计量器具不准确。这些计量器具主要包括测深钢卷尺、温度计、密度计、加油机、流量计。这些计量器具要么没有进行检定，要么没有使用修正值，要么检定后在使用中破坏了其准确度，这样测得的数据具有虚假成分。

（3）计量器具缺陷。诸如立式金属罐底部凹凸不平、受力变形、导向管内油品不具有代表性、导向管内不能真实反映罐内油高水高；测试钢卷尺尺带与尺砣连接处空隙过大；流量计加油机零件磨损过大等等。

（4）设备失修出现潜在的事故差错。例如油罐阀门关闭不严导致罐与罐串油。这样的事故除了造成油品数量上的不准之外，同品种不同标号的油品会改变其质量，不同品种的油品相混（例如汽油、柴油相混），一旦销售给用户，则会酿成重大的事故。

（5）油罐检定不准，导致原始数据失真。例如，检定员在检定立式金属油罐的基础圈板也就是第一或第二圈板时，没有使用钢围尺修正值或者读错数值，使得本身及以上推算的块块圈板的数据不准，从而导致了整个油罐容量的不准。

（6）操作不规范。例如计量过程中，量错液高、采样测温位置不正确、读数方法不正确。第一手资料采集失准，导致计算数据的不真实。

（7）计算过程中，粗心大意，致使出现差错。例如，一个简单的数值修约如果疏忽了，引起了标准密度的不准，用标准密度去查石油体积系数又会带来差错，再去查找油罐容量（静压力容量部分）、再进行标准体积的计算、油品质量的计算乃至油品交接的计算，都会因一步出错而步步出错，从而导致油品数量的虚假溢损。

（8）计量员不负责任。如未检查油罐车内油品是否卸净、容器有无渗漏、油管是否装油。

（9）使用简易的方法进行油品收卸、销售和结算。例如，目前有不少加油站采用油品体积交接法，即收货只计量和计算出非标准温度下的油品体积、油罐计量只计量和计算出非标准温度下的油品体积，而换算则以公司给定的换算密度来计算油品质量，其计算公式及计算方法的不完善自然带来数字虚假。

（10）部分未解决的技术难题存在的缺陷。例如，立式金属油罐罐底受压后产生形变而使容量发生改变的真实情况。卧式金属油罐由于搬运等原因受损某凹陷部分容量的计算。还有某些油品在油罐内密度严重分层难以准确采样等。

（11）记账失误。

（12）人为因素。如故意改变发油器具修正系数、监守自盗。或者为了小集团的利益，故意瞒报。或者某些当事人偷窃，计量员未能发现，分析虚假溢损走了岔。

（13）气候因素。虽然规定计量要在良好的环境下进行，但实际上做起来有困难，使得某些时候采集的数据失真。例如，在油罐内油品密度的采集和测量，有部分是在油罐顶进行。由于气温、风力的影响，也会带来数据失准的成分。

（14）各部门统计方法不一致。

二、油品虚假溢损的防范

油品虚假溢损带来的危害是大的。它歪曲了油品数量的真实情况，掩盖了其中存在的问题，不能给企业领导和上级机关提供真实有效的数据，给结算带来混乱。有可能导致领导的决策失误，有可能引发事故，造成企业经济上的损失，有可能影响企业的形象，也有可能助长个别人的私欲导致犯罪。要解决好这个问题，至少要做的：

（1）计量管理人员要以主人翁的姿态搞好本职工作。要加强学习，提高业务管理水平。要认真负责，严格按操作规程操作。要熟悉库站油品的工艺流程。当出现异常情况要细心分析，抓住油品的特性从容量、温度、密度以及所掌握的石油计量的其他特性特点上找出原因。当一时查不出原因，要向库站负责人汇报，发动相关人员共同查找分析。

（2）企业领导要重视和支持这一工作。加强对计量员的思想教育和业务学习。组织计量员互教互学，提高业务技术和管理水平。督促计量员规范化操作，减少工作失误。制定监督规章，防止不正当行为的出现。对发现的人为问题，应及时查办处理。协调部门关系，查找和解决油品虚假溢损的问题。

（3）尽管存在统计不一致的客观事实，但作为计量业务方面的溢损要搞清楚。对一时解决不了的技术难题而造成的虚假溢损，作为一个技术问题暂且搁置，再慢慢找出其溢损规律。对因容器准确度带来相关几个部门出现的油品溢损问题，由企业协调解决。对于客观存在的油品溢损，应按要求及时处理，以免沉积太久，使问题复杂化。

习　题

一、填空题

1. 石油产品自然损耗贯穿于_____的全部过程和每个操作环节，损耗水平的高低是衡量每个企业_____和_____的重要标志。

2. 蒸发损耗是在_____的容器内按规定的操作规程进行装卸、储存、输转等作业或按规定的方法零售时，由于石油产品_____而造成数量减少的现象。

3. 残漏损耗是在保管、运输、销售中由于车、船等容器_____，容器内少量余油不能_____和难免的_____、微量渗漏而造成_____上损失的现象。

4. 蒸发损耗贯穿于石油经营的全部_____和每个_____。

5. 由于输转油料致使油罐_____蒸气和_____空气的过程叫做大呼吸。

6. 油品损耗工作环节分为_____、_____、_____损耗。

7. 保管损耗是指油品从_____，整个保管过程中发生的损耗。其中包括储存、输转、_____、装、卸五项损耗。

8. 储存损耗指单个油罐在不进行收发作业时，因油罐_____而发生的油品损失。

9. 输转损耗率是指石油产品在油罐与油罐之间通过密闭的的管线转移时，_____和收入量之差与_____之百分比。

10. 装车(船)损耗率指将石油产品装入车、船时，_____和收入量之差同_____之百分比。

11. 灌桶损耗率指容器_____与灌装量之差同容器_____百分比。

12. 运输损耗指以发货点装入车、船起至车、船到达_____止整个运输过程中发生的损耗。

13. 运输损耗率指将石油产品从甲地运往乙地时，起运前和到达后车、船_____之差与起运前_____之百分比。

14. 零售损耗指零售商店、加油站在小批量_____过程和_____过程中发生的油品损失。

15. 一切损耗处理必须_____，有依据、有凭证，不得_____。

16. 中转代管油品，在储存、收、发环节中发生的一切定额损耗，由_____负担。

17. 为了降低损耗，减少损失，各级石油经营单位都要根据本单位的实际情况，努力减少油料_____环节，并加强每个_____环节的管理，采取切实的降耗措施，节约点滴油料，把损耗水平降低到_____限度。

18. 灌装车、船时要严格控制油罐_____和车、船_____，不溢油，不冒油。不允许_____灌油。

二、判断题(答案正确的打√，答案错误的打×)

1. 蒸发损耗是指蒸气分子离开液面而扩散到空间而使液体造成的损失。　　　　　(　　)

2. 油蒸气会造成空气污染。　　　　　　　　　　　　　　　　　　　　　　(　　)

3. 蒸发是造成油品损耗的主要原因。　　　　　　　　　　　　　　　　　　(　　)

4. 小呼吸蒸发损失量与油罐存油量、空容量有着密切的关系。温差大，蒸发损失大，温差小，蒸发损失就小；空容量大，蒸发损失小，空容量小，蒸发损失就大。(　　)

5. 油罐外壁涂刷成黑颜色会使油品损失小。　　　　　　　　　　　　　　　(　　)

6. 黏度大的油品黏附损失小。　　　　　　　　　　　　　　　　　　　　　(　　)

7. 油品到站计量数加上定额损耗后超过发货量的油品数量为油品运输溢余。(　　)

8. 保管损耗分为散装保管损耗和整装保管损耗。　　　　　　　　　　　　　(　　)

9. 储存损耗率是石油产品在静态储存期内，月累计储存损耗量与月累计储存量之百分比。 （　　）

10. 按气温划分，湖南属 A 类地区。 （　　）

11. 卸车(船)损耗率指从车、船中卸入石油产品时，卸油量和收油量之差同卸油量之百分比。 （　　）

12. 零售损耗率指盘点时库存商品的减少量与零售总量之差同零售总量之百分比。 （　　）

13. 收货方担负定额损耗，发货方承受溢余，责任方负担超耗。 （　　）

14. 出站前的一切损耗，由经营单位负担，不得转嫁给用户或其他单位。 （　　）

15. 零售损耗，按日核销。 （　　）

16. 未取计量合格证的人员可进行油品计量交接。 （　　）

17. 尽量减少储油的空容量是降低油品损耗的措施之一。 （　　）

三、选择题(将正确答案的符号填在括号内)

1. 油品溢余(　　)
   - A. 少发顾客的而带来
   - B. 因为油品化学分子变化而带来
   - C. 采取降耗措施而带来
   - D. 油罐检定误差而带来
   - E. 油罐倾斜等自然原因而带来的虚假溢余

2. 小呼吸损失(　　)
   - A. 罐内温度升高气体呼出罐外的损失
   - B. 油罐收发油造成的损失
   - C. 罐与罐油品输转造成的损失

3. 同等数量的油品(　　)
   - A. 在一个空容量很大的油罐内储存损失大
   - B. 在几个较小的油罐内储存损失大
   - C. 在一个合适的且有安全容量的油罐内储存损失大
   - D. 轻质油品的损失大
   - E. 重质油品的损失大

四、问答题

1. 造成石油损耗的原因有哪些？它体现在哪些环节上？怎样降低石油损耗？

2. 什么是石油保管损耗，它包括哪几项损耗？

3. 什么是石油运输损耗？各种运输工具的运输互不找补的幅度是多少？

4. 石油产品损耗处理的原则是什么？

5. 确认油品运输超耗后，怎样办理索赔？

6. 油品虚假溢损主要原因有哪些？它有哪些危害？怎样防范？

五、计算题

1. 湖北省某油库 9 号露天汽油拱顶罐 5 月盘点，累计损耗 800kg，储油量 580000kg 有 3 天，635000kg 有 10 天，383000kg 有 8 天，600000kg 有 9 天，200000kg 有 1 天，求储存损耗率和储存定额损耗量。

2. 某油库甲卧罐向乙卧罐输转 0 号柴油，甲罐输出量为 23000kg，乙罐输入量为 22974kg，求输转损耗量，输转损耗率和输转定额损耗量。

3. 某油罐通过台秤灌装油桶柴油，灌装前存油 30000kg，灌装后存油 10500kg，油桶装油量为 19493kg，求灌桶损耗量，灌桶损耗率和灌桶定额损耗量。

4. 某加油站通过加油机发油、5 月份 90 号汽油盘存，月初库存 30490kg，当月入库

218984kg，发出 218836kg，月末库存 29987kg，试求零售损耗量、零售损耗率和零售定额损耗量。

5. 湖北某油库 1 号立式油罐通过铁路油罐车向相距 1503km 的湖南某油库发送 90 号汽油，发油前油高 8400mm，$\rho'_{16.3} = 0.7233 \text{g/cm}^3$，$t = 16.7℃$；发油后油高 7924mm，$\rho'_{15.8} = 0.7237 \text{g/cm}^3$，$t = 16.2℃$；发运的 3 台铁路油罐车，在发货方车上测量数据分别为：

罐车表号	油高/mm	$\rho'_t/(\text{g/cm}^3)$	$t'/℃$	$t/℃$
A715	2306	0.7231	16.5	16.3
A788	2714	0.7242	15.2	15.5
6277975	3007	0.7229	16.7	16.8

车到收货方后，测量数据分别为：

罐车表号	油高/mm	$\rho'_t/(\text{g/cm}^3)$	$t'/℃$	$t/℃$
A715	2295	0.7240	15.5	15.9
A788	2694	0.7237	15.8	15.0
6277975	2930	0.7245	15.0	15.3

将车上 90 号汽油卸入 2 号立式金属油罐，收油前油罐存油 1245910kg，$V_{20} = 1726833 \text{L}$；收油后测得油水总高 10575mm，水高 28mm，$\rho'_{18.1} = 0.7241 \text{g/cm}^3$，$t = 17.3℃$，试办理这批油的验收手续，并按标准体积百分比求出收油前的大至 ρ_{20}；计算出 1 号、2 号油罐发油、收油前后油量损耗量。知该罐近期最高温度时石油体积系数 = 0.95719，使用空气泡沫灭火，消防泡沫口下沿距罐壁上沿 310mm，问该罐装油是否超过安全高度？

6. 某油库 2 号保温立式油罐通过油轮向另一油库发 0 号柴油，测得油罐发油前油高 9186mm，$\rho'_{2.3} = 0.8456 \text{g/cm}^3$，$t = 2.4℃$；发油后测得油高 7934mm，$\rho'_{1.8} = 0.8459 \text{g/cm}^3$，$t = 2.0℃$，计量器具修正值分别为：测深钢卷尺 0~7m 时 0.73mm，0~8m 时 1.49mm，0~9m 时 1.31mm，0~10m 时 2.14mm；温度计 0℃ 时 0.1℃，10℃ 时 0.19℃；密度计 0.84 g/cm³ 时 -0.0001 g/cm³，0.85 g/cm³ 时 0.0000 g/cm³。收货方油库 1 号立式油罐验收前测得油高 1799mm，水高 79mm，$\rho'_{2.1} = 0.8428 \text{g/cm}^3$，$t_y = 2.8℃$，$t_g = 2.6℃$，收油后测得油高 2365mm，水高 80mm，内直径为 150mm 长 50m 的原空油管内此时已装满油。$\rho'_{3.9} = 0.8423 \text{g/cm}^3$，$t_y = 3.6℃$，$t_g = 2.6℃$。计量器具修正值分别为：测深钢卷尺 0~1m 时 1.08mm，0~2m 时 1.51mm，0~3m 时 0.52mm；温度计 0℃ 时 -0.10℃，10℃ 时 -0.18℃；密度计 0.84 g/cm³ 时 0.0001g/cm³，0.85 g/cm³ 时 0.0002g/cm³。试办理这批油的验收手续。

7. 某加油站与承运方签定油品保量运输合同，按单车总量的 0.2% 以内损耗由加油站负担，超过部分由承运方赔偿。今承运方到油库用 5 号汽车油罐车为该加油站运 90 号汽油一车，出库前承运方与油库确定发油量 (V_{20}) 为 6010L，承运方运油到加油站后验收，测得空高 375mm，$\rho'_{16.3} = 0.7233 \text{g/cm}^3$，$t = 17.0℃$，问该车油溢损怎样结算？

第十一章 流量及流量计计量

第一节 流量的概念

液体和气体统称为流体。"流体流过一定截面的量称为流量"。流体流动可在密封管道中，也可在沟渠中。如果横截面(F)上各点的流速(v)是相等的，或能求出平均流速，则：

$$Q = v \cdot F \tag{11-1}$$

流体流量数值若用体积计算，称为体积流量；若以质量计算，则称为质量流量。

上式为瞬时体积流量表达式，若流体密度为ρ，则可转换成质量流量表达式：

$$\mathrm{d}m_i = v_i \cdot \rho \cdot \mathrm{d}F_i \tag{11-2}$$

$$m = \rho \cdot v \cdot F \tag{11-3}$$

式中　$\mathrm{d}m_i$——通过微小面积 $\mathrm{d}F_i$ 的质量流量；

$\quad\quad m$——通过整个横断面的质量流量；

流体的计量单位是导出单位。对体积流量，单位有 m^3/h、L/min、L/s 等；对质量流量，单位有 t/h、kg/s 等。流量计量可用瞬时流量表示，也可用累计流量表示。所谓瞬时流量，是表示在某一时刻的流量值，如 L/min，kg/s 等的流量值。累计流量指在某一时间间隔内，流体流经某横断面的总量，如某油库通过流量计发给某顾客汽油多少升。累计流量与时间无关。若是体积流量，其计量单位为 m^3、L 等；若是质量流量，其计量单位为 t、kg 等。一般而言，瞬时流量主要用于控制流体供出量的大小，以便适应工艺过程的需要。累计流量用于供给流体总量的计算，以便在贸易交接和物料转交时进行数量计算。

流量计量是应用具有适当准确度的流量仪表去测量流经流量仪表的流体数量。由于它是在流体运动中进行测量，则称为动态计量，以区别于液体静止时计量的容量计量。容量计量称为静态计量。

就液体计量而言，流量计量一般可用于较小数量液货的计量。除了贸易交接外，流量计量在自动化、管道化生产过程中以及其他科学领域具有重要的作用。

第二节 流 量 计

流量计"是测量流量的器具。通常有一次装置和二次装置组成"。它能指示和记录某瞬时流体的流量值，累积某段时间间隔内流体的总量值，可以测量体积流量或质量流量。

一、流量计分类

（1）按测量结果的单位分，有体积流量计，质量流量计，前者如腰轮体积流量计，后者如哥里奥利力振动式质量流量计；

（2）按测量种类分，有差压式流量计、层流流量计、临界流流量计、电磁流量计、涡轮流量计、涡街流量计、旋进旋涡流量计、超声波流量计、容积式流量计、质量流量计、转子流量计、燃油加油机等。

（3）按测量场合分，有管道上用的，有明渠中用的。

二、流量计的主要技术参数

1. 流量范围(工作范围)

流量范围指"由最大流量和最小流量所限定的范围，在该范围内满足计量性能的要求"。流量仪表一般均在特定介质及状态下进行标定和刻度，通常液体用水，而气体是用温度为20℃、压力为98kPa下的空气标定后分度的，因此选用流量计刻度时，需要将实际工况条件的被测介质的流量换算成标定和刻度情况下的水或空气的流量，然后再来选择流量计的口径。

2. 公称通径

公称通径是指进入管道的公称通径，仪表的公称通径值应在优选数列中选取。

3. 基本误差

流量计在测量范围内，在规定的工作条件下确定的误差为基本误差。若以准确度等级来表示，0.5级的仪表其基本误差限为±0.5%，Ⅰ级的仪表其基本误差限为±1%，因此仪表的准确度等级越高，其基本误差越小。流量计的基本误差有读数误差和引用误差。

4. 工作压力

流经一次装置并符合一次装置规范的被测流体的绝对静压。

5. 重复性

在相同测量条件下，重复测量同一个被测量，测量仪器提供相近示值的能力。这些条件，包括：相当的测量程序，相同的观测者，在相同条件下使用相同的测量设备，在相同地点，在短时间内重复。

6. 压力损失

由于管道中存在一次装置而产生的不可恢复的压力降。

7. 稳定性

测量仪器保持其计量特性随时间恒定的能力。若稳定性不是对时间而是对其他量而言，则应该明确说明。稳定性可以用几种方式定量表示，如：用计量特性变化某个规定的量所经过的时间，用计量特性经规定的时间所发生的变化。

8. 响应时间

激励受到规定突变的瞬间，与响应达到并保持其最终稳定值在规定极限内的瞬间，这两者之间的时间间隔。

这是测量仪器动态响应特性的重要参数之一。是对输入输出关系的响应特性中，考核随着激励的变化其响应时间反映的能力，当然越短越好。

三、流量计工作原理及特性

1. 容积式流量计

由静止容室内壁与一个或若干个由流体流动使之旋转的元件组成计量室的流量计。旋转元件与内壁之间的泄漏与所选定工作范围内的流量相比较可以忽略不计。元件旋转通过机械方式或其他方法传输给指示装置以显示记录所流过的流体累计体积流量。容积式流量计的优点是测量准确度较高，测量液体时可达0.2%。被测介质的黏度变化对仪表示值影响较小，仪表的量程比较宽，可达10∶1。缺点是传动机构较复杂，制造工艺和使用条件要求较高。例如，被测介质不能含有固体颗粒状杂质，否则会影响仪表正常工作。

常用的容积式流量计有腰轮、椭圆齿轮、刮板式等液体流量计，它们的测量原理基本相同，只是形成计量容积的方式有所不同。仅以腰轮流量计为例介绍。

腰轮流量计，国外称为罗茨流量计，它的运动元件类似于腰形。这样的两个运动元件在计量室中转动，连续计量通过仪表的被测介质。在流动流体的压力作用下，两轮作相反方向转动，每转动一周，两轮各作二次月牙形容量计量，所以每转动一周，就有四个月牙形容量的流体通过流量计。这样轴的转数与流动流体的流量有一比例关系，通过积算机构，就可以计算出累积流量值。轴每转一周（即腰轮每转一周）的吐出量 Q 为：

$$Q = k_0 D^2 \cdot L \tag{11-4}$$

式中　k_0——吐出系数；

　　　D——腰轮的外圆直径；

　　　L——腰轮的长度。

腰轮流量计的准确度，受流量大小和黏度高低变化影响比较小。当它加工装配精度满足要求时，产生误差的惟一因素是泄漏，而泄漏是同流量大小、黏度高低、温度和压力等有关的。在较大、较小流量下泄漏量均增加，在流量适中时泄漏量很小。黏度越低，则泄漏量越大，而温度高则黏度低，压力大则压差大，均会导致泄漏加大。

腰轮流量计另一重要问题是压力损失。由于腰轮流量计的运动件是依靠流体流动的动能来转动，这样势必造成腰轮流量计前后的压力不同，也即有压力损失。这个压力损失主要用于克服运动元件的摩擦阻力和液体在计量室内流动时的粘性阻力。这些阻力之和，就使得腰轮流量计的压力损失比较大。压力损失随流体流量的增大而增加，黏度越高的流体，其压力损失越大。

由于腰轮流量计工艺制造精细，计量室间隙小，准确度高，要求流体介质中不能夹杂固定颗粒，而且在流量计上游安装过滤器，以免卡死腰轮，降低流量计准确度。

腰轮流量计的部分技术参数为：

公称通径：15~400mm；　　　　测量范围：0.4~1000m³/h；

量程比：10∶1；　　　　　　　工作压力：最大耐压达 6.4MPa；

工作温度：120℃；　　　　　　基本误差：±0.2%~±0.5%；

被测液体的黏度小于 $30×10^{-3}Pa \cdot s$ 时，压力损失≤0.04MPa。

另外，燃油加油机的计量器部分也属于容积式流量计。

燃油加油机是为机动车辆加汽油、轻柴油用的商业计量器具。电动加油机采用防爆电动机作动力，通过三角皮带传动泵轴旋转。将油经挠性管吸入，油在泵内增压后进入油气分离器。在油气分离器中，油中的气被分离后排出机外，而油则进入计量器。进计量器的油推动计量器转动轴，并带动计数器计数和累计油量，经计量的油通过视油器输油管，然后由油枪向机外受油容器供油。

燃油加油机虽型号较多，但结构大体相同。包括电动机、油泵（主要有叶片泵、齿轮泵）、油气分离器、计量器、计数器、视油器、油管、油枪。

以 DP 系列燃油加油机为例，计量器内两个 120° 双向活塞组成。采用连杆槽限位，1000cm³ 为一个循环。计量器的误差通过调整活塞行程调节螺丝来控制。活塞活动行程越长，一个循环所输送的量越多。反之，行程短则一个循环所输送的量就少。计量器的活塞循环活动次数由连杆传送到计数器进行显示与累计，而油品通过软管到油枪输出。采用连杆槽限位产生的累计误差小，能保证计量准确，并且计量器使用寿命长。

燃油加油机的部分技术参数为：

允许吸程 6m；　　　　　　　工作压力：0.25MPa；

最大流量：55~65L/min；　　一次计数范围：0.1~999.9L可回零式；

计量精度±0.3%。

2. 速度式流量计

以各种物理现象直接测量封闭管道中满管流的液体流动速度，再进一步计算出流体流量的流量计称为速度式流量计。

速度式流量计测量准确度高（通常在±0.2%以内），而且在线性流量范围内，既使流量有所变化，也不会降低累计准确度。它的量程（最大和最小线性流量比）大，适合于流量大幅度变化的现象配比系统，且惯性小，反应快。温度范围宽，适合于液体在各种温度状态下计量。其输出的数字信号与流量成正比，不降低流量准确度，又适应自动化要求，便于远距离传送和数据处理，能耐受高压，压力损失小。为保证管道截面积上的流速均匀，安装要求较高，其进出口处的前后的直管段应分别不小于变送器通径的20倍和15倍。因此在石油系统有很大的发展前景。速度式流量计包括涡轮流量计、涡街流量计、旋进旋涡流量计、电磁流量计、超声波流量计等。

下面以涡轮流量计为例说明。

涡轮流量计又称透平流量计，是在螺旋式叶轮流量计的基础上发展起来的，它通过测定置于流体中的涡轮的转速来反映流量的大小。

涡轮流量计由涡轮流量变送器（包括前置放大器）和流量计算仪组成，可实现瞬时流量和累积流量的计量。

涡轮流量变送器由叶轮组件（涡轮）、带前置放大器的磁电感应转换器、壳体等元件组成。当被测液体流经涡轮叶片时，涡轮受冲击便旋转，涡轮的旋转速度随流速而变化，在一定的流量范围及一定的流体黏度下，叶轮的转速与流体量成正比。而当叶轮转动时，叶轮上由导磁不锈钢制成的螺旋形叶片，依次接近处于管壁上的检测线圈，周期性地改变检测线圈磁电回路的磁阻，使通过线圈的磁通量发生变化而产生与流量成正比例的脉冲电信号。这样涡轮将流量 Q，转换成涡轮的转数 ω，磁电感应转换器又将转数 ω 变成电脉冲数 f 送入流量计算仪进行计数和显示。

在测量范围内，变送器的输出脉冲数与流量成正比，其比值称为仪表常数，以 ξ（次/L）表示。每一台涡轮流量变送器的合格证上都标明经过实际校验测得的仪表常数值。因此当测得脉冲信号的频率 f 和某一时间内的脉冲总数 N 后，分别除以仪表常数 ξ（次/L）便可求得瞬时的流量 Q（L/s）和总量 V（L）。即：

$$Q = f/\xi \tag{11-5}$$
$$V = N/\xi \tag{11-6}$$

式中　f——电脉冲信号频率，次/s；

　　　ξ——仪表常数，次/L，即单位流体流过流量计所发生的脉冲数，又称平均仪表常数；
　　　　　在实际使用时因工况有了改变，需做现场实液标定；

　　　N——某一时间内的脉冲数，次；

　　　Q——瞬时流量，L/s；

　　　V——总流量，L。

四、质量式流量计

用于计量流过某一横截面的流体质量流量的流量计为质量流量计。由于它能直接显示被测流体的质量，且准确度较高，因而正在石化系统推广。但因温度和压力对其准确测量有较

138

大影响，应安装电阻对温度进行修正，安装压力变送器进行在线压力补偿。还要注意克服应力和振动对仪表的影响，注意安装一定的直管段。

质量流量计可分为直接式质量流量计和推导式质量流量计两大类。目前直接式质量流量计测量管的形状有：直管、S 形管、U 形管、螺旋管等，但其工作原理都是依据牛顿第二运动定律：力＝质量×加速度（$F=ma$）制成的。仪表的测量管在电磁驱动系统的驱动下，以它固有的频率振动。液体流过测量系统时，流体被强制接受管子的垂直动量，与流体的加速度 a 产生一个复合向心力 F，使振动管发生扭曲，即在管子向上振动的半周期，流入仪表的流体向下压，抵抗管子向上振动的半周期，流入仪表的流体向下压，抵抗管子向上的力。流出仪表的流体则向上推，两个反作用力引起测量管扭曲。这就是"科里奥利效应"。测量管扭曲的程度与流体的质量流量成正比，位于测量管两侧的电磁感应器用于测量上、下两个力的作用点上管子的振动速度，管子扭曲引起两个速度信号之间出现时间差，感应器把这个信号传送到变送器，变送器对信号进行处理并直接将信号转换成与质量流量成正比的输出信号。

五、影响流量计准确性的因素

用流量计计量油品虽然操作方便，节省劳力，但如果选型或使用不当，会造成很大误差。

1）压力

流量计发油，必须在一定的压力下进行。压力损失的特征是：压力损失随流体流量的增大而增加，黏度越高的流体，其压力差越大。由于流体入口与出口间形成的压力差，也影响到计量准确与否。压力差越大，泄漏量越大，因此，流量计选型应考虑这一因素。在使用时应不超过流量计规定的压力和流量范围，且应操作平稳，切勿急剧开关阀门。

2）黏度

被测介质的黏度变化，对任何形式的流量计都会产生影响（不同结构的流量计影响大小不等），因为黏度是阻止流体流动的一种性质。随着黏度的增加，特别是对高黏度的介质，要消费更大的能量，才能使转子转动，产生极大的压力差，因而也就增加对转子壳体等的磨损，降低计量精度。黏度高的油品，泄漏量小。

3）温度

温度的变化影响到黏度性能曲线的改变和介质体积的变化，同时还引起仪表计量室的容积和转子与壳体之间的回隙变化，所以温度可能影响流量仪表的计量精度和正常工作状态。

4）流量

在流量较小时，由于流量计进出口的差压小，转子转速低，泄漏量大，误差较大；在大流量时，由于转子的回转力矩大，转速高，也造成泄漏量大，误差也较大。当流量在某一确定范围内，流量计量与转子转数成比例关系，泄漏量小，误差较小且平稳，所以，为了保证流量计处在最佳工作状态下，要选择流量范围适当的流量计。

5）空气

即管线内有无空气。根据实践经验证明，管内空气受液体压力推动流量仪表的转子空转，产生计数器数字与实际流也油料不符的现象，使计量不准。因此，在流量计前端应安装油气分离器（消气器）。

6）介质

就是液体的性质、密度、黏度等。例如出厂校正时使用的是水，使用时是计量石油产品，或者校正时用的是柴油，使用时是计量汽油，这都会影响流量仪表的计量精度。

7）磨损

流量仪表的使用时间过长，那么机械传动部分就会有磨损，而且介质不净也会加快磨损，磨损程序直接影响精度。所以，仪表前端应装过滤器，并经检查，清除杂质及更换纱网。

第三节 成品油流量计计量的计算方法

一、体积流量的计量数据处理

1. 标准体积和质量的计算

目前用于计量交接的体积量是以在标准温度下（20℃）油品所占有的体积来结算的，而流量计所测得的体积流量值是在工况条件下得到的，其温度往往不是 20℃，这个温度的差异会使油品体积量变化，与标准温度下的体积量产生误差，因此必须修正。其修正计算公式为：

$$V_{20} = V_t \cdot VCF \tag{11-7}$$

式中　V_{20}——油品在 20℃温度时的体积，m^3；

　　　V_t——流量计测得的体积，m^3；

　　VCF——体积修正系数。

【例 11-1】　已知汽油的计量温度为 24℃，经流量计测量的流量为 856903dm^3，该油品 20℃时密度 0.7250g/cm^3，求在标准温度时的体积流量值。

解：查 GB/T 1885—98 表 60B 得 VCF 值为 0.99490。

$$V_{20} = 856903 \times 0.99490 = 852532.8$$
$$\approx 852533 dm^3$$

答：发此批油 V_{20} 为 852533dm^3。

如果需要以质量作为结算单位的话，按 $m = V_{20} \cdot (\rho_{20} - 0.0011)$ 求得：

$$m = 852533 \times (0.7250 - 0.0011) = 617148.4901 \approx 617148 kg$$

答：发此批油 m 为 617148kg。

2. 定量发油体积的计算

如果已知收发油品的质量数而需要知道流量计运行的体积量，就需要将上面的运算倒过来进行，根据质量 m 求得 V_t。

【例 11-2】　已知柴油的温度 t 为 46℃，$\rho_{20} = 0.8590 g/cm^3$，如果发油量为 50000kg，求流量计的发油体积。

解：查表 $VCF = 0.97825$。

$$V_{20} = 50000 \div (0.8590 - 0.0011)$$
$$= 58281.85 dm^3$$
$$V_t = 58281.85 \div 0.97825$$
$$= 5957766.525 \approx 59578 dm^3$$

答：流量计发油体积为 59578dm^3。

二、质量流量的计量数据处理

质量流量计在标定时，已经考虑到空气浮力的影响，并对它进行了修正，所以用质量流量计测得的质量值，就是真空中的质量值。但作为油品贸易结算，还得考虑空气浮力这一因素。

在 GB/T1884—1998《石油计量表》中，其计量公式为：

$$m = V_{20}(\rho_{20} - 1.1)$$

那么，在此基础上，也可将上式写成这样：

$$m = (V_{20}\rho_{20} - 1.1 V_{20})$$
$$= (m' - \frac{1.1m'}{\rho_{20}}) = m'(1 - \frac{1.1}{\rho_{20}})$$

式中　m——油品结算商业质量，kg 或 t；

　　　m'——质量流量计指示累计质量，kg 或 t；

【例 11-3】　用质量流量计发油，其指示值为 900.785t，知 ρ_{20} 为 730.0kg/m³，求结算油量应是多少吨?

解：$m = 900.785(1 - \frac{1.1}{730.0}) = 900.785 \times 0.99849 = 899.425$ t

答：结算油量应是 899.425t。

三、流量计示值的误差修正

在日常的计量工作中，一般有两种方法对流量计的示值予以误差修正。一是使用流量计系数 MF 进行修正；二是使用相对误差 E 进行修正。下面分别加以说明。

1. 使用流量计系数进行误差修正

流量计系数 MF 是在用标准装置对工作流量计进行示值检定时，得到的标准装置经过修正后的示值 Q_s。与被检流量计的示值 Q_1 的比值，即：

$$MF = \frac{Q_s}{Q_1} \tag{11-8}$$

当使用某些国家规定的标准(例如 GB 9109.4《原油动态计量——用标准体积管检定容积式流量计的操作规定》)进行流量计检定时，在检定证书上将会给出流量计系数。这时就可以使用此流量计系数 MF 对流量计的示值予以修正。修正的公式如下：

$$m = m_g \cdot MF \tag{11-9}$$

式中　m——被测液体的准确质量；

　　　m_g——流量计测得的液体质量示值。

或者直接将流量计的体积读数予以修正，公式为：

$$V = V_m \cdot MF \tag{11-10}$$

式中　V——被测液体的准确体积；

　　　V_m——流量计的体积读数。

如果流量计系统的二次仪表已经根据此流量计系数对测量结果自动进行了修正，那么在计算中就不必再进行此项修正了。

【例 11-4】　某流量计测得汽油的流量为 856903dm³，计量温度 24℃，汽油在 20℃时的密度为 0.7250g/cm³，流量计系数为 1.0015，求汽油的质量。

解：查表 $VCF = 0.99490$

$$m = 856903 \times 0.99490 \times (0.7250 - 0.0011)$$
$$= 617148.49 \text{kg}$$

所以准确的质量为：

$$m = 617148.49 \times 1.0015 = 618074.2 \approx 618074 \text{kg}$$

答：发出汽油量为 618074kg。

【例 11-5】 某流量计的示值为 2318052dm³，流量计系数为 0.9980，求被测流体的准确体积。

解：被测流体的准确体积为

$$V = V_{\text{m}} \cdot MF = 2318052 \times 0.9980 = 2313415.98 \approx 2313416 \text{dm}^3$$

答：发油体积为 2313416dm³。

2. 使用流量计相对误差进行误差修正

有的检定机构在提供被检流量计的检定合格证书时，也给出该流量计在各流量点上的示值相对误差 E。这时也可以利用此相对误差对其所在的流量点的该流量计读数进行示值修正，修正公式为：

$$V = \frac{V_{\text{m}}}{1 + E} \tag{11 - 11}$$

式中 V——被测液体的准确值；

$\qquad V_{\text{m}}$——流量计在某流量点的示值；

$\qquad E$——此流量点的相对误差。

【例 11-6】 某流量计在 80% 流量处的相对误差为 0.36%，示值为 923850dm³，求体积流量的准确值。

解：准确流量为

$$V = 923850 \div (1 + 0.36\%) = 920536.07 \approx 920536 \text{dm}^3$$

答：发油体积为 920536dm³。

【例 11-7】 某流量计在 75% 流量点上的相对误差为 -0.12%，如果需要发油 2800000dm³，求流量计发出的体积量。

解：流量计应发出的体积示值为：

$$V_{\text{m}} = V \times (1 + E) = 2800000 \times (1 - 0.12\%) = 2796640 \text{dm}^3$$

答：流量计发出量为 2796640dm³。

3. 流量计的校准

在油库、加油站，计量器具的检定通常是由政府计量检定机构或由其授权的企业计量检定机构实行的。库站计量员没有这个资格，即使是取得某个计量项目的检定员，由于没有授权也不能从事检定工作。那么在库站对计量器具主要是校准。校准可以完全按照计量检定规程进行，也可部分按照计量检定规程进行。流量计（加油机）检定或校验的方法有标准容器法、标准表法和标准体积管法，我们通常在线检定为标准容器法，现简要介绍：

1）加油机实际体积值的计算

标准金属量器测得的加油机，在试验温度 t_{J} 下的实际体积量 V_{Bt} 的计算公式：

$$V_{\text{Bt}} = V_{\text{B}} [1 + \beta_{\text{y}}(t_{\text{j}} - t_{\text{B}}) + \beta_{\text{B}}(t_{\text{B}} - 20)]$$

式中 V_{Bt}——标准金属量器在 t_{J}℃下给出的实际体积值，L；

$\qquad V_{\text{B}}$——标准金属量器在 20℃下标准容积，L；

β_Y、β_B——检定介质油和标准量器材质的体膨胀系数（汽油：12×10^{-4}/℃；煤油：$9\times$ 10^{-4}/℃；轻柴油：9×10^{-4}/℃；不锈钢：50×10^{-6}/℃；碳钢：33×10^{-6}/℃；黄铜、青铜：53×10^{-6}/℃）；

t_J、t_B——加油机内流量计输出的油温（由油枪出口处油温代替）和标准量器内的油温，℃；

【例 11-8】 用不锈钢标准金属量器检定 1 号加油机，加油机介质为汽油，测得并计算出标准金属量器内介质在 20℃ 下标准容积为 100.15L，测得加油机内流量计输出的油温为 18.3℃，标准量器内的油温为 19.2℃，求标准金属量器介质在 t_J℃ 下给出的实际体积值是多少升？

解： 依据公式代入数据

$$V_{Bt} = 100.039 \approx 100.04L$$

答： 标准金属量器介质在 t_J℃ 下给出的实际体积值是 100.04L。

2）容积式流量计体积量相对误差计算

流量计计算结果相比较一点选取最大误差作为该流量点误差，然后再从三个点中选其中最大误差作为被检流量计基本误差。

相对误差公式：

$$E_V = \frac{V_J - V_{Bt}}{V_{Bt}} \times 100\%$$

式中　E_V——流量计的体积相对误差，%；

　　　V_J——流量计在 t_J℃ 下指示的体积值，L；

重复性误差公式：

$$E_{ri} = (Ei_{max} - Ei_{min})/d_n$$

式中　E_{ri}——被检流量计第 i 点流量点的重复性误差（不超过基本误差限的 1/3）；

　　　Ei_{max}——被检流量计第 i 点流量点的最大误差；

　　　Ei_{min}——被检流量计第 i 点流量点的最小误差；

　　　d_n——极差系数，见表 11-1。

表 11-1　极差系数 d_n

测量次数 n	2	3	4	5	6	7	8	9	10
极差系数 d_n	1.13	1.69	2.06	2.33	2.53	2.70	2.85	2.97	3.08

【例 11-9】 用不锈钢标准金属量器检定 1 号流量计，流量计介质为汽油，三次检定的流量计指示值与标准金属量器实际值分别是：100.04L，100.0L；100.26L，100.17L；100.16L，100.09L。试分别计算出流量计相对误差和重复性误差。（基本误差限为 0.5%）

解： 依据公式代入数据

$$E_{V1} = 0.0400\% \approx 0.04\%$$
$$E_{V2} = 0.0898\% \approx 0.09\%$$
$$E_{V3} = 0.0699\% \approx 0.07\%$$
$$E_{ri} = 0.029\% \approx 0.03\%$$

答： 加油机的体积相对误差分别是：E_{V1}：0.04%、E_{V2}：0.09%、E_{V3}：0.07%；最大误

差和重复性误差均未超过基本误差限规定。

习　题

一、填空题

1. 流体流量数值分为_____流量和_____流量。

2. 流体的计量单位是_____单位。流量计量是应用具有适当准确度的流量仪表去测量流经流量仪表的_____数量。由于它是在流体运动中进行测量，则称为_____计量，以区别于液体静止时计量的容量计量。容量计量称为_____计量。

3. 按测量种类原理分，有_____式流量计、层流流量计、临界流流量计、_____流量计、_____流量计、_____流量计、旋进旋涡流量计、_____流量计、_____流量计、_____流量计、转子流量计、_____加油机等。

4. 流量计在测量范围内，在规定的_____确定的误差为基本误差。若以准确度等级来表示，0.5级的仪表其基本误差限为_____，Ⅰ级的仪表其基本误差限为_____，因此仪表的准确度等级越_____，其_____越小。流量计的基本误差有_____误差和_____误差。

5. 重复性是指在相同_____条件下，重复测量同一个被测量，测量仪器提供_____的能力。

6. 容积式流量计的优点是测量准确度较_____，被测介质的黏度变化对仪表示值影响较小，仪表的_____比较宽，缺点是传动机构较复杂，制造工艺和使用条件要求较_____。

7. 腰轮流量计产生误差的主要因素是_____，而泄漏是同流量大小、黏度高低、温度和压力等有关的。在较大、较小流量下泄漏量均_____，在流量适中时泄漏量很_____。黏度越低，则泄漏量越_____，而温度高则黏度_____，压力大则压差_____，均会导致泄漏_____。它的另一重要问题是_____。

8. 燃油加油机虽型号较多，但结构大体相同。包括：_____、油泵(主要有叶片泵、齿轮泵)、油气分离器、_____、计数器、_____、油管、油枪。

9. 速度式流量计的量程_____，惯性_____，反应_____，温度范围_____，其输出的数字信号与流量成正比，不降低流量准确度，又适应_____要求，便于远距离传送和数据处理，能耐受高压，压力损失_____。为保证管道截面积上的流速均匀，安装其进出口处的前后的直管段应分别不小于变送器通径的_____倍和_____倍。

10. 涡轮流量计由涡轮流量变送器(包括前置放大器)和流量_____组成，可实现_____流量和_____流量的计量。

二、判断题(答案正确的打√，答案错误的打×)

1. 流量计就是指液体流量计。　　　　　　　　　　　　　　　　　　　　（　　）

2. 稳定性在流量仪表中可以忽略。　　　　　　　　　　　　　　　　　　（　　）

3. 工作压力对容积式流量计不会产生多大影响。　　　　　　　　　　　　（　　）

4. 加油机检定时的介质，通常是加油机日常工作时的介质。　　　　　　　（　　）

5. 加油机电子计数器指示装置的计数(指示)、显示都用电子线路来实现。　（　　）

6. 用于观察油液中空气或气体存在与否的视油器，应安装在流量计的上游。（　　）

7. 加油机的示值读数和量器的示值读数，应以 L 为单位取小数点后两位。　（　　）

8. 流量计的重复性误差应为其基本误差的一半。　　　　　　　　　　　　（　　）

144

三、选择题(将正确答案的符号填在括号内)

1. 燃油加油机：(　　　)

   A. 是为机动车加注燃油的一种测量装置　　　B. 计量器为速度式流量计

   C. 可向塑料桶内快速加油　　　D. 是贸易结算的计量器具

2. 燃油加油机最大允许误差：(　　　)

   A. 0.3%　　　　　　　　B. +0.3%　　　　　　　　C. ±0.3%

四、问答题

1. 什么是流量、瞬时流量和累计流量？其计量单位是什么单位？举例写出两种不同的流体流量的计量单位。

2. 什么是流量计？它有哪些分类？

3. 什么是容积式流量计？试述腰轮流量计工作原理。

4. 燃油加油机计量室属哪类流量计？试述其工作流程。其误差怎样调节？

5. 什么是速度式流量计？试述涡轮流量计工作原理。

6. 什么是质量流量计？什么是科里奥利效应？

7. 影响流量计准确性的因素有哪些？

五、计算题

1. 某流量计发 90 号汽油，示值为 3864L，测得 $\rho'_{15.3}=0.7260g/cm^3$，$t=15.0℃$，求发油质量。

2. 某流量计发出 0 号柴油 5000kg，已知 $\rho'_{9.3}=0.8432g/cm^3$，$t=8.9℃$，求流量计应发体积。

3. 某流量计发出 90 号汽油 58650L，已知 $\rho'_{16.3}=0.7315\ g/cm^3$，$t=16.5℃$，流量计系数为 0.9865，求发油质量。

4. 某流量计发油示值 9563L，流量计泵数为 1.0008，求实发量是多少？

5. 某流量计在 80% 流量处的相对误差是 0.27%，发油 3918L，求实发量是多少？

6. 某流量计在 75% 流量处相对误差为 -0.15%，现需发 83650L，问流量计示值应是多少？

7. 用不锈钢标准金属量器检定 1 号加油机，加油机介质为汽油，测得并计算出标准金属量器内介质在 20℃ 下标准容积为 100.15L，测得加油机内流量计输出的油温为 18.3℃，标准量器内的油温为 19.2℃，求标准金属量器介质在 $t_1℃$ 下给出的实际体积值是多少升？

8. 用不锈钢标准金属量器检定 1 号流量计，流量计介质为汽油，三次检定的流量计指示值与标准金属量器实际值分别是：100.08L，100.0L；100.22L，100.15L；100.16L，100.08L。试分别计算出流量计相对误差和重复性误差。(基本误差限为 0.5%)

第十二章　容器和衡器的自动化计量

　　石油的自动化计量是现代化管理的一个重要内容，新技术的引进和推广应用，势必提高企业的管理能力，获得更大的经济效益，推动石油储运行业的发展。

第一节　容器计量的自动化仪表

一、液位计分类及测量原理

　　石油容器计量的自动化仪表主要是液位计。液位计是工业过程测量和控制系统中用以指示和控制液位的仪表。液位计按功能可分为基地式(现场指示)和远传式(远传显示、控制)两大类。远传式液位计，通常将现场的液位状况转换成电信号传递到需要监控的场所，或用液位变送器配以显示仪表达到远传显示的目的；液位的控制通常用位式控制方式来实现。

　　液位计通常由传感器、转换器和指示器三部分组成。具有控制作用的液位计，还有设定机构。

　　液位计的自动监测功能包括：实时油位高度监测、实时水位高度监测、实时油品温度监测、实时存油量监测。

　　液位计的自动报警功能包括：油品高位报警、油品溢出报警、油品泄漏报警、水位上限报警。

　　液位计的工作原理按检测方式不同可以归纳为以下几类：

　　(1)浮力液位测量原理。在液位测量范围内通过检测施加在恒定截面垂直位移元件上的浮力来测量液位(如浮筒式、浮球式)；

　　(2)浮子液位测量原理。通过检测浮子的位置来测量液位，浮子的位置可以用机械、磁性、光学、超声、辐射等方法检测(如磁翻柱浮球式)；

　　(3)浮标和缆索式液位测量原理。根据浮标的位置直接测量液位，浮标的位置由缆索和滑轮或齿轮凸轮组以机械的方式传送到指示仪和(或)变送器(如浮子式)；

　　(4)浮标和缆索式液位测量原理。通过检测液面上、下两点之间的压力差来测量液体的液位(如压力式)；

　　(5)超声波、微波液位测量原理。通过检测一束超声声能、微波能发射到液面并反射回来所需的时间来确定液体的液位(如反射式)；

　　(6)伽马射线液位测量原理。利用液体处在射级源和检测器之间时吸收伽马射线的原理测量液体的液位(如辐射式)；

　　(7)电容液位测量原理。通过检测液体两侧两个电极间的电容来测量液体的液位(如电容式)；

　　(8)电导液位测量原理。通过检测被液体隔离的两个电极间的电阻来测量导电液体的液位(如电导式)。

二、计量性能要求

1. 示值误差

液位计示值的最大允许误差有两种表示方式：

(1) 示值的最大允许误差为 $\pm(a\%FS+b)$

其中：a 可以是 0.02、(0.03)、0.05、0.1、0.2、0.5、2.0、2.5；

  FS 为液位计的位量程，cm 或 mm；

  b 为数字指示液位计的分辨力，cm 或 mm。模拟指示液位计 $b=0$；

(2) 示值的最大允许误差为 $\pm N$

其中：N 为直接用长度单位表示的最大允许误差，cm 或 mm。

2. 回差

液位计的回差应不超过示值最大允许误差绝对值。其中，反射式和压力式液位计的回差应不超过示值最大允许误差绝对值的二分之一。

3. 稳定性

具有电源供电的液位计连续工作 24h，示值误差仍符合要求。

4. 液位信号输出误差

具有变送器功能的液位计，输出误差应不超过输出量程的 $\pm c\%$。

其中：c 可以是 0.2、0.5、1.0、1.5、2.0、2.5。

5. 设定点误差

具有位式控制的液位计，其设定点误差限为 $\pm\alpha'\%FS$（或 $\pm N'$）。

其中：α' 可以是 0.1、0.2、0.5、1.0、1.5、2.0、2.5；

  N' 为直接用长度单位表示的设定点误差限，cm 或 mm。

6. 切换差

具有位式控制的液位计，切换差应不超过设定点误差限绝对值的 2 倍。

三、几种液位计简介

1. 1151 电容式油罐计量系统

1151 电容式油罐计量系统由引压系统、传感器、信号转换接口电路和控制计算机等组成。计量系统的引压方式分为直接引压方式和间接引压方式，直接引压式又分为无隔离液和有隔离液两种。该系统主要用于立式储罐内黏度不大于 $20\times10^{-6}\mathrm{m^2/s}$ 液体的计量。

电容式差压变送器，主要由测量室、测量膜片和固定极板组成。测量膜片把测量室分隔成左右两室，即高压室和低压室，两室的空腔中充满灌充液。高压室经灌充液和隔离膜片用引压管同油罐底部连接，低压室经灌充液和隔离膜片用引压管同油罐顶部连接。当油罐内介质压力通过隔离膜片、灌充液传至中间的测量膜片，测量膜片受压而发生位移，其位移量与差压成正比，测量膜片的位移由其两侧的固定极板检测出来，这是两边差动电容的值发生变化，这个变化量被转换成 4~20mA 的直流输出信号。

2. 浮子式钢带液位计

浮子式钢带液位计主要由检测部分(浮子及导向钢丝)、传送部分(穿孔钢带及滑轮组)和指示部分(恒力盘簧、链轮、钢带及收、放轮和盘簧轮)组成。浮子为扁平柱形，采用导向钢丝由弹簧张紧器紧固在油罐内，当液位变化时，浮子在两导向钢丝之间滑动，具有抗扰性、平稳、可靠、灵敏。

浮子所受的浮力 F，重力 W，以及恒力弹簧提供的拉力 P，这三个力的合力为零，浮子呈静止状态。即：

$$F + W + P = 0 \qquad\qquad (12-1)$$

当被测罐内的液位上升时，浮子导向钢丝向上运动，带动穿孔钢带向右运动，钢带张力减小，这时恒力弹簧按顺时针方向转动，将穿孔钢带卷绕在钢带收、放轮上。钢带上因冲有等距离的、准确度很高的小孔，它精确地与链轮相啮合，并带动链轮转动，驱动计数器计数，显示新的液位，同时输出角位移量作为远传信号。

3. 油罐雷达液位计

雷达液位计最近些年来推出的一种新型的油罐液位测量仪表，其特点是采用了全固体状的雷达测距技术，整个仪表无移动部件，无任何零件与油罐内的介质接触，控制单元采用了数字处理技术，测量准确度高，很易扩展到油罐的监控系统。维护保养的工作量很少。

雷达液位计分天线单元和控制单元两部分。

（1）天线单元。天线单元采用的是多点发射源（平板天线技术），与单点发射源相比，其优点由于测量基于一个平面，而不再基于一个确定的点，使得雷达液位计的测量准确性满量程时，仍可达到±1mm。

（2）控制单元。控制单元安装在地面，它包括一个就地的液晶显示指示和一个手执通讯器接口使用的光连接器，这样操作人员无须上罐即可读数。控制单元采用了模块化设计，可以根据现场的工艺要求切入温度（点温或平均温度）、压力、密度及水位测量的卡件，这样可以在一台雷达式液位计上完成罐内液位、水位、密度和温度的全部准确测量。

4. 光导式液位计

光导式液位计在钢带式液位计的基础上运用了光导技术，使其适用于任何防爆区域。

光导式液位计采用钢带式液位计的机械检测部分作为一次仪表，信号传输转换部分有投光光纤、受光光纤和安装于罐下的光电变换器，在控制室装有计算机、光发射器和光接收器等。

当罐内液位发生变化时，钢带随浮子上下移动。由于钢带上冲有小孔，光源由控制室发出后，经过投光光纤传输到罐下部的光机变换器，穿孔的钢带处于通光或不通光的状态，因而在受光回路中产生了相应的脉冲信号，完成了机械位移到光信号的转换。在光机变换器中有一反向膜片，受光光纤通过反射膜片将光脉冲信号传输到控制室中的光接收器。在光脉冲的照射下，光敏管产生脉冲电流，完成了从光到电的转换过程。计算机根据发回的脉冲信号进行数据处理，从而显示罐内液位的数字。

光导式液位计具有抗磁场干扰和雷电干扰，罐区内可以不带电进场，因而消除了在含可燃混合气体的区域可能造成的产生电火花的危险性。这种光导技术能量消耗极低，传输距离远，并且节约了大量金属导线，该测量系统确属目前油库较理想的技术装备。

5. 伺服式液位计

伺服液位计是20世纪50年代出现的液位测量仪表。随着电子技术的飞速发展，该产品现已发展到第六代产品，出现了满足计量交接要求级的产品。伺服液位计在轻质油、化工产品、液化石油气、天然气方面应用得比较广泛。

一般结构主要有接线端室、鼓室和电气单元室。在电气单元室内可以根据要求，分别插入点温、平均温度、压力、密度等测量卡件，实现罐内液位、油水界面、温度和密度的准确测量。

浮子由一根强度和柔性很高的钢丝悬挂于测量鼓上。浮子的密度大于被测液体的密度，浮子的一部分浸没于被测液体中，根据阿基米德浮力原理，浮子受到一个向上正好等于浮子所排开液体重量的浮力。

浮子所受到向上的拉力既钢丝上的张力等于浮子重量减去它所受向上的浮力，根据杠杆滑轮原理，钢丝上的张力直接被传到高准确度的力传感器上。一般情况下，浮子平衡在液面上，其所受的拉力被设定于伺服机构的控制器中。力传感器不断地测量钢丝上的张力。当液位下降时浮子失去向上的浮力，则力传感器测到的张力增加，力传感器和伺服控制器进行力的比较，使伺服马达带动测量鼓放下测量钢丝、浮子去追踪液位，直到浮子所受的拉力即钢丝上的张力等于力传感器设定的拉力。相反，当液位上升时，这个过程相反。

测量油水界面时，只要将伺服机构控制器中拉力的设定值减小，浮子测会自动地从液位下降至油水界面。

测量密度时，伺服式液位计会自动地根据当地液位，命令浮子分10点浸入液下，测得各点的密度和平均密度。

第二节　衡器计量

衡器是利用被称物的重力来确定该物体的质量或作为质量函数的其他量值、数量、参数及特性的计量仪器。

一、衡器的分类

衡器的分类都是依据衡器的某一特征而进行的。依据的特征不同，分类的方法也不同。按结构原理可分为三类。即①机械秤，包括杠杆秤、弹簧秤等；②电子秤，包括电子计价秤、电子吊秤、电子汽车衡、电子轨道衡、电子皮带秤等；③机电秤，包括机电两用秤、光栅秤等。按用途分类，可分成商用秤、工业秤。按操作方式分类，可分为自动秤和非自动秤。

二、称量原理

在衡器上被称物体的重力与已知质量的标准砝码的重力进行比较的过程称为称量。称量的原理一般可分为四种：杠杆原理、传感原理、弹性原理及液压原理。

1. 杠杆原理

杠杆是一种在外力作用下，绕固定轴转动的机械装置。平衡时，作用在杠杆上的所有外力矩之和为零。秤就是根据该原理制成的计量器具。

2. 传感原理

以电阻应变式称重传感器为例，它由电阻应变计、弹性体和某些附件组成。当被称量物体或标准砝码在质量作用的传感器上时，弹性体产生形变，应变计的电阻就发生变化，并通过电轿产生一定的输出信号，从而可以进行比较和衡量。这种用称重传感器制成的质量比较仪，其计量不确定度(σ)已达$(2\sim5)\times10^{-7}$，而且操作方便，具有很多优于常规的功能。

3. 弹性原件变形原理

在重力作用下，有可能将弹簧拉长变形。按照弹簧变形的大小，就可以判定出作用力、重力的大小。各种扭力天平和弹簧秤都是根据这个原理制造的。

4. 液压原理

根据帕斯卡原理，加在容器液体上的压强，能够按照原来的大小由液体向各个方向传递。液压秤就是根据这一原理制成的。

三、衡器的计量性能和准确度等级划分

1. 衡器的计量性能

衡器必须具备以下 4 种计量性能。

1）稳定性

衡器的稳定性是指衡器的平衡状态被扰动后，能自动恢复或保持原来平衡位置的性能。衡器的稳定性可用稳定度来表示。稳定度(Stability)是指在规定的工作条件内，衡器的平衡位置(示值)及某些性能随时间保持不变的能力。

2）灵敏性

衡器的灵敏性是指衡器的示值对被测质量微小变化作出反应的特征。衡器的灵敏性可用灵敏度来表示。灵敏度(Sensitivity)是指表示衡器对被测质量变化的反应能力。对于给定的被测质量值的灵敏度 K，可以表示为被观察变量 L 的变化值 ΔL 被测质量 m 相应变化值 Δm 之比，即

$$K = \frac{\Delta L}{\Delta m} \qquad (12-2)$$

3）正确性

衡器的正确性指衡器对力的传递与转换系统准确可靠的特征。

4）重复性

衡器的重复性是指衡器在相同条件下，以一致的方式对同一被测质量进行连续多次称量时，其称量结果的一致性。

2. 非自动衡器准确度等级划分

秤的准确度等级划分原则：主要基于两个参数，即分度数和分度值，分度值越小，分度数越多，则秤的准确度也越高。

非自动秤划分为三个等级即高准确度等级、中准确度等级和普通准确度等级。高准确度等级秤用来称量贵重物品和作标准用；中准确度等级秤一般用于贸易结算；普通准确度等级秤适用于称量低值物品。

划分秤准确度级别的基础之一是分度值 d，因此允许误差以分度值 d 的倍数给出。

四、台秤

在机械杠杆式衡器中使用最多的是台秤。台秤是一种不等臂杠杆秤，用来衡量较重的物体。可根据需要移动使用地点，通常把台秤和案秤统称为移动式杠杆秤。台秤使用范围非常广泛，工业、农业、商业、交通和国防科研等部门都要用到台秤。台秤分为增砣游砣式台秤和字盘式台秤两大类，其中前者在我国使用最为广泛。

台秤是一种不等臂秤。它由杠杆系统、承重装置、读数装置、支撑机构四部分组成。

台秤的杠杆是由第一类杠杆和第二类杠杆组成的，其工作原理和力的传递，它有一个长杠杆和一个短杠杆，短杠杆是通过一个连接环连接起来的。杠杆又通过一个连杠与横梁连接起来，这样就组成了一个杠杆结构。力的传递原理是：当台板有重物时，被称为物体的重量，通过杠杆臂比传递到横梁重点刀上，该重量与增砣重量使横梁平衡，由已知增砣重量可测量物体质量。

增砣是砝码的一种，相当于五等砝码，是杠杆秤的重要组成部分，它起着扩散称量的作用。其质量的正确与否直接影响到计量准确性。增砣的自身误差在称量过程中，扩大了相当于总传力比 M 的倍数而加到系统误差中去，因此增砣的准确性直接影响秤的正确性。

五、电子衡器

凡是利用力-电变换原理，将被衡量物体的重力所引起的某种机械位移转化为电信号，并以此来确定该物质质量的衡量仪器，统称为电子衡器。

电子衡器可归纳为两大类型，一类是在机械杠杆的基础上，增加一套位移-数字转换和电子测量装置，使物体的质量直接由数字显示出来，常被采用的转换装置有光栅、码盘、电磁平衡的力矩器或同步器等，这种衡器被人们称之为机电式电子衡器；另一类电子衡器是通过某种传感器，把重力直接转换为与被测重物成正比的电量，再由电子测量装置测出电量大小，然后通过力-电之间的对应关系显示出被称量物体的质量，称为传感式电子衡器。而传感式电子衡器。而传感式电子衡器又分为两种：一种是全感式的称重系统，它是有一个或几个传感器直接支撑被称量物体的一种称量系统；另一种是通过杠杆把被称量物体的重力传递给传感器，实际上是杠杆和传感器并用的一种称量系统。

电子衡器与机械衡器相比，称量方便，称量值转化为电信号后可以远距离传输，便于集中控制和实现生产过程自动化控制。特别是传感式电子秤，它反应速度快，可提高称量效率。传感式电子秤结构简单、体积小、重量轻，因而受安装地点限制小。传感器可做成密封型的，从而有良好的防潮、防腐蚀性能，能在机械式杠杆和机电式电子秤无法工作的恶劣环境下工作。传感式电子秤没有杠杆、刀和刀承，具有机械磨损小、寿命长、稳定性好等优点，减轻了维护与保养等方面的工作。

1. 电子衡器的组成

无论是机电式的电子衡器还是传感器式的电子衡器，它们都由以下四个部分组成。

1）承重和传力机构

承重和传力机构是将被称物体所产生的重力传递给力-电转换单元的全部机械系统。一般包括承重台面或叫载荷接受器、秤桥结构、吊挂连接部件及限位减振机构等。

2）力-电转换元件

一般称为一次仪表或一次转换元件，它可以将作用于该元件上的非电量(重力)按一定的函数关系(通常是线性的)转换为电量(电压、电流、频率等)输出。对机电式电子衡来说力-电转换元件就是光栅、码盘等，对传感式衡器来说力-电转换元件就是各种称重传感器。

3）测量显示部分

一般这部分习惯上称为称重显示仪表或二次仪表，它用于测量一次转换元件输出的电信号值，并以模拟方式或数字方式把重物的量值显示出来。为提高测量的准确度，加快称量速度，在显示仪表中已广泛采用微处理机和小型电子计算机，提高了电子衡器的自动化程度。

4）电源

指给称重传感器测量桥路供电的高稳定度的激励电源，它可以是交流或直流的稳压电源，也可以是稳流电源。

2. 称重传感器

1）称重传感器的种类及特点

根据力-电变换的工作原理不同，称重传感器主要有：电阻应变式、电感式、电容式、电磁式、压电式和振频式等。其中使用最广泛的是电阻应变式称重传感器，具有以下优点：

(1）结构简单体积小；

(2）线性重复性好，滞后小，其综合相对准确度可高达 0.015%；

(3）工作可靠，长期稳定性好；

（4）可以做成拉、压两种，且受拉和受压的输出特性对称性好；

（5）有互换性，使用维修方便，易于和电子测量仪表匹配；

（6）寿命长，灵敏度高；

（7）频率响应好，能用于动态测量。

2）电阻应变式称重传感器的工作原理

电阻应变式称重传感器是将重力转换成应变量，然后通过电阻应变片将应变量转换成电阻的相对变化量。为了便于测量，还需要通过电桥将电阻的相对变化量转换成电压。电阻应变式称重传感器通常由弹性元件、电阻应变片和测量桥路组成。

（1）弹性元件的工作原理。弹性元件是传感器中最基本的敏感元件，它是利用金属材料的应力-应变效应进行工作的，其工作原理与弹簧秤、百分表达式测力计中的弹性元件相同，只不过其变形大小有所不同而已。

（2）电阻应变片的工作原理。电阻应变片是传感器中关键的传感元件，它是利用应变-电阻效应进行工作的，应变片粘贴在弹性元件上，弹性元件受力变形传给应变片，使其阻值发生相应变化，把所称的物体重量转换成相应的阻值变化量。

（3）测量电桥的工作原理。称重传感器通过弹性元件、电阻应变片桥路将重力或质量变换为电阻的相对变化，进而把它转换成电流或电压，使非电量变为电量，从而达到利用电测量仪表进行测量的目的。实现这一种转换最常用的方法是电桥测量法。传感器用的测量电桥一般为惠斯登电桥，或叫四臂直流电桥。

3. 称重显示控制仪表

称重显示仪表和称重传感器一样，是电子衡器不可缺少的组成部分，它的误差会直接反映到称重物体的称量结果中，所以应当选用与电子衡器准确度要求相当的显示控制仪表。

当前，微处理机已大量普及，功能完善的带微型计算机的称重显示仪表已被广泛应用。应用微处理机后，可以根据预先编制好的程序对称重过程进行处理和控制，完成对仪表的自动校准、自动零点跟踪、自动量程转换、自动逻辑判断、自动存取并更改调节值，还能对采集的数据进行判断、处理，并根据给定的数学模型进行计算，对测试结果进行修正，自动求得诸如总量、皮重、净重，并能显示单价、车号、日期等。特别是应用微处理机可实现动态称重过程中的实时分析和数据处理。所以，微处理机已使电子衡器的功能得以扩展，称量准确度得以改善，并能满足国际建议规定的有关要求，适应多种称重场合的需要。

1）微机化称重显示控制仪表

它由运算器和控制器两部分组成，以 CPU 为例，中心配以存储器和接口电路与称重传感器、模数转换器、数字显示器、打印机等，构成一个完整的电子称量系统，由称重传感器输出的模拟信号，经放大并通过模数转换器转换成数字信号送至 CPU 的运算器。在控制器的控制下，运算器对输入的数字信号快速地进行运算和逻辑判别等，以实现存储器内事先编好的称重程序、修正程序、逻辑判别程序、数字滤波程序、数据处理程序等，最终完成特定要求的称重过程。

微机化称重显示仪表有如下特点：

（1）仪表体积小、元件少、重量轻、功能多；

（2）微机运算速度快，数据处理功能强，适宜动态计量中实时信号处理；

（3）采用数字滤波程序提高了仪表的抗干扰能力；

（4）具有去皮、定值控制、累加、自动调零、自动补偿、按各种数字模型进行数据处理等功能；

（5）远距离传输时可采用具有光电耦合器进行隔离的 ASC Ⅱ 代码的电流环输出，使信息可传输至 2000m，传输速率可根据终端设备情况选择：

（6）实现仪表自检、自修、自诊断功能。

2）称重显示控制仪表的基本功能

（1）自检功能。它可使各种数码管字段、最大称量、分度值等内容，逐一依次显示出来，表明仪表工作程序正常。

（2）置零功能。一般有开机自动置零和手动置零两种方式。

（3）零点自动跟踪功能。主要用于清除称重过程中零点缓慢变化的影响。

（4）去皮功能。

（5）显示功能。一般应能显示自校、零位、毛重、净重等，有的还能显示时间、年、月、日、车号、货号及累加值等。

（6）改变满度功能。通常是通过仪表内部 DIP 预置开头改变同一量程的分度数来完成，以满足各种电子衡器在调试、检定使用等不同情况的需要。

（7）校准功能。有的采用硬件方法，有的采用软件方法，它们依据标准砝码质量来改变仪表灵敏度，从而修正不同工作地点和条件等差异所产生的影响。软件校准的方法比硬件校准的方法更具有操作简单等优点。

（8）过载显示或报警功能。它可以及时提醒人们使衡器脱出过载状态，保证衡器的正常完成。

4. 电子轨道衡

电子轨道衡是用于铁路各种车辆及对其载重物理学体进行静态或运态称量的装置。它能在货车联挂并以一定运行速度通过秤台时，自动称出每节货车的质量，并自动显示和打印质量数据和货车序号，也可累积总质量。同时可将信息传输给处理机，经集中处理后，供综合管理和运销指挥作用。由于它的称重速度快、效率高，不仅可以减少车辆的占用时间，提高车辆周转率，而且可以减少操作人员、减轻劳动强度。

在保证动态称量准确的前提下，动态轨道衡计量准确度一般为 1%~0.2%，静态计量准确度一般为 0.2%。在动态时每称一节车皮需要时间最多 17s，静态电子轨道衡则需要时间 2~3min，两者相差近 10 倍。因此动态轨道衡应用得到了较快地发展。

电子轨道衡在称量货车的同时，也可用于检查货车是否偏载。当偏载严重时能及时发出报警信号，确保铁路运输安全，防止因偏载造成出轨等事故。

1）电子轨道衡的基本结构

电子轨道衡由秤台系统(包括主梁、高度调节器和限位器)、称重传感器、测量和数据处理系统三大部分组成。此外，还有将列车引向电子轨道衡的引轨部分，其中显示和数据处理系统在操作室内。

电子轨道衡的秤台上铺有铁钢轨(秤台面或称量轨)，它与铁路相通，在台面下边装有称重传感器，当列车通过台面时，每节货车的质量或每对车轮的压力由台面轨主梁传递给作为秤台支撑点的 4 个传感器。传感器将其所感受的重力转换成电压信号送到数据处理系统。

引轨线路是段平直的高质铁路，列车在通过这段路后，原有的振动得以平息，并且不再产生新的大幅度振动，从而使车辆能平稳地通过轨道衡台面。

数据处理系统一般包括输入调零装置、模数转换器、运算电路、逻辑控制电路、质量数字显示器与数字记录等单元。

功能齐备的动态电子轨道衡还应有一套完整的控制电路。例如：利用轨道衡开关(接近开关、光电开关或软件开关)信号，区分每一节车和车轴，识别属于同一转向架的两车轴。从而控制整个测量系统对质量信号适时进行采样，并实施正确处理，得到各节车的质量数据，同时还能自动辨别列车行进方向，识别机车、守车和其他非标准车辆，并能控制数字记录仪器记录称重日期、时间、车序号、轴重、转向架重、偏载等。对超重和偏载严重的车或车轴作出标记(如用高压油漆喷轮)；还能测量列车通过轨道衡时的速度，当超速时自动报警，并在所记录的相应列车质量数据上作出标记。在需要时还可采用闭路电视进行遥测、遥控和远程监视。

2) 电子轨道衡的分类

(1) 按使用状态分类。电子轨道衡按使用状态分类，可分为静态称量和动态称量。

静态称量轨道衡即被称车辆在轨道衡上静止摘钩称量，此时线路对车辆状态对轨道衡的影响较小。

动态称量轨道衡即被称车辆以额定车速通过轨道衡时，连续自动称量。

本章重点介绍动态电子轨道衡。

(2) 按计量方式分类。电子轨道衡按计量方式分类，可分为转向架计量、轴计量和整车计量等方式。

转向架计量方式即四轴车分为两次称量，每次称量一个转向架重量，两次累加得到整车重量。

轴计量方式即四轴分成 4 次称量，每次称量一个轴，4 次累加得到整车重量。

整车计量方式即每次在称量台面上称量的是整节车辆，台面形式可分为两种：

单台面整车计量：即由单个台面一次称量出每节被称车辆的整车重量。

双台面整车计量：即由两个独立台面分别同时称量一节四轴车前后两个转向架的重量，在测量仪表中得到两个转向架累加重量信号，即为整车重量。

(3) 按用途分类

① 通用型。其轨距皆为 1435mm，称量轨为重轨。根据被称量物的不同可分为固态和液态两种。

固态计量：主要以计量大宗散装固态货物为主的轨道衡。

液态计量：主要以计量液态货物为主的轨道衡。

② 使用各种专用场合的轨道衡。如多路定量控制装料轨道衡、窄轨矿车衡、铁水衡、钢锭衡等。

3) 电子轨道组成部件

(1) 主梁。主梁是直接承受车辆重量的部件，必须要有足够的强度。

(2) 称重传感器。称重传感器是主梁的着力点，是轨道衡的心脏。

(3) 限位器。限位器是对机械台面起限位作用的阻尼元件。

(4) 休止装置(升降主梁装置)。轨道衡在使用时，如遇传感器损坏则需要更新传感器，就必须顶起主梁，使主梁不再压在传感器上，而休止装置就起到一个千斤顶的作用。

(5) 过渡器。过渡器的作用是为了减少称重时由线路震动所造成的误差，它使车辆旱灾入台面前由各种因素造成的振动减至最小。

(6) 底座与垫铁。底座是用型钢焊接而成的框架，焊接后整体退火经过精加工而成，保证长期使用不变形。称重台面的所有部件都安装在这一底座上。

（7）防爬器。防爬器安装在轨道衡两端整体道床的铁路线上，防止铁轨由于热胀将轨道衡台面板伸长。

（8）称重显示仪表。

4）电子轨道衡的计量方法

我国铁路车辆的形式一般是承载车体的车架落在前后两个转向架上，每个转向架有两根车辆对应两组车轮，整个车辆的重量通过 4 根车轴上的 4 对车轮，即 8 个车轮传递到钢轨上，因此电子轨道衡的计量方法有轴计量、转向架计量和整车计量等多种形式。

（1）轴计量方式。轴计量方式的电子轨道衡，每次称量一根车轴对应一组车轮的重量，然后将每节车辆 4 根车轴对应 4 组车轮的重量相加起来，得到每节车辆的重量。

（2）转向架计量方法。转向架计量方法的电子轨道衡，每次称量一个转向架对应两组车轮的重量，然后将每节车辆前后两个两个转向架对应 4 组车轮的重量相加起来，得到每节车辆的重量。

（3）整车计算方法。整车计量方式的电子轨道衡，每次称量一节车辆的重量。采用整车计量方法的电子轨道衡的台面长度应大于车辆前后轮之间的距离，小于车辆总长度加上前后相邻车辆转向架的一半。

5. 电子汽车衡

电子汽车衡是一种较大的电子平台秤。由于采用称重传感器，代替了笨重而庞大的承重杠杆结构，克服了机械地中衡必须深挖地坑的作法，而可做成无基坑或浅基坑的结构，同时还可以根据需要设置一些现代管理和贸易结算等功能（如：采用微型计算机进行数据处理），极大地扩展了工作范围，改善了劳动条件，提高了工作效率和经济效益。目前，我国制造电子汽车衡还没有统一设计，都是各自选用不同的称重传感器与称重显示控制仪表组合而成，但是它们的工作原理基本是一致的。下面以 HCS 系列无基坑电子汽车衡为例进行介绍。

1）结构

HCS 系统电子汽车衡由秤体、4~6 个称重传感器以及称重显示控制仪表等组成基本系统，还可配装数字输出接口部件、打印机等。

（1）秤体。秤体是汽车衡的主要承载部件。HCS 系列电子汽车衡的秤体为钢框架结构，它具有足够的强度和刚度，较高的自振频率以及良好的稳定性。由于自身较重，可给称重传感器一定的预压力，以改善称重传感器的工作性能。在秤体的两端设置了两组限位装置，使前后左右四个方位得到了控制，减少了秤体的位移，使秤体均在地面之上，汽车进出秤的承重台需要经过一定长度的引坡。在坡度下一定的条件下，引坡越短越好，因此，就要求承重台台面距地面的高度要小。秤体两端辅设的引坡，可因地制宜地将引坡做成混凝土结构，也可做成钢结构。

（2）称重传感器。HCS 系列电子汽车衡采用 4~6 个 SB 型称重传感器，其结构为剪切型悬臂梁式。具有结构简单、稳定性可靠、灵敏度高、输出信号大、安装方便、抗侧向力强等特点。它的抗冲击与振动的性能也很好，而且弹性体经镀镍和密封处理，足以适应工业环境使用。

（3）称重显示控制仪表

HCS 系列电子汽车衡采用 8142 系统称重显示仪表。它有 3 种显示形式，即单显示、双显示和多功能型。单显示仪表只能显示毛重、皮重和净重；双显示仪表可用 6 位仪表数字显示毛重、皮重和净重，还可显示时间、日期、标识号、序号等；多功能显示仪表还可显示预置重量值。仪表外壳结构有台式、柜式、墙式。

2）传力机构

电子汽车衡的传力机构在载荷的传递过程中起着重要作用。一般说来，电子汽车衡的传力机构应满足以下要求：

（1）使称重台的水平方向上能进行一定范围内的自由摆动；

（2）在水平外力消失后，能使承重台较快地恢复平衡；

（3）能经受汽车在承重台上的制动冲击和快速通过；

（4）能经受较大的环境温度的变化。

3）工作原理

HCS 系列电子汽车衡的工作原理是当称重物体或载重汽车停放在秤台上，载荷通过秤体将重量传递给称重传感器，使其弹性体产生变形，于是粘贴在弹性体上的电阻应变计产生应变，应变计连接成的桥路失去平衡，从而产生了电信号。该电信号的大小与物体的重量成正比，在最大称量时通常为 20～30mV。该信号经前置放大器放大，再经二级滤波器滤波后，加到模数转换器将模拟量变成数字量，再由 CPU 微处理器进行处理后，使显示器显示出物体的重量。

习　题

一、填空题

1. 液位计是工业过程测量和控制系统中用以_____和_____的自动化仪表。

2. 液位计的自动监测功能包括：实时_____监测、实时_____监测、实时_____监测、实时_____监测。

3. 液位计的自动报警功能包括：油品_____报警、油品_____报警、油品_____报警、_____报警。

4. 液位计按功能可分为_____式和_____式两大类。

5. 远传式液位计通常将现场的_____状况转换成_____传递到需要_____的场所。

6. 液位计通常由_____、_____和_____三部分组成。

7. 浮子液位测量原理是通过检测浮子的_____来测量液位，浮子的_____可以用机械、磁性、_____、超声、_____等方法检测。

8. 液位计的计量性能要求主要指：_____、回差、_____、液位信号输出误差、设定点误差、_____。

9. 衡器按用途分类，可分成_____秤、工业秤。按操作方式分类，可分为_____秤和非自动秤。

10. 杠杆是一种在_____作用下，绕固定轴转动的_____装置。

11. 根据帕斯卡原理，加在容器液体上的压强，能够按照原来的_____由液体向各个方向_____。

12. 秤的准确度等级划分原则：_____值越小，分度数越多，则秤的_____度也越高。

13. 传感式电子秤没有_____、刀和刀承，具有机械磨损小、_____长、_____性好等优点。

14. 电子轨道衡按计量方式分类，可分为_____计量、轴计量和_____计量等方式。

二、判断题（答案正确的打√，答案错误的打×）

1. 液位计的回差应不超过示值最大允许误差绝对值。 （　　）
2. 稳定性具有电源供电的液位计连续工作 24h，示值误差仍符合要求。 （　　）
3. 在机械杠杆的基础上，增加一套位移数字转换和电子测量装置为机电式电子衡器。
（　　）
4. 电阻应变式称重传感器是将容量转换成应变量。 （　　）

三、问答题

1. 什么是液位计？包括哪些类型？主要组成部分有哪些？分别按哪几种工作原理制成？
2. 液位计有哪几项计量性能要求？
3. 试述 1151 电容式油罐计量系统差压式变送器工作原理？
4. 浮子式钢带液位计由哪几部分组成？
5. 雷达液位计分为哪两大单元？
6. 光导式液位计有何特点？
7. 试述伺服式液位计工作原理。
8. 什么是衡器？怎样分类？
9. 衡器分别根据哪些工作原理制成？
10. 衡器的计量性能包括哪几种？
11. 试述台秤的工作原理和组成。
12. 电子衡器有哪两大类型？怎样组成？
13. 电子轨道衡的作用是什么？包括哪些部位？

习题答案(计算题部分)

第五章

1. 2.3L、0.231%、0.230%、−2.3L
2. −4L、4L、0.402%、0.400%
3. 34.5℃
4. 0.3℃
5. 0.8360g/cm^3
6. 0.7313 g/cm^3
7. 3500mm
8. 15011mm
9. 36.3、39.4、28.2、32.4、28.5、32.3
10. 18564、237、338、66542、−16
11. 3σ_1=0.410、3σ_2=3×0.016=0.048

第六章

1. H_a=2669mm、V_a=50270.3L
2. H_a=10890mm、V_a=1967237L

第七章

1. 1055mm
2. X=8.24、Y=7.00

第八章

1. ① 23607L、② 47292L、③ 51110L
2. ① 23288L、② 21104L、③ 21866L
3. ① 4953L、② 6099L
4. ① 4692L、② 5859L
5. 5818L
6. ① 158912L、② 255368L、③ 1829957L
7. ① 172352L、② 336980L、③ 1378483L
8. ① 625393L、② 297630L、③ 在第二区间不能计算。
9. ① 1303811L、② 703046L、③ 984930L
10. ① 60895L、② 62575L、③ 54362L、④ 49826L、⑤ 71500L
11. ① 62070L、② 53146L、③ 49677L、④ 59935L、⑤ 72837L
12. 73488L
13. 258.407m^3

第九章

1. ① 0.7100 g/cm^3、② 0.7381 g/cm^3、③ 0.7359 g/cm^3、④ 0.8204 g/cm^3、
   ⑤ 0.7369 g/cm^3、⑥ 0.7316 g/cm^3、⑦ 0.8346 g/cm^3、⑧ 0.7163 g/cm^3、

⑨ 0.8315 g/cm³、⑩ 0.8267 g/cm³、⑪ 0.8327 g/cm³、⑫ 0.7157 g/cm³。

2. ① (1) 1.00626、(2) 1.00280、(3) 0.99654、(4) 1.00346、(5) 0.99244

   ② (1) 1.00684、388104L；(2) 1.00374、386909L；(3) $VCF=1.00000$、385467L；

     (4) 0.99406、383177L；(5) 0.99376、383062L

   ③ (1) 1.01487、504118.4L、420183kg；(2) 1.01467、504019.0L、420100kg；

     (3) 1.00570、499563L、416385kg；(4) 1.00787、500641.3L、417286kg；

     (5) 1.01127、502330L、418692kg

3. ① 0.7197g/cm³、(1) 1.00572、(2) 1.00412、(3) 0.99618、(4) 0.99458、(5) 0.99328

   ② 0.7353g/cm³、(1) 1.00524、(2) 0.99846、(3) 0.99566

   ③ 0.7209g/cm³、(1) 1.00606、(2) 1.00256、(3) 0.99744

   ④ 0.8354g/cm³、(1) 1.01463、393158L；(2) 1.01163、391995L；(3) 1.00933、391104L

   ⑤ 0.8241g/cm³、(1) $VCF=1.01390$、55472.5L、45654kg；

     (2) 1.01330、55439.7L、45627kg；(3) 1.01500、55532.7L、45703kg

4. 24298kg

5. 30203kg

6. 前：128961kg 、后：364600kg 、进：235639kg

7. 2 号前：1301888kg、后：68652kg、出：1233236kg；

   1 号前：439053kg、后：1671391kg、进：1232338kg；损：898 kg

8. 39824 kg

9. 40462kg

10. 4193kg

11. 3961kg

12. 4326kg

13. 4321kg

第十章

1. 0.15%、649 kg

2. 0.11%、2 kg

3. 0.04%、2 kg

4. 0.30%、635 kg

5. 发方车：A715：38901 kg；A788：45337 kg ；6277975：51344 kg；$m_{合}$：135582 kg

   收方车：A715：38745 kg；A788：45215kg；6277975：50576 kg；$m_{合}$：134536 kg

   $m_{运定A715}=117kg$、$m_{运定A788}=136kg$、$m_{运定6277975}=154kg$、$m_{互6277975}=103kg$

损耗量 614 kg 大于互不找补量 103kg 且大于单车超耗 500 kg，应单独向发货方办索

赔 614 kg。

   $m_{运定A715、A788}=168kg$

损耗量 25 kg 小于互不找补量 168kg 不办索赔。

1 号罐

发油前：2391836kg、发油后：2256979 kg、$m_{发}$：134858 kg、

$m_{装定}=175$ kg、$m_{装溢}=724$ kg

2 号罐

收油后：1380138 kg；$m_{进}$ = 134228kg；$m_{卸定}$ = 309 kg；$m_{卸损}$ = 308 kg

收油前 ρ_{20} = 0.7226g/cm³

H_a = 10582mm、收油后高度 10575mm，没有超过安全高度。

6. 发货方：发货前：$H_{油}$ = 9187 mm，$\rho'2.4$ = 0.8456 g/cm³，t = 2.5℃，

　　　　　发货后：$H_{油}$ = 7935 mm，$\rho'2.1$ = 0.8459 g/cm³，t = 2.7℃，

　　　收货方：收货前：$H_{总}$ = 1801 mm，$H_{水}$ = 79 mm，$\rho'2.0$ = 0.8429 g/cm³，

　　　　　　　　t_y = 2.7℃，t_g = 2.5℃

　　　　　　收货后：$H_{总}$ = 2367 mm，$H_{水}$ = 80 mm，$\rho'3.8$ = 0.8424 g/cm³，

　　　　　　　　t_y = 3.5℃，t_g = 3.1℃

发货方：发货前：（2 号罐）1402418kg、发货后：（2 号罐）1211562 kg、

　　　$m_{出}$ = 190856kg、$m_{装定}$ = 19 kg、$m_{发}$ = 190837kg

收货方：收货前：（1 号罐）554282 kg、收货后：（1 号罐）744275kg、

　　　$m_{进}$ = 744275−554282 = 189993 kg、$m_{运定}$ = 286 kg、$m_{卸定}$ = 95 kg、

　　　$m_{互}$ = 573 kg、$m_{实}$ = 190374kg、$m_{损}$ = 463 kg、不向发货方索赔。

7. V_{20}：5991L、加油站负担：12L、承运方负担：7L

第十一章

1. 2802kg

2. 5935L

3. 42248kg

4. 9571L

5. 3907L

6. 83525L

7. 99.95L

8. 加油机的体积相对误差分别是：E_{V1}：0.08%、E_{V2}：0.07%、E_{V3}：0.08%；
最大误差和重复性误差均未超过基本误差限规定。

教 学 用 表

浮顶罐容积表

罐号:1

高度/m	容积/L	高度/m	容积/L	高度/m	容积/L	高度/m	容积/L
0.000	3214	4.000	1595033	8.200	3263398	12.500	4970378
0.079	36570	4.100	1634779	8.300	3303091	12.600	5010077
0.100	44912	4.200	1674526	8.400	3342783	12.671	5038263
0.200	84638	4.300	1714272	8.500	3382476	12.700	5049772
0.300	124364	4.400	1754019	8.600	3422168	12.800	5089457
0.400	164106	4.500	1793765	8.700	3461860	12.900	5129143
0.500	203848	4.600	1833512	8.800	3501553	13.000	5168828
0.600	243591	4.700	1873258	8.900	3541245	13.100	5208514
0.700	283333	4.764	1898696	9.000	3580938	13.200	5248199
0.800	323075	4.800	1913000	9.100	3620630	13.300	5287884
0.900	362817	4.900	1952732	9.200	3660323	13.400	5327570
1.000	402544	5.000	1992464	9.300	3700015	13.500	5367255
1.100	442270	5.100	2032197	9.400	3739708	13.600	5406941
1.200	481995	5.200	2071929	9.456	3761935	13.700	5446626
1.300	521720	5.300	2111661	9.500	3779403	13.800	5468311
1.400	561446	5.400	2151394	9.600	3819102	13.900	5525997
1.500	601171	5.500	2191126	9.700	3858801	14.000	5565682
1.555	623020	5.600	2230858	9.800	3898500	14.100	5605367
1.600	639400	5.700	2270591	9.900	3938200	14.172	5633941
1.602	639818	5.800	2310323	10.000	3977899	14.200	5645059
1.700	660321	5.900	2350056	10.100	4017598	14.300	5684767
1.706	661576	6.000	2389788	10.200	4057297	14.400	5724474
1.800	720485	6.100	2429520	10.300	4096996	14.500	5764182
1.900	760241	6.200	2469253	10.400	4136695	14.600	5803890
2.000	799996	6.247	2487927	10.500	4176395	14.700	5843597
2.100	839752	6.300	2508973	10.600	4216094	14.800	5883305
2.200	879508	6.400	2548683	10.700	4255793	14.900	5923013
2.300	919263	6.500	2588392	10.800	4295492	15.000	5962720
2.400	959019	6.600	2628102	10.900	4335191	15.100	6002428
2.500	998775	6.700	2667812	11.000	4374890	15.200	6042135
2.600	1038530	6.800	2707522	11.066	4401092	15.300	6081843
2.700	1078286	6.900	2747231	11.100	4414590	15.400	6121551
2.800	1118042	7.000	2786941	11.200	4454289	15.500	6161258
2.900	1157797	7.100	2826651	11.300	4493988	15.600	6200966
3.000	1197553	7.200	2866361	11.400	4533687	15.700	6240674
3.100	1237309	7.300	2906070	11.500	4573386	15.779	6272043
3.159	1260765	7.400	2945780	11.600	4613085	15.800	6280382
3.200	1277061	7.500	2985490	11.700	4652784	15.900	6320091
3.300	1316807	7.600	3025200	11.800	4692484	16.000	6359800
3.400	1356554	7.700	3064910	11.900	4732183	16.100	6399509
3.500	1396300	7.800	3104619	12.000	4771882	16.200	6439218
3.600	1436047	7.853	3125665	12.100	4811581	16.300	6478927
3.700	1475793	7.900	3144321	12.200	4851280	16.400	6518636
3.800	1515540	8.000	3184013	12.300	4890979	16.500	6558345
3.900	1555286	8.100	3223706	12.400	4930679	16.600	6598054

高度/m	容积/L	高度/m	容积/L	高度/m	容积/L	高度/m	容积/L
16.700	6637763	17.385	6909770	18.000	7153981	18.700	7431944
16.800	6677472	17.400	6915726	18.100	7193690	183800	7471653
16.900	6717181	17.500	6955435	18.200	7233399	18.900	7511362
17.000	6756890	17.600	6995144	18.300	7273108	18.995	7549086
17.100	6796599	17.700	7034853	18.400	7312817		
17.200	6836308	17.800	7074562	18.500	7352526		
17.300	6876017	17.900	7114272	18.600	7392235		

浮顶罐小数表

罐号：1

0.079~1.555m				3.160~4.764m			
cm	容积	mm	容积	cm	容积	mm	容积
1	3973	1	397	1	3975	1	397
2	7946	2	795	2	7949	2	795
3	11920	3	1192	3	11924	3	1192
4	15893	4	1589	4	15899	4	1590
5	19866	5	1987	5	19873	5	1987
6	23839	6	2384	6	23848	6	2385
7	27813	7	2781	7	27823	7	2782
8	31786	8	3179	8	31797	8	3180
9	35759	9	3576	9	35772	9	3577

1.556~1.602m				4.765~6.247m			
cm	容积	mm	容积	cm	容积	mm	容积
1	3504	1	350	1	3973	1	397
2	7009	2	701	2	7946	2	795
3	10513	3	1051	3	11920	3	1192
4	14018	4	1402	4	15893	4	1589
5	17522	5	1752	5	19866	5	1987
6	21027	6	2103	6	23839	6	2384
7	24531	7	2453	7	27813	7	2781
8	28036	8	2804	8	31786	8	3179
9	31540	9	3154	9	35759	9	3576

1.603~1.706m				6.248~7.853m			
cm	容积	mm	容积	cm	容积	mm	容积
1	3599	1	360	1	3971	1	397
2	7198	2	720	2	7942	2	794
3	10797	3	1080	3	11913	3	1191
4	14396	4	1440	4	15884	4	1588
5	17995	5	1800	5	19855	5	1985
6	21594	6	2159	6	23826	6	2383
7	25193	7	2519	7	27797	7	2780
8	28792	8	2879	8	31768	8	3177
9	32391	9	3239	9	35739	9	3574

1.707~3.159m				7.854~9.456m			
cm	容积	mm	容积	cm	容积	mm	容积
1	3976	1	398	1	3969	1	397
2	7951	2	795	2	7938	2	794
3	11927	3	1193	3	11908	3	1191
4	15902	4	1590	4	15877	4	1588
5	19878	5	1988	5	19846	5	1985
6	23853	6	2385	6	23815	6	2382
7	27829	7	2783	7	27785	7	2778
8	31805	8	3180	8	31754	8	3175
9	35780	9	3578	9	35723	9	3572

9.457~11.066m				14.173~15.779m			
cm	容积	mm	容积	cm	容积	mm	容积
1	3970	1	397	1	3971	1	397
2	7940	2	794	2	7942	2	794
3	11910	3	1191	3	11912	3	1191
4	15880	4	1588	4	15883	4	1588
5	19850	5	1985	5	19854	5	1985
6	23819	6	2382	6	23825	6	2382
7	27789	7	2779	7	27795	7	2780
8	31759	8	3176	8	31766	8	3177
9	35729	9	3573	9	35737	9	3574

11.067~12.671m				15.780~17.385m			
cm	容积	mm	容积	cm	容积	mm	容积
1	3970	1	397	1	3971	1	397
2	7940	2	794	2	7942	2	794
3	11910	3	1191	3	11913	3	1191
4	15880	4	1588	4	15884	4	1588
5	19850	5	1985	5	19855	5	1985
6	23819	6	2382	6	23825	6	2382
7	27789	7	2779	7	27796	7	2780
8	31759	8	3176	8	31767	8	3177
9	35729	9	3573	9	35738	9	3574

12.672~14.172m				17.386~18.995m			
cm	容积	mm	容积	cm	容积	mm	容积
1	3969	1	397	1	3971	1	397
2	7937	2	794	2	7942	2	794
3	11906	3	1191	3	11913	3	1191
4	15874	4	1587	4	15884	4	1588
5	19843	5	1984	5	19855	5	1985
6	23811	6	2381	6	23825	6	2383
7	27780	7	2778	7	27796	7	2780
8	31748	8	3175	8	31767	8	3177
9	35717	9	3572	9	35738	9	3574

浮顶罐静压力修正表

罐号:1

ΔV (dm) / m	0	1	2	3	4	5	6	7	8	9
1	21	23	25	27	29	31	34	39	46	53
2	60	67	74	81	89	96	103	110	117	124
3	131	138	147	159	171	182	194	206	218	229
4	241	253	264	276	288	300	311	323	337	355
5	372	390	408	426	443	461	479	497	514	532
6	550	567	585	606	629	652	675	699	722	745
7	768	791	814	838	861	884	907	930	954	980
8	1012	1043	1074	1105	1136	1168	1199	1230	1261	1292
9	1323	1355	1386	1417	1448	1484	1525	1566	1607	1648
10	1689	1730	1771	1812	1853	1894	1935	1976	2016	2057
11	2098	2143	2194	2245	2296	2347	2399	2450	2501	2552
12	2603	2654	2706	2757	2808	2859	2910	2965	3027	3089

ΔV m \ dm	0	1	2	3	4	5	6	7	8	9
13	3152	3214	3277	3339	3402	3464	3526	3589	3651	3714
14	3776	3839	3904	3976	4049	4121	4194	4266	4339	4411
15	4483	4556	4628	4701	4773	4846	4918	4990	5065	5148
16	5231	5314	5397	5480	5563	5646	5728	5811	5894	5977
17	6060	6143	6226	6309	6393	6487	6581	6674	6768	6861
18	6955	7048	7142	7236	7329	7423	7516	7610	7703	7797

注:① 本容积表所示容积为20℃时的容积,不在20℃时可按:$V_t = V_{20} \times [1 + 0.000036(t-20)]$计算。

② 静压力容积修正表系按水的密度计算的,使用时应先将相应的容积与罐内液体密度相乘,并将乘得的结果加入容积表所示容积内。

③ 罐大修或严重变形后应申请复检。

④ 浮顶重量为21400kg。

⑤ 罐的安全高度由使用单位自行决定。

⑥ 液高在1.600~1.800m范围内的容量值不得作计量使用。

⑦ 参照高度19.201m。

立式油罐容积表

单位: 罐号:2

高度/m	容积/L	高度/m	容积/L	高度/m	容积/L	高度/m	容积/L
0.025	2876	2.923	528771	5.800	1049103	8.700	1572244
0.100	16500	3.000	542709	5.900	1067170	8.800	1590257
0.200	34665	3.100	560809	6.000	1085237	8.900	1608269
0.300	52830	3.200	578910	6.100	1103304	9.000	1626281
0.400	70995	3.300	597010	6.200	1121371	9.100	1644294
0.500	89153	3.400	615111	6.300	1139438	9.186	1659784
0.600	107312	3.500	633211	6.400	1157505	9.200	1662302
0.700	125471	3.600	651312	6.500	1175573	9.300	1680283
0.800	143630	3.700	669412	6.600	1193640	9.400	1698265
0.900	161788	3.800	687513	6.686	1209177	9.500	1716246
1.000	179947	3.900	705613	6.700	1211703	9.600	1734228
1.100	198112	4.000	723714	6.800	1229739	9.700	1752209
1.200	216277	4.100	741814	6.900	1247775	9.800	1770191
1.300	234442	4.184	757019	7.000	1265811	9.900	1788172
1.400	252607	4.200	759911	7.100	1283847	10.000	1806154
1.463	264051	4.300	777987	7.200	1301883	10.100	1824435
1.500	270760	4.400	796064	7.300	1319920	10.156	1834205
1.600	288891	4.500	814141	7.400	1337956	10.200	1842111
1.700	307023	4.600	832217	7.500	1355992	10.300	1860081
1.800	325154	4.700	850294	7.600	1374028	10.400	1878050
1.900	343286	4.800	868371	7.700	1392064	10.500	1896020
2.000	361417	4.900	886447	7.800	1410100	10.600	1913990
2.100	379549	5.000	904524	7.900	1428137	10.700	1931959
2.200	397680	5.100	922601	7.936	1434630	10.800	1949929
2.300	415812	5.200	940677	8.000	1446158	10.900	1967898
2.400	833943	5.300	958754	8.100	1464170	11.000	1985868
2.500	452075	5.400	876831	8.200	1482182	11.100	2003838
2.600	470206	5.434	982977	8.300	1500195	11.200	2021807
2.700	788338	5.500	994901	8.400	1518207	11.300	2039777
2.800	506469	5.600	1012968	8.500	1536220	11.400	2057746
2.900	524601	5.700	1031035	8.600	1554232	11.404	2058465

计量检定部门: 测量人:

立式油罐小数表

单位：　　　　　　　　　　　　　　　　　　　　　　　　　　　容积单位:L　罐号:2

0.025~1.463m				1.464~2.923m				2.924~4.184m			
液高 cm	容积	mm	容积	液高 cm	容积	mm	容积	液高 cm	容积	mm	容积
1	1816		182	1	1813		181	1	1810		181
2	3632		363	2	3626		363	2	3620		362
3	5449		545	3	5439		544	3	5430		543
4	7265		726	4	7253		725	4	7240		724
5	9081		908	5	9066		907	5	9050		905
6	10897		1090	6	10879		1088	6	10860		1086
7	12714		1271	7	12692		1269	7	12670		1267
8	14530		1453	8	14505		1451	8	14480		1448
9	16346		1635	9	16318		1632	9	16290		1629

4.185~5.434m				5.435~6.686m				6.687~7.936m			
液高 cm	容积	mm	容积	液高 cm	容积	mm	容积	液高 cm	容积	mm	容积
1	1808		181	1	1807		181	1	1804		180
2	3615		362	2	3613		361	2	3607		361
3	5423		542	3	5420		542	3	5411		541
4	7231		723	4	7227		723	4	7214		721
5	9038		904	5	9034		903	5	9018		902
6	10846		1085	6	10840		1084	6	10822		1082
7	12654		1265	7	12647		1265	7	12625		1263
8	14461		1446	8	14454		1445	8	14429		1443
9	16269		1627	9	16260		1626	9	16233		1623

7.937~9.186m				9.187~10.156m				10.157~11.404m			
液高 cm	容积	mm	容积	液高 cm	容积	mm	容积	液高 cm	容积	mm	容积
1	1801		180	1	1798		180	1	1797		180
2	3602		360	2	3596		360	2	3594		359
3	5404		540	3	5394		539	3	5391		539
4	7205		720	4	7193		719	4	7188		719
5	9006		901	5	8991		899	5	8985		898
6	10807		1081	6	10789		1079	6	10782		1078
7	12609		1261	7	12587		1259	7	12579		1258
8	14410		1441	8	14385		1439	8	14376		1438
9	16211		1621	9	16183		1618	9	16173		1617

计量检定部门：　　　　　　　　　　　　　　　　测量人：

静压力容积修正量表

单位：　　　　　　　　　　　　　　　　　　　　　　　　　　　　　　　　　罐号:2

液高/m	0.0	0.1	0.2	0.3	0.4	0.5	0.6	0.7	0.8	0.9
1.0	6	7	7	8	8	10	14	18	22	26
2.0	30	34	38	42	46	50	54	58	62	66
3.0	72	79	86	94	101	108	115	122	130	137
4.0	144	151	159	170	180	190	201	211	222	232
5.0	243	253	264	274	285	298	311	325	339	353
6.0	366	380	394	408	421	435	449	463	480	497
7.0	514	531	548	565	582	599	616	633	650	667
8.0	686	707	727	747	767	788	808	828	848	869
9.0	889	909	930	953	976	999	1023	1046	1069	1092
10.0	1115	1138	1163	1189	1215	1241	1267	1293	1319	1345
11.0	1371	1397	1423	1449	1475					

计量检定部门：　　　　　　　　　　　　　　　　测量人：

卧式油罐容积表

单位：
罐号：3
容积单位：L

cm	0	1	2	3	4	5	6	7	8	9
0		20	53	94	143	199	261	328	399	476
10	557	642	730	823	919	1018	1121	1227	1336	1448
20	1563	1680	1800	1923	2049	2176	2307	2440	2575	2712
30	2851	2993	3137	3282	3430	3580	3732	3886	4041	4198
40	4358	4519	4681	4846	5012	5179	5349	5520	5692	5866
50	6041	6218	6397	6577	6758	6940	7124	7310	7496	7684
60	7873	8063	8255	8448	8642	8837	9033	9230	9429	9628
70	9829	10031	10233	10437	10642	10847	11054	11261	11470	11679
80	11889	12100	12312	12525	12738	12953	13168	13384	13600	13817
90	14036	14254	14474	14694	14915	15136	15358	15581	15804	16028
100	16252	16477	16703	16929	17155	17382	17610	17838	18066	18295
110	18524	18754	18984	19214	19445	19676	19908	20140	20372	20604
120	20837	21070	21303	21537	21770	22004	22238	22473	22707	22942
130	23177	23412	23647	23882	24117	24352	24588	24823	25059	25294
140	25530	25766	26001	26237	26472	26708	26943	27179	27413	27649
150	27883	28118	28353	28588	28822	29056	29290	29524	29757	29991
160	30224	30457	30689	30921	31153	31385	31616	31847	32078	32308
170	32538	32767	32996	33224	33453	33680	33907	34134	34360	34586
180	34811	35035	35259	35483	35706	35928	36150	36371	36591	36811
190	37030	37248	37465	37682	37898	38114	38328	38542	38755	38967
200	39178	39389	39598	39807	40015	40222	40428	40632	40836	41039
210	41241	41442	41642	41841	42038	42235	42431	42625	42818	43010
220	43201	43390	43578	43765	43951	44135	44318	44500	44680	44859
230	45036	45212	45387	45560	45731	45901	46069	46235	46400	46563
240	46725	46885	47043	47199	47353	47505	47656	47804	47950	48095
250	48237	48377	48515	48651	48784	48915	49044	49170	49294	49415
260	49533	49649	49761	49871	49978	50082	50182	50279	50373	50463
270	50549	50631	50709	50782	50850	50914	50971	51022	51066	51102
280	51126									

总 容 积：51130.65L　　　　大圆筒容积：46383.84L　　　　小圆筒容积：0L

伸长容积：735.8803L　　　　顶部总容积：4060.928L　　　　附件总体积：50L

大圆筒内径：2805.382mm　　小圆筒内径：0mm　　　　　　伸长内径：2794.268mm

下尺点内径：2803mm　　　　圈厚：4mm　顶厚：5mm　　　倾斜比：0

测量员：

166

简明铁路罐车容积表

高度	容积	系数	高度	容积	系数	高度	容积	系数
2800	60698	29.9697	2325	53862	26.5404			
2790	60662	29.9495	2324	53841	26.5313			
2780	60614	29.9293	2323	53820	26.5222			
2770	60557	29.8889	2322	53799	26.5131			
2760	60491	29.8586	2321	53779	26.5040			
2750	60418	29.8283	2320	53758	26.4950	470	6582	3.3061
2740	60339	29.7879	2319	53737	26.4848	460	6378	3.2061
2730	60254	29.7374	2318	53716	26.4747	450	6177	3.1061
2720	60163	29.6970	2317	53696	26.4646	440	5978	3.0061
2710	60067	29.6465	2316	53675	26.4545	430	5781	2.9061
2700	59966	29.5960	2315	53654	26.4444	420	5585	2.8061
2699	59955	29.5909	2314	53633	26.4343	410	5392	2.7061
2698	59945	29.5859	2313	53612	26.4242	400	5201	2.6061
2697	59934	29.5808	2312	53592	26.4141	390	5011	2.5172
2696	59924	29.5758	2311	53571	26.4040	380	4824	2.4828
2695	59913	29.5707	2310	53550	26.3939	370	4639	2.3394
2694	59902	29.5657	2309	53529	26.3838	360	4456	2.2505
2693	59892	29.5606	2308	53508	26.3717	350	4276	2.1616
2692	59881	29.5556	2307	53487	26.3606	340	4097	2.0727
2691	59871	29.5505	2306	53466	26.3495	330	3921	1.9838
2690	59860	29.5455	2305	53446	26.3384	320	3747	1.8949
2689	59849	29.5404	2304	53425	26.3273	310	3576	1.8061
2688	59838	29.5354	2303	53404	26.3162	300	3408	1.7172
2687	59827	29.5303	2302	53383	26.3051	290	3241	1.6404
2686	59816	29.5253	2301	53362	26.2939	280	3078	1.5636
2685	59805	29.5202	2300	53341	26.2828	270	2917	1.4869
2684	59794	29.5152	2290	53129	26.1747	260	2758	1.4101
2683	59783	29.5101	2280	52916	26.0667	250	2603	1.3333
2682	59772	29.5051	2270	52701	25.9586	240	2450	1.2566
2681	59761	29.5000	2260	52485	25.8505	230	2301	1.1798
2680	59750	29.4950	2250	52267	25.7424	220	2154	1.1030
2679	59739	29.4889	2240	52047	25.6343	210	2010	1.0263
2678	59727	29.4828	2230	51826	25.5263	200	1870	0.9495
2677	59716	29.4768	2220	51604	25.4182	190	1733	0.8889
2676	59704	29.4707	2210	51380	25.3101	180	1599	0.8283
2675	59693	29.4646	2200	51154	25.2020	170	1469	0.7677
2674	59682	29.4586	2190	50927	25.0859	160	1342	0.7071
2673	59670	29.4525	2180	50699	24.9697	150	1219	0.6465
2672	59659	29.4465	2170	50469	24.8535	140	1100	0.5859
2671	59647	29.4404	2160	50238	24.7374	130	985	0.5253
2670	59636	29.4343	2150	50006	24.6212	120	874	0.4646
2669	59624	29.4303	2140	49772	24.5051	110	768	0.4040
2668	59612	29.4263	2130	49538	24.3889	100	666	0.3434
2667	59600	29.4222	2120	49301	24.2727	90	569	0.2929
2666	59588	29.4182	2110	49064	24.1566	80	477	0.2424
2665	59576	29.4141	2100	48826	24.0404	70	391	0.2020
2664	59563	29.4101	2090	48586	23.9202	60	310	0.1616
2663	59551	29.4061	2080	48345	23.8000	50	236	0.1212
2662	59539	29.4020	2070	48103	23.6798	40	169	0.0909
2661	59527	29.3980	2060	47860	23.5596	30	110	0.0505
			2050	47615	23.4394	20	60	0.0303
			2040	47370	23.3192	10	21	0.0101
			2030	47123	23.1990			
			2020	46876	23.0788			
			2010	46627	22.9586			

注:此表为教学表,未将正规容积表完整录入。

高度单位为 mm,容积单位为 L,下同。

G70D 容积计量表

车号：6277975

容积表号：TQ053

高度/cm	容积/L	高度/cm	容积/L	高度/cm	容积/L
0	0	260	62978	301	71172
1	10	261	63221	302	71312
2	28	262	63463	303	71447
3	52	263	63703	304	71579
4	81	264	63942	305	71706
5	113	265	64178	306	71829
6	149	266	64413	307	71948
7	189	267	64646	308	72061
8	232	268	64877	309	72170
9	277	269	65106	310	72273
10	326	270	65333	311	72371
11	378	271	65558	312	72464
12	433	272	65782	313	72550
13	490	273	66003	314	72629
14	550	274	66221	315	72701
15	613	275	66438	316	72765
16	678	276	66653	317	72819
17	746	277	66865	318	72863
18	816	278	67075	319	72891
19	888	279	67283	319.25	72898
20	964	280	67489		
21	1041	281	67692		
22	1121	282	67892		
23	1203	283	68091		
24	1288	284	68286		
25	1375	285	68479		
26	1464	286	68670		
27	1555	287	68858		
28	1649	288	69043		
29	1745	289	69225		
30	1843	290	69405		
31	1944	291	69581		
32	2046	292	69755		
33	2151	293	69926		
34	2258	294	70093		
35	2367	295	70257		
36	2479	296	70418		
37	2592	297	70576		
38	2708	298	70731		
39	2826	299	70881		
40	2946	300	71028		

注：此表为教学表，未将正规容积表完整录入。

汽车油罐车容量表（测实表）

车号 4		下尺点总高 1339mm		帽口高 233mm		钢板厚 4mm		内竖直径 1102mm	
高度/cm	容量/L	高度/cm	容量/L	高度/cm	容量/L	高度/cm	容量/L		
1	18	88	4288	95	4597	102	4851		
2	36	89	4336	96	4635	103	4882		
3	54	90	4382	97	4673	104	4912		
4	72	91	4427	98	4711	105	4940		
5	90	92	4473	99	4749	106	4964		
6	112	93	4517	100	4787	107	4984		
7	142	94	4557	101	4821	108	5003		

汽车油罐车容量表（测空表）

车号 5		下尺点总高 1400mm		帽口高 240mm		钢板厚 4mm		内竖直径 1156mm	
高度/cm	容量/L	高度/cm	容量/L	高度/cm	容量/L	高度/cm	容量/L		
139	20	54	5038	47	5469	40	5854		
138	41	53	5099	46	5529	39	5904		
137	61	52	5161	45	5585	38	5947		
136	81	51	5223	44	5640	37	5989		
135	102	50	5284	43	5696	36	6031		
134	122	49	5346	42	5750	35	6071		
133	141	38	5407	41	5803	34	6111		

102 船舱容量表

船名：102　舱号：左1

起迄点/mm	高差/mm	部分容量/L	毫米容量/L	累计容量/L
0 以下				374.0
1~707	707	20532.7	29.042	20906.7
708~1087	380	11120.1	29.264	32026.8
1088~1187	100	2897.3	28.973	34924.1
1188~2130	943	27595.5	29.264	62519.6
2131~2500	370	10715.3	28.960	73234.9

船名:102 舱号:右1

起迄点/mm	高差/mm	部分容量/L	毫米容量/L	累计容量/L
0 以下				345.5
1~708	708	20526.6	28.992	20872.1
709~1088	380	1115.9	29.252	31988.0
1089~1188	100	2878.0	28.780	34866.0
1189~2156	968	28316.4	29.252	63182.4
2157~2526	370	10710.6	28.948	73893.0

大庆液化舱容量表

船名:大庆   舱号:第一油仓左   总高:8.21m

空高/m	容量/m³	实际高/m	容量/m³
2.2	180.40	0.0	0.82
2.1	185.14	0.1	1.58
2.0	189.88	0.2	3.40
1.9	194.62	0.3	6.27
1.8	199.36	0.4	10.20
1.7	204.10	0.5	15.18
1.6	208.84	0.6	21.21
1.5	213.58	0.7	28.30
1.4	318.32		
1.3	223.06		
1.2	227.80		
1.1	232.32		
1.0	236.84		
0.9	241.36		
0.8	245.88		
0.7	250.40		
0.6	254.92		
0.5	259.44		
0.4	263.96		
0.3	268.48		
0.2	273.00		
0.1	277.40		

液货舱纵倾修正值表

前后吃水差/m	0.3	0.6	0.9	1.2	1.5	1.8
1~6 舱号/dm	+0.05	+0.10	+0.15	+0.18	+0.23	+0.28

表 59B 产品标准密度表

视 密 度

温度/℃	713.0	715.0	717.0	719.0	721.0	723.0	725.0	727.0	729.0	731.0	733.0	温度/℃
						20℃密度						
14.50	708.0	710.0	712.0	714.0	716.0	718.0	720.0	722.0	724.1	726.1	728.1	14.50
14.75	708.2	710.2	712.2	714.2	716.3	718.3	720.3	722.3	724.3	726.3	728.3	14.75
15.00	708.4	710.5	712.5	714.5	716.5	718.5	720.5	722.5	724.5	726.5	728.5	15.00
15.25	708.7	710.7	712.7	714.7	716.7	718.7	720.7	722.7	724.7	726.7	728.7	15.25
15.50	708.9	710.9	712.9	714.9	716.9	718.9	720.9	722.9	725.0	727.0	729.0	15.50
15.75	709.1	711.1	713.1	715.2	717.2	719.2	721.2	723.2	725.2	727.2	729.2	15.75
16.00	709.4	711.4	713.4	715.4	717.4	719.4	721.4	723.4	725.4	727.4	729.4	16.00
16.25	709.6	711.6	713.6	715.6	717.6	719.6	721.6	723.6	725.6	727.6	729.6	16.25
16.50	709.8	711.8	713.8	715.8	717.8	719.8	721.8	723.9	725.9	727.9	729.9	16.50
16.75	710.0	712.0	714.1	716.1	718.1	720.1	722.1	724.1	726.1	728.1	730.1	16.75
17.00	710.3	712.3	714.3	716.3	718.3	720.3	722.3	724.3	726.3	728.3	730.3	17.00
17.25	710.5	712.5	714.5	716.5	718.5	720.5	722.5	724.5	726.5	728.5	730.5	17.25
17.50	710.7	712.7	714.7	716.7	718.7	720.7	722.7	724.8	726.8	728.8	730.8	17.50
17.75	711.0	713.0	715.0	717.0	719.0	721.0	723.0	725.0	727.0	729.0	731.0	17.75
18.00	711.2	713.2	715.2	717.2	719.2	721.2	723.2	725.2	727.2	729.2	731.2	18.00
18.25	711.4	713.4	715.4	717.4	719.4	721.4	723.4	725.4	727.4	729.4	731.4	18.25
18.50	711.6	713.6	715.6	717.6	719.6	721.6	723.6	725.7	727.7	729.7	731.7	18.50
18.75	711.9	713.9	715.9	717.9	719.9	721.9	723.9	725.9	727.9	729.9	731.9	18.75
19.00	712.1	714.1	716.1	718.1	720.1	722.1	724.1	726.1	728.1	730.1	732.1	19.00
19.25	712.3	714.3	716.3	718.3	720.3	722.3	724.3	726.3	728.3	730.2	732.3	19.25
19.50	712.5	714.5	716.5	718.5	720.5	722.5	724.5	726.6	728.6	730.6	732.6	19.50
19.75	712.8	714.8	716.8	718.8	720.8	722.8	724.8	726.8	728.8	730.8	732.8	19.75
20.00	713.0	715.0	717.0	719.0	721.0	723.0	725.0	727.0	729.0	731.0	733.0	20.00
20.25	713.2	715.2	717.2	719.2	721.2	723.2	725.2	727.2	729.2	731.2	733.2	20.25
20.50	713.5	715.5	717.5	719.5	721.5	723.5	725.5	727.4	729.4	731.4	733.4	20.50
20.75	713.7	715.7	717.7	719.7	721.7	723.7	725.7	727.7	729.7	731.7	733.7	20.75
21.00	713.9	715.9	717.9	719.9	721.9	723.9	725.9	727.9	729.9	731.9	733.9	21.00
21.25	714.1	716.1	718.1	720.1	722.1	724.1	726.1	728.1	730.1	732.1	734.1	21.25
21.50	714.4	716.4	718.4	720.4	722.4	724.4	726.3	728.3	730.3	732.3	734.3	21.50
21.75	714.6	716.6	718.6	720.6	722.6	724.6	726.6	728.6	730.6	732.6	734.6	21.75
22.00	714.8	716.8	718.8	720.8	722.8	724.8	726.8	728.8	730.8	732.3	734.8	22.00
22.25	715.0	717.0	719.0	721.0	723.0	725.0	727.0	729.0	731.0	733.0	735.2	22.25
22.50	715.3	717.3	719.3	721.3	723.3	725.3	727.2	729.2	731.2	733.2	735.5	22.50
22.75	715.5	717.5	719.5	721.5	723.5	725.5	727.5	729.5	731.5	733.5	735.5	22.75
23.00	715.7	717.7	719.7	721.7	723.7	725.7	727.7	729.7	731.7	733.7	735.7	23.00
23.25	715.9	717.9	719.9	721.9	723.9	725.9	727.9	729.9	731.9	733.9	735.9	23.25
23.50	716.2	718.2	720.2	722.2	724.2	726.2	728.1	730.1	732.1	734.1	736.1	23.50
23.75	716.4	718.4	720.4	722.4	724.4	726.4	728.4	730.4	732.4	734.4	736.4	23.75
24.00	716.6	718.6	720.6	722.6	724.6	726.6	728.6	730.6	732.6	734.6	736.6	24.00
24.25	716.9	718.9	720.8	722.8	724.8	726.8	728.8	730.8	732.8	734.8	736.8	24.25
24.50	717.1	719.1	721.1	723.1	725.1	727.1	729.0	731.0	733.0	735.0	737.0	24.50
24.75	717.3	719.3	721.3	723.3	725.3	727.3	729.3	731.3	733.3	735.3	737.2	24.75
25.00	717.5	719.5	721.5	723.5	725.5	727.5	729.5	731.5	733.5	735.5	737.5	25.00
25.25	717.8	719.8	721.7	723.7	725.7	727.7	729.7	731.7	733.7	735.7	737.7	25.25
25.50	718.0	720.0	722.0	724.0	726.0	728.0	729.9	731.9	733.9	735.9	737.9	25.50

视 密 度

温度/℃	713.0	715.0	717.0	719.0	721.0	723.0	725.0	727.0	729.0	731.0	733.0	温度/℃
						20℃密度						
25.75	718.2	720.2	722.2	724.2	726.2	728.2	730.2	732.2	734.2	736.1	738.1	25.75
2.00	820.4	822.4	824.4	826.5	828.5	830.5	832.6	834.6	836.6	838.6	840.6	2.00
2.25	820.6	822.6	824.6	826.7	828.7	830.7	832.7	834.6	836.8	838.8	840.8	2.25
2.50	820.7	822.8	824.8	·826.8	828.9	830.9	832.9	835.0	837.0	839.0	841.0	2.50
2.75	820.9	822.9	825.0	827.0	829.0	831.1	833.1	835.1	837.1	839.1	841.2	2.75
3.00	821.1	823.1	825.1	827.2	829.2	831.2	833.3	835.3	837.3	839.3	841.3	3.00
3.25	821.3	823.3	825.3	827.4	829.4	831.4	833.4	835.5	837.5	839.5	841.5	3.25
3.50	821.4	823.5	825.5	827.5	829.6	831.6	833.6	835.6	837.6	839.7	841.7	3.50
3.75	821.6	823.6	825.7	827.7	829.7	831.8	833.8	835.8	837.8	839.8	841.8	3.75
4.00	821.8	823.8	825.9	827.9	829.9	831.9	834.0	836.0	838.0	840.0	842.0	4.00
4.25	822.0	824.0	826.0	828.1	830.1	832.1	834.1	836.2	838.2	840.2	842.2	4.25
4.50	822.1	824.2	826.2	828.2	830.3	832.3	834.3	836.3	838.3	840.3	842.4	4.50
4.75	822.3	824.4	826.4	828.4	830.4	832.5	834.5	836.5	838.5	840.5	842.5	4.75
5.00	822.5	824.5	826.6	828.6	830.6	832.6	834.7	836.7	838.7	840.7	842.7	5.00
5.25	822.7	824.7	826.7	828.8	830.8	832.8	834.8	836.8	838.9	840.9	842.9	5.25
5.50	822.9	824.9	826.9	828.9	831.0	833.0	835.0	837.0	839.0	841.0	843.0	5.50
5.75	823.0	825.1	827.1	829.1	831.1	833.2	835.2	837.2	839.2	841.2	843.2	5.75
6.00	823.2	825.2	827.3	829.3	831.3	833.3	835.4	837.4	839.4	841.4	843.4	6.00
6.25	823.4	825.4	827.4	829.5	831.5	833.5	835.5	837.5	839.5	841.5	843.6	6.25
6.50	823.6	825.6	827.6	829.6	831.7	833.7	835.7	837.7	839.7	841.7	843.7	6.50
6.75	823.7	825.8	827.8	829.8	831.8	833.9	835.9	837.9	839.9	841.9	843.9	6.75
7.00	823.9	825.9	828.0	830.0	832.0	834.0	836.0	838.0	840.1	842.1	844.1	7.00
7.25	824.1	826.1	828.1	830.2	832.2	834.2	836.2	838.2	840.2	842.2	844.2	7.25
7.50	824.3	826.3	828.3	830.3	832.4	834.4	836.4	838.4	840.4	842.4	844.4	7.50
7.75	824.4	826.5	828.5	830.5	832.5	834.6	836.6	838.6	840.6	842.6	844.6	7.75
8.00	824.6	826.6	828.7	830.7	832.7	834.7	836.7	833.7	840.7	842.8	844.8	8.00
8.25	824.8	826.8	828.8	830.9	832.9	834.9	836.9	838.9	840.9	842.9	844.9	8.25
8.50	825.0	827.0	829.0	831.0	833.1	835.1	837.1	839.1	841.1	843.1	845.1	8.50
8.75	825.1	827.2	829.2	831.2	833.2	835.2	837.2	839.3	841.3	843.3	845.3	8.75
9.00	825.3	827.3	829.4	831.4	833.4	835.4	837.4	839.4	841.4	843.4	845.4	9.00
9.25	825.5	827.5	829.5	831.6	833.6	835.6	837.6	839.6	841.6	843.6	845.6	9.25
9.50	825.7	827.7	829.7	831.7	833.7	835.8	837.8	839.8	841.8	843.8	845.8	9.50
9.75	825.8	827.9	829.9	831.9	833.9	835.9	837.9	839.9	841.9	844.0	846.0	9.75
10.00	826.0	828.0	830.1	832.1	834.1	836.1	838.1	840.1	842.1	844.1	846.1	10.00
10.25	826.2	828.2	830.2	832.3	834.3	836.3	838.3	840.3	842.3	844.3	846.3	10.25
10.50	826.4	828.4	830.4	832.4	834.4	836.4	838.5	840.5	842.5	844.5	846.5	10.50
10.75	826.5	828.6	830.6	832.6	834.6	836.6	838.6	840.6	842.6	844.6	846.6	10.75
11.00	826.7	828.7	830.8	832.8	834.8	836.3	838.8	840.8	842.8	844.8	846.8	11.00
11.25	826.9	828.9	830.9	832.9	835.0	837.0	839.0	841.0	843.0	845.0	847.0	11.25
11.50	827.1	829.1	831.1	833.1	835.1	837.1	839.1	841.1	843.2	845.2	847.2	11.50
11.75	827.3	829.3	831.3	833.3	835.3	837.3	839.3	841.3	843.3	845.3	847.3	11.75
12.00	827.4	829.4	831.5	833.5	835.5	837.5	839.5	841.5	843.5	845.5	847.5	12.00
12.25	827.6	829.6	831.6	833.6	835.7	837.7	839.7	841.7	843.7	845.7	847.7	12.25
12.50	827.8	829.8	831.8	833.8	835.8	827.8	839.8	841.8	843.8	845.8	847.8	12.50
12.75	828.0	830.0	832.0	834.0	836.0	838.0	840.0	842.0	844.0	846.0	848.0	12.75
13.00	828.1	830.1	832.2	834.2	836.2	838.2	840.2	842.2	844.2	846.2	848.2	13.00
13.25	828.3	830.3	832.3	834.3	836.3	838.3	840.3	842.4	844.4	846.4	843.4	13.25

* 代表外推值。

视密度:833.0~853.0

表 60B　产品体积修正系数表

温度/℃	710.0	712.0	714.0	716.0	718.0	720.0	722.0	724.0	726.0	728.0	730.0	温度/℃
						20℃体积修正系数						
15.00	1.0065	1.0065	1.0065	1.0064	1.0064	1.0064	1.0064	1.0063	1.0063	1.0063	1.0062	15.00
15.25	1.0062	1.0062	1.0061	1.0061	1.0061	1.0061	1.0060	1.0060	1.0060	1.0060	1.0059	15.25
15.50	1.0059	1.0058	1.0058	1.0058	1.0058	1.0057	1.0057	1.0057	1.0057	1.0056	1.0056	15.50
15.75	1.0055	1.0055	1.0055	1.0055	1.0054	1.0054	1.0054	1.0054	1.0054	1.0053	1.0053	15.75
16.00	1.0052	1.0052	1.0052	1.0051	1.0051	1.0051	1.0051	1.0051	1.0050	1.0050	1.0050	16.00
16.25	1.0049	1.0049	1.0048	1.0048	1.0048	1.0048	1.0048	1.0047	1.0047	1.0047	1.0047	16.25
16.50	1.0046	1.0045	1.0045	1.0045	1.0045	1.0045	1.0044	1.0044	1.0044	1.0044	1.0044	16.50
16.75	1.0042	1.0042	1.0042	1.0042	1.0042	1.0041	1.0041	1.0041	1.0041	1.0041	1.0041	16.75
17.00	1.0039	1.0039	1.0039	1.0039	1.0038	1.0038	1.0038	1.0038	1.0038	1.0038	1.0038	17.00
17.25	1.0036	1.0036	1.0036	1.0035	1.0035	1.0035	1.0035	1.0035	1.0035	1.0035	1.0034	17.25
17.50	1.0033	1.0032	1.0032	1.0032	1.0032	1.0032	1.0032	1.0032	1.0032	1.0031	1.0031	17.50
17.75	1.0029	1.0029	1.0029	1.0029	1.0029	1.0029	1.0029	1.0028	1.0028	1.0028	1.0028	17.75
18.00	1.0026	1.0026	1.0026	1.0026	1.0026	1.0026	1.0025	1.0025	1.0025	1.0025	1.0025	18.00
18.25	1.0023	1.0023	1.0023	1.0023	1.0022	1.0022	1.0022	1.0022	1.0022	1.0022	1.0022	18.25
18.50	1.0020	1.0019	1.0019	1.0019	1.0019	1.0019	1.0019	1.0019	1.0019	1.0019	1.0019	18.50
18.75	1.0016	1.0016	1.0016	1.0016	1.0016	1.0016	1.0016	1.0016	1.0016	1.0016	1.0016	18.75
19.00	1.0013	1.0013	1.0013	1.0013	1.0013	1.0013	1.0013	1.0013	1.0013	1.0013	1.0013	19.00
19.25	1.0010	1.0010	1.0010	1.0010	1.0010	1.0010	1.0010	1.0010	1.0009	1.0009	1.0009	19.25
19.50	1.0007	1.0006	1.0006	1.0006	1.0006	1.0006	1.0006	1.0006	1.0006	1.0006	1.0006	19.50
19.75	1.0003	1.0003	1.0003	1.0003	1.0003	1.0003	1.0003	1.0003	1.0003	1.0003	1.0003	19.75
20.00	1.0000	1.0000	1.0000	1.0000	1.0000	1.0000	1.0000	1.0000	1.0000	1.0000	1.0000	20.00
20.25	0.9997	0.9997	0.9997	0.9997	0.9997	0.9997	0.9997	0.9997	0.9997	0.9997	0.9997	20.25
20.50	0.9993	0.9993	0.9994	0.9994	0.9994	0.9994	0.9994	0.9994	0.9994	0.9994	0.9994	20.50
20.75	0.9990	0.9990	0.9990	0.9990	0.9990	0.9990	0.9990	0.9990	0.9991	0.9991	0.9991	20.75
21.00	0.9987	0.9987	0.9987	0.9987	0.9987	0.9987	0.9987	0.9987	0.9987	0.9987	0.9987	21.00
21.25	0.9984	0.9984	0.9984	0.9984	0.9984	0.9984	0.9984	0.9984	0.9984	0.9984	0.9984	21.25
21.50	0.9980	0.9980	0.9981	0.9981	0.9981	0.9981	0.9981	0.9981	0.9981	0.9981	0.9981	21.50
21.75	0.9977	0.9977	0.9977	0.9977	0.9978	0.9978	0.9978	0.9978	0.9978	0.9978	0.9978	21.75
22.00	0.9974	0.9974	0.9974	0.9974	0.9974	0.9974	0.9975	0.9975	0.9975	0.9975	0.9975	22.00
22.25	0.9971	0.9971	0.9971	0.9971	0.9971	0.9971	0.9971	0.9971	0.9972	0.9972	0.9972	22.25
22.50	0.9967	0.9967	0.9968	0.9968	0.9968	0.9968	0.9968	0.9968	0.9968	0.9969	0.9969	22.50
22.75	0.9964	0.9964	0.9964	0.9965	0.9965	0.9965	0.9965	0.9965	0.9965	0.9965	0.9966	22.75
23.00	0.9961	0.9961	0.9961	0.9961	0.9961	0.9962	0.9962	0.9962	0.9962	0.9962	0.9962	23.00
23.25	0.9958	0.9958	0.9958	0.9958	0.9958	0.9958	0.9959	0.9959	0.9959	0.9959	0.9959	23.25
23.50	0.9954	0.9954	0.9955	0.9955	0.9955	0.9955	0.9955	0.9956	0.9956	0.9956	0.9956	23.50
23.75	0.9951	0.9951	0.9951	0.9952	0.9952	0.9952	0.9952	0.9952	0.9953	0.9953	0.9953	23.75
24.00	0.9948	0.9948	0.9948	0.9948	0.9949	0.9949	0.9949	0.9949	0.9949	0.9950	0.9950	24.00
24.25	0.9944	0.9945	0.9945	0.9945	0.9945	0.9946	0.9946	0.9946	0.9946	0.9947	0.9947	24.25
24.50	0.9941	0.9941	0.9942	0.9942	0.9942	0.9942	0.9943	0.9943	0.9943	0.9943	0.9944	24.50
24.75	0.9938	0.9938	0.9938	0.9939	0.9939	0.9939	0.9939	0.9940	0.9940	0.9940	0.9940	24.75
25.00	0.9935	0.9935	0.9935	0.9935	0.9936	0.9936	0.9936	0.9937	0.9937	0.9937	0.9937	25.00
25.25	0.9931	0.9932	0.9932	0.9932	0.9932	0.9933	0.9933	0.9933	0.9934	0.9934	0.9934	25.25
25.50	0.9928	0.9928	0.9929	0.9929	0.9929	0.9930	0.9930	0.9930	0.9930	0.9931	0.9931	25.50
25.75	0.9925	0.9925	0.9925	0.9926	0.9926	0.9926	0.9927	0.9927	0.9927	0.9928	0.9928	25.75
26.00	0.9921	0.9922	0.9922	0.9922	0.9923	0.9923	0.9923	0.9924	0.9924	0.9924	0.9925	26.00

20℃　密　度

温度/℃	730.0	732.0	734.0	736.0	738.0	740.0	742.0	744.0	746.0	748.0	750.0	温度/℃
					20℃密		度					
					20℃体积修正系数							
26.25	0.9918	0.9919	0.9919	0.9919	0.9920	0.9920	0.9920	0.9921	0.9921	0.9921	0.9922	26.25
13.75	1.0078	1.0078	1.0077	1.0077	1.0077	1.0076	1.0076	1.0076	1.0076	1.0075	1.0075	13.75
14.00	1.0075	1.0075	1.0074	1.0074	1.0074	1.0073	1.0073	1.0073	1.0073	1.0072	1.0072	14.00
14.25	1.0072	1.0072	1.0071	1.0071	1.0071	1.0070	1.0070	1.0070	1.0070	1.0069	1.0069	14.25
14.50	1.0069	1.0068	1.0068	1.0068	1.0068	1.0067	1.0067	1.0067	1.0066	1.0066	1.0066	14.50
14.75	1.0066	1.0065	1.0065	1.0065	1.0065	1.0064	1.0064	1.0064	1.0063	1.0063	1.0063	14.75
15.00	1.0062	1.0062	1.0062	1.0062	1.0061	1.0061	1.0061	1.0061	1.0060	1.0060	1.0060	15.00
15.25	1.0059	1.0059	1.0059	1.0059	1.0058	1.0058	1.0053	1.0058	1.0057	1.0057	1.0057	15.25
15.50	1.0056	1.0056	1.0056	1.0056	1.0055	1.0055	1.0055	1.0055	1.0054	1.0054	1.0054	15.50
15.75	1.0053	1.0053	1.0053	1.0052	1.0052	1.0052	1.0052	1.0052	1.0051	1.0051	1.0051	15.75
16.00	1.0050	1.0050	1.0050	1.0049	1.0049	1.0049	1.0049	1.0049	1.0048	1.0048	1.0048	16.00
16.25	1.0047	1.0047	1.0046	1.0046	1.0046	1.0046	1.0046	1.0046	1.0045	1.0045	1.0045	16.25
16.50	1.0044	1.0044	1.0043	1.0043	1.0043	1.0043	1.0043	1.0043	1.0042	1.0042	1.0042	16.50
16.75	1.0041	1.0040	1.0040	1.0040	1.0040	1.0040	1.0040	1.0039	1.0039	1.0039	1.0039	16.75
17.00	1.0038	1.0037	1.0037	1.0037	1.0037	1.0037	1.0037	1.0036	1.0036	1.0036	1.0036	17.00
17.25	1.0034	1.0034	1.0034	1.0034	1.0034	1.0034	1.0034	1.0033	1.0033	1.0033	1.0033	17.25
17.50	1.0031	1.0031	1.0031	1.0031	1.0031	1.0031	1.0031	1.0030	1.0030	1.0030	1.0030	17.50
17.75	1.0028	1.0028	1.0028	1.0028	1.0028	1.0028	1.0027	1.0027	1.0027	1.0027	1.0027	17.75
18.00	1.0025	1.0025	1.0025	1.0025	1.0025	1.0025	1.0024	1.0024	1.0024	1.0024	1.0024	18.00
18.25	1.0022	1.0022	1.0022	1.0022	1.0022	1.0021	1.0021	1.0021	1.0021	1.0021	1.0021	18.25
18.50	1.0019	1.0019	1.0019	1.0019	1.0018	1.0018	1.0018	1.0018	1.0018	1.0018	1.0018	18.50
18.75	1.0016	1.0016	1.0016	1.0015	1.0015	1.0015	1.0015	1.0015	1.0015	1.0015	1.0015	18.75
19.00	1.0013	1.0012	1.0012	1.0012	1.0012	1.0012	1.0012	1.0012	1.0012	1.0012	1.0012	19.00
19.25	1.0009	1.0009	1.0009	1.0009	1.0009	1.0009	1.0009	1.0009	1.0009	1.0009	1.0009	19.25
19.50	1.0006	1.0006	1.0006	1.0006	1.0006	1.0006	1.0006	1.0006	1.0006	1.0006	1.0006	19.50
19.75	1.0003	1.0003	1.0003	1.0003	1.0003	1.0003	1.0003	1.0003	1.0003	1.0003	1.0003	19.75
20.00	1.0000	1.0000	1.0000	1.0000	1.0000	1.0000	1.0000	1.0000	1.0000	1.0000	1.0000	20.00
20.25	0.9997	0.9997	0.9997	0.9997	0.9997	0.9997	0.9997	0.9997	0.9997	0.9997	0.9997	20.25
20.50	0.9994	0.9994	0.9994	0.9994	0.9994	0.9994	0.9994	0.9994	0.9994	0.9994	0.9994	20.50
20.75	0.9991	0.9991	0.9991	0.9991	0.9991	0.9991	0.9991	0.9991	0.9991	0.9991	0.9991	20.75
21.00	0.9987	0.9988	0.9988	0.9988	0.9988	0.9988	0.9988	0.9988	0.9988	0.9988	0.9988	21.00
21.25	0.9984	0.9984	0.9984	0.9985	0.9985	0.9985	0.9985	0.9985	0.9985	0.9985	0.9985	21.25
21.50	0.9981	0.9981	0.9981	0.9981	0.9982	0.9982	0.9982	0.9982	0.9982	0.9982	0.9982	21.50
21.75	0.9978	0.9978	0.9978	0.9978	0.9978	0.9979	0.9979	0.9979	0.9979	0.9979	0.9979	21.75
22.00	0.9975	0.9975	0.9975	0.9975	0.9975	0.9975	0.9976	0.9976	0.9976	0.9976	0.9976	22.00
22.25	0.9972	0.9972	0.9972	0.9972	0.9972	0.9972	0.9973	0.9973	0.9973	0.9973	0.9973	22.25
22.50	0.9969	0.9969	0.9969	0.9969	0.9969	0.9969	0.9969	0.9970	0.9970	0.9970	0.9970	22.50
22.75	0.9966	0.9966	0.9966	0.9966	0.9966	0.9966	0.9966	0.9967	0.9967	0.9967	0.9967	22.75
23.00	0.9962	0.9963	0.9963	0.9963	0.9963	0.9963	0.9963	0.9963	0.9964	0.9964	0.9964	23.00
23.25	0.9959	0.9959	0.9960	0.9960	0.9960	0.9960	0.9960	0.9960	0.9961	0.9961	0.9961	23.25
23.50	0.9956	0.9956	0.9956	0.9957	0.9957	0.9957	0.9957	0.9957	0.9958	0.9958	0.9958	23.50
23.75	0.9953	0.9953	0.9953	0.9954	0.9954	0.9954	0.9954	0.9954	0.9955	0.9955	0.9955	23.75
24.00	0.9950	0.9950	0.9950	0.9950	0.9951	0.9951	0.9951	0.9951	0.9951	0.9952	0.9952	24.00
24.25	0.9947	0.9947	0.9947	0.9947	0.9948	0.9948	0.9948	0.9948	0.9948	0.9949	0.9949	24.25
24.50	0.9944	0.9944	0.9944	0.9944	0.9945	0.9945	0.9945	0.9945	0.9945	0.9946	0.9946	24.50
24.75	0.9940	0.9941	0.9941	0.9941	0.9941	0.9942	0.9942	0.9942	0.9942	0.9943	0.9943	24.75
25.00	0.9937	0.9938	0.9938	0.9938	0.9938	0.9939	0.9939	0.9939	0.9939	0.9940	0.9940	25.00

温度/	810.0	812.0	814.0	816.0	818.0	820.0	822.0	824.0	826.0	828.0	830.0	温度/
℃					20℃体积修正系数							℃
2.50	1.0158	1.0157	1.0156	1.0155	1.0154	1.0154	1.0153	1.0152	1.0152	1.0151	1.0150	2.50
2.75	1.0155	1.0155	1.0154	1.0153	1.0152	1.0152	1.0151	1.0150	1.0149	1.0149	1.0148	2.75
3.00	1.0153	1.0152	1.0152	1.0151	1.0150	1.0149	1.0149	1.0148	1.0147	1.0147	1.0146	3.00
3.25	1.0151	1.0150	1.0149	1.0149	1.0148	1.0147	1.0146	1.0146	1.0145	1.0144	1.0144	3.25
3.50	1.0149	1.0148	1.0147	1.0146	1.0146	1.0145	1.0144	1.0144	1.0143	1.0142	1.0142	3.50
3.75	1.0146	1.0146	1.0145	1.0144	1.0144	1.0143	1.0142	1.0141	1.0141	1.0140	1.0139	3.75
4.00	1.0144	1.0143	1.0143	1.0142	1.0141	1.0141	1.0140	1.0139	1.0139	1.0138	1.0137	4.00
4.25	1.0142	1.0141	1.0140	1.0140	1.0139	1.0138	1.0138	1.0137	1.0136	1.0136	1.0135	4.25
4.50	1.0140	1.0139	1.0138	1.0138	1.0137	1.0136	1.0136	1.0135	1.0134	1.0134	1.0133	4.50
4.75	1.0137	1.0137	1.0136	1.0135	1.0135	1.0134	1.0133	1.0133	1.0132	1.0131	1.0131	4.75
5.00	1.0135	1.0134	1.0134	1.0133	1.0133	1.0132	1.0131	1.0131	1.0130	1.0129	1.0129	5.00
5.25	1.0133	1.0132	1.0132	1.0131	1.0130	1.0130	1.0129	1.0128	1.0128	1.0127	1.0127	5.25
5.50	1.0131	1.0130	1.0129	1.0129	1.0123	1.0127	1.0127	1.0126	1.0126	1.0125	1.0124	5.50
5.75	1.0128	1.0128	1.0127	1.0127	1.0126	1.0125	1.0125	1.0124	1.0123	1.0123	1.0122	5.75
6.00	1.0126	1.0126	1.0125	1.0124	1.0124	1.0123	1.0123	1.0122	1.0121	1.0121	1.0120	6.00
6.25	1.0124	1.0123	1.0123	1.0122	1.0122	1.0121	1.0120	1.0120	1.0119	1.0119	1.0118	6.25
6.50	1.0122	1.0121	1.0120	1.0120	1.0119	1.0119	1.0118	1.0118	1.0117	1.0116	1.0116	6.50
6.75	1.0119	1.0119	1.0118	1.0118	1.0117	1.0117	1.0116	1.0115	1.0115	1.0114	1.0114	6.75
7.00	1.0117	1.0117	1.0116	1.0115	1.0115	1.0114	1.0114	1.0113	1.0113	1.0112	1.0112	7.00
7.25	1.0115	1.0114	1.0114	1.0113	1.0113	1.0112	1.0112	1.0111	1.0111	1.0110	1.0109	7.25
7.50	1.0113	1.0112	1.0112	1.0111	1.0111	1.0110	1.0109	1.0109	1.0108	1.0108	1.0107	7.50
7.75	1.0110	1.0110	1.0109	1.0109	1.0108	1.0108	1.0107	1.0107	1.0106	1.0106	1.0105	7.75
8.00	1.0108	1.0108	1.0107	1.0107	1.0106	1.0106	1.0105	1.0105	1.0104	1.0104	1.0103	8.00
8.25	1.0106	1.0105	1.0105	1.0104	1.0104	1.0103	1.0103	1.0102	1.0102	1.0101	1.0101	8.25
8.50	1.0104	1.0103	1.0103	1.0102	1.0102	1.0101	1.0101	1.0100	1.0100	1.0099	1.0099	8.50
8.75	1.0101	1.0101	1.0100	1.0100	1.0099	1.0099	1.0099	1.0098	1.0098	1.0097	1.0097	8.75
9.00	1.0099	1.0099	1.0098	1.0098	1.0097	1.0097	1.0096	1.0096	1.0095	1.0095	1.0095	9.00
9.25	1.0097	1.0096	1.0096	1.0096	1.0095	1.0095	1.0094	1.0094	1.0093	1.0093	1.0092	9.25
9.50	1.0095	1.0094	1.0094	1.0093	1.0093	1.0092	1.0092	1.0092	1.0091	1.0091	1.0090	9.50
9.75	1.0092	1.0092	1.0092	1.0091	1.0091	1.0090	1.0090	1.0089	1.0089	1.0088	1.0088	9.75
10.00	1.0090	1.0090	1.0089	1.0089	1.0088	1.0088	1.0088	1.0087	1.0087	1.0086	1.0086	10.00
10.25	1.0088	1.0088	1.0087	1.0087	1.0086	1.0086	1.0085	1.0085	1.0085	1.0084	1.0084	10.25
10.50	1.0086	1.0085	1.0085	1.0084	1.0084	1.0084	1.0083	1.0083	1.0082	1.0082	1.0082	10.50
10.75	1.0083	1.0083	1.0083	1.0082	1.0082	1.0081	1.0081	1.0081	1.0080	1.0080	1.0080	10.75
11.00	1.0081	1.0081	1.0080	1.0080	1.0080	1.0079	1.0079	1.0078	1.0078	1.0078	1.0077	11.00
11.25	1.0079	1.0079	1.0078	1.0078	1.0077	1.0077	1.0077	1.0076	1.0076	1.0076	1.0075	11.25
11.50	1.0077	1.0076	1.0076	1.0076	1.0075	1.0075	1.0074	1.0074	1.0074	1.0073	1.0073	11.50
11.75	1.0074	1.0074	1.0074	1.0073	1.0073	1.0073	1.0072	1.0072	1.0072	1.0071	1.0071	11.75
12.00	1.0072	1.0072	1.0072	1.0071	1.0071	1.0070	1.0070	1.0070	1.0069	1.0069	1.0069	12.00
12.25	1.0070	1.0070	1.0069	1.0069	1.0069	1.0068	1.0068	1.0068	1.0067	1.0067	1.0067	12.25
12.50	1.0068	1.0067	1.0067	1.0067	1.0066	1.0066	1.0066	1.0065	1.0065	1.0065	1.0064	12.50
12.75	1.0065	1.0065	1.0065	1.0064	1.0064	1.0064	1.0064	1.0063	1.0063	1.0063	1.0062	12.75
13.00	1.0063	1.0063	1.0063	1.0062	1.0062	1.0062	1.0061	1.0061	1.0061	1.0060	1.0060	13.00
13.25	1.0061	1.0061	1.0060	1.0060	1.0060	1.0059	1.0059	1.0059	1.0059	1.0058	1.0058	13.25
13.50	1.0059	1.0058	1.0058	1.0058	1.0058	1.0057	1.0057	1.0057	1.0056	1.0056	1.0056	13.50
13.75	1.0056	1.0056	1.0056	1.0056	1.0055	1.0055	1.0055	1.0055	1.0054	1.0054	1.0054	13.75

20℃ 密 度

					20℃ 密 度							
温度/ ℃	830.0	832.0	834.0	836.0	838.0	840.0	842.0	844.0	846.0	848.0	850.0	温度/ ℃
					20℃体积修正系数							
2.50	1.0150	1.0149	1.0149	1.0148	1.0148	1.0147	1.0147	1.0146	1.0146	1.0145	1.0145	2.50
2.75	1.0148	1.0147	1.0147	1.0146	1.0146	1.0145	1.0145	1.0144	1.0144	1.0143	1.0143	2.75
3.00	1.0146	1.0145	1.0144	1.0144	1.0143	1.0143	1.0143	1.0142	1.0142	1.0141	1.0141	3.00
3.25	1.0144	1.0143	1.0142	1.0142	1.0141	1.0141	1.0140	1.0140	1.0140	1.0139	1.0139	3.25
3.50	1.0142	1.0141	1.0140	1.0140	1.0139	1.0139	1.0138	1.0138	1.0138	1.0137	1.0137	3.50
3.75	1.0139	1.0139	1.0138	1.0138	1.0137	1.0137	1.0136	1.0136	1.0135	1.0135	1.0135	3.75
4.00	1.0137	1.0137	1.0136	1.0135	1.0135	1.0135	1.0134	1.0134	1.0133	1.0133	1.0133	4.00
4.25	1.0135	1.0134	1.0134	1.0133	1.0133	1.0133	1.0132	1.0132	1.0131	1.0131	1.0130	4.25
4.50	1.0133	1.0132	1.0132	1.0131	1.0131	1.0130	1.0130	1.0130	1.0129	1.0129	1.0128	4.50
4.75	1.0131	1.0130	1.0130	1.0129	1.0129	1.0128	1.0128	1.0128	1.0127	1.0127	1.0126	4.75
5.00	1.0129	1.0128	1.0128	1.0127	1.0127	1.0126	1.0126	1.0125	1.0125	1.0125	1.0124	5.00
5.25	1.0127	1.0126	1.0125	1.0125	1.0125	1.0124	1.0124	1.0123	1.0123	1.0123	1.0122	5.25
5.50	1.0124	1.0124	1.0123	1.0123	1.0122	1.0122	1.0122	1.0121	1.0121	1.0121	1.0120	5.50
5.75	1.0122	1.0122	1.0121	1.0121	1.0120	1.0120	1.0120	1.0119	1.0119	1.0118	1.0118	5.75
6.00	1.0120	1.0120	1.0119	1.0119	1.0118	1.0118	1.0117	1.0117	1.0117	1.0116	1.0116	6.00
6.25	1.0118	1.0117	1.0117	1.0116	1.0116	1.0116	1.0115	1.0115	1.0115	1.0114	1.0114	6.25
6.50	1.0116	1.0115	1.0115	1.0114	1.0114	1.0114	1.0113	1.0113	1.0113	1.0112	1.0112	6.50
6.75	1.0114	1.0113	1.0113	1.0112	1.0112	1.0112	1.0111	1.0111	1.0110	1.0110	1.0110	6.75
7.00	1.0112	1.0111	1.0111	1.0110	1.0110	1.0109	1.0109	1.0109	1.0108	1.0108	1.0108	7.00
7.25	1.0109	1.0109	1.0108	1.0108	1.0108	1.0107	1.0107	1.0107	1.0106	1.0106	1.0106	7.25
7.50	1.0107	1.0107	1.0106	1.0106	1.0106	1.0105	1.0105	1.0105	1.0104	1.0104	1.0104	7.50
7.75	1.0105	1.0105	1.0104	1.0104	1.0103	1.0103	1.0103	1.0103	1.0102	1.0102	1.0102	7.75
8.00	1.0103	1.0103	1.0102	1.0102	1.0101	1.0101	1.0101	1.0100	1.0100	1.0100	1.0100	8.00
8.25	1.0101	1.0100	1.0100	1.0100	1.0099	1.0099	1.0099	1.0098	1.0098	1.0098	1.0097	8.25
8.50	1.0099	1.0098	1.0098	1.0097	1.0097	1.0097	1.0097	1.0096	1.0096	1.0096	1.0095	8.50
8.75	1.0097	1.0096	1.0096	1.0095	1.0095	1.0095	1.0094	1.0094	1.0094	1.0094	1.0093	8.75
9.00	1.0095	1.0094	1.0094	1.0093	1.0093	1.0093	1.0092	1.0092	1.0092	1.0092	1.0091	9.00
9.25	1.0092	1.0092	1.0091	1.0091	1.0091	1.0091	1.0090	1.0090	1.0090	1.0089	1.0089	9.25
9.50	1.0090	1.0090	1.0089	1.0089	1.0089	1.0088	1.0088	1.0088	1.0088	1.0087	1.0087	9.50
9.75	1.0088	1.0088	1.0087	1.0087	1.0087	1.0086	1.0086	1.0086	1.0086	1.0085	1.0085	9.75
10.00	1.0086	1.0086	1.0085	1.0085	1.0085	1.0084	1.0084	1.0084	1.0083	1.0083	1.0083	10.00
10.25	1.0084	1.0083	1.0083	1.0083	1.0082	1.0082	1.0082	1.0082	1.0081	1.0081	1.0081	10.25
10.50	1.0082	1.0081	1.0081	1.0081	1.0080	1.0080	1.0080	1.0080	1.0079	1.0079	1.0079	10.50
10.75	1.0080	1.0079	1.0079	1.0078	1.0078	1.0078	1.0078	1.0077	1.0077	1.0077	1.0077	10.75
11.00	1.0077	1.0077	1.0077	1.0076	1.0076	1.0076	1.0076	1.0075	1.0075	1.0075	1.0075	11.00
11.25	1.0075	1.0075	1.0074	1.0074	1.0074	1.0074	1.0074	1.0073	1.0073	1.0073	1.0073	11.25
11.50	1.0073	1.0073	1.0072	1.0072	1.0072	1.0072	1.0071	1.0071	1.0071	1.0071	1.0071	11.50
11.75	1.0071	1.0071	1.0070	1.0070	1.0070	1.0070	1.0069	1.0069	1.0069	1.0069	1.0068	11.75
12.00	1.0069	1.0068	1.0068	1.0068	1.0068	1.0067	1.0067	1.0067	1.0067	1.0067	1.0066	12.00
12.25	1.0067	1.0066	1.0066	1.0066	1.0066	1.0065	1.0065	1.0065	1.0065	1.0065	1.0064	12.25
12.50	1.0064	1.0064	1.0064	1.0064	1.0063	1.0063	1.0063	1.0063	1.0063	1.0062	1.0062	12.50
12.75	1.0062	1.0062	1.0062	1.0062	1.0061	1.0061	1.0061	1.0061	1.0061	1.0060	1.0060	12.75
13.00	1.0060	1.0060	1.0060	1.0059	1.0059	1.0059	1.0059	1.0059	1.0058	1.0058	1.0058	13.00
13.25	1.0058	1.0058	1.0057	1.0057	1.0057	1.0057	1.0057	1.0057	1.0056	1.0056	1.0056	13.25
13.50	1.0056	1.0056	1.0055	1.0055	1.0055	1.0055	1.0055	1.0054	1.0054	1.0054	1.0054	13.50
13.75	1.0054	1.0054	1.0053	1.0053	1.0053	1.0053	1.0053	1.0052	1.0052	1.0052	1.0052	13.75

* 代表外推值。 　　　　　　　　　　　　　　　　　　　　20℃密度：830.0~850.0

附　　录

中华人民共和国国家标准

散装液态石油产品损耗标准

UDC 665 41 543 06
GB 11085—89

Loss of bulk petroleum Liquic products

---

1. 主题内容与适用范围

本标准规定了散装液体石油产品(以下简称石油产品)的接卸、储存、运输(含铁路、公路、水路运输)、零售的损耗。

本标准适用于市场用车用汽油、灯用煤油、柴油和润滑油,但不包括航空汽油、喷气燃料,液化石油气和其他军用油料。

计算本标准中各项损耗量时,除容器、量具必须经过检定合格外,尚应遵循 GB 1884 石油和液体石油产品密度测定法(密度计法)和 GB 1885 石油密度计量换算表的有关规定。

2. 名词、术语

2.1　损耗

损耗为蒸发损耗和残漏损耗的总称。前者指在气密性良好的容器内按规定的操作规程进行装卸、储存、输转等作业,或按规定的方法零售时,由于石油产品表面汽化而造成数量减少的现象。后者指在保管、运输、销售中由于车、船等容器内壁的黏附。容器内少量余油不能卸净和难以避免的洒滴、微量渗漏而造成数量上损失的现象。

2.2　损耗量

由于损耗而减少的数量。

2.3　损耗率

石油产品在某一项生产、作业过程中发生的损耗量同参与该项生产、作业量的重量之百分比。

2.4　储存损耗率

石油产品在静态储存期内,月累计储存损耗量同月平均储存量之百分比。

月累计储存损耗量是该月内日储存损耗量的代数和;月平均储存量是该月内每天油品存量的累计数除以该月的实际储存天数。

储存期内某一个油罐有收,发作业时,该罐收、发作业时间内发生的损耗不属储存损耗。

2.5　输转损耗率

石油产品在油罐与油罐之间通过密闭的管线转移时,输出量和收入量之差与输出量之百分比。

2.6　装车(船)损耗率

将石油产品装入车、船时,输出量和收入量之差同输出量之百分比。

注:由于目前油船容积没有一个统一的检定方法,所以以岸罐计量为准;装船的损耗率暂定为固定值。

2.7 卸车(船)损耗率

从车、船中卸下石油产品时，卸油量和收入量之差同卸油量之百分比。

注：由于目前油船容积没有一个统一的检定方法，所以以岸罐计量为准，装船的损耗率暂定为固定值。

2.8 运输损耗率

将石油产品从甲地运往乙地时，起运前和到达后车、船装载量之差与起运前装载量之百分比，一批发运两个或两个以上的铁路罐车，起运前装载量为各车起运前装载量之总和；运输损耗量以一个批次为计算单位。即等于到达后各车损耗量之代数和。

2.9 灌桶损耗率

容器输出量与灌装量之差同容器输出量之百分比。

2.10 零售损耗率

盘点时库存商品的减少量与零售总量之差同零售总量之百分比。

2.11 立式金属罐

指建于地面上的立式金属固定顶罐。

2.12 浮顶罐

指外浮顶和内浮顶罐

2.13 隐蔽罐

指建于地下、半地下，复土和山洞中的油罐。

3. 地区的划分

3.1 A类地区

江西、福建、广东、海南、云南、四川、湖南、贵州、台湾省和广西壮族自治区。

3.2 B类地区

河北、山西、陕西、山东、江苏、浙江、安徽、河南、湖北、甘肃省、宁夏回族自治区、北京、天津、上海市。

3.3 C类地区

辽宁、吉林、黑龙江、青海省、内蒙古、新疆、西藏自治区。

4. 季节的划分

A类、B类地区，每年一至三月、十至十二月为春冬季。四至九月为夏秋季。

C类地区，每年一至四月、十一至十二月为春冬季，五五至十月为夏秋季。

5. 损耗标准

5.1 储存损耗率(按月计算)。

表1 储存损耗率　　　　　　　　　　　　　%

地　区	立式金属罐			隐蔽罐、浮顶罐
	汽　油		其他油	不分油品、季节
	春冬季	夏秋季	不分季节	
A类 B类 C类	0.11 0.05 0.03	0.21 0.12 0.09	0.01	0.01

注：(1) 卧式罐的储存损耗率可以忽略不计。

(2) 高原地区，根据油库所在地海拔高度按以下幅度修正储存损耗：

178

海拔高度/m	增加损耗/%	海拔高度/m	增加损耗/%
1001~2000	21	3001~4000	55
2001~3000	37	4001 以上	76

5.2 装车(船)损耗率

表2 装车(船)损耗率/%

地 区	汽油			其他油
	铁路罐车	汽车罐车	油轮油驳	不分容器
A 类	0.17	0.10		0.01
B 类	0.13	0.08	0.07	
C 类	0.08	0.05		

5.3 卸车(船)损耗率

表3 卸车(船)损耗率/%

地 区	汽油		煤、柴油	润滑油
	浮顶罐	其他罐	不分罐型	
A 类		0.23		
B 类	0.01	0.20	0.05	0.04
C 类		0.13		

注:其他罐包括立式金属罐、隐蔽罐和卧式罐。

5.4 输转损耗率

表4 输转损耗率/%

地 区	汽 油				其他油
	浮顶罐	其他罐	浮顶罐	其他罐	不分季节、罐型
A 类		0.15		0.22	
B 类	0.01	0.12	0.01	0.18	0.01
C 类		0.06		0.12	

注:本表中的罐型均指输入罐的罐型。

5.5 灌桶损耗率

表5 灌桶损耗率/%

油 品	汽 油	其 他 油
损耗率	0.18	0.01

5.6 零售损耗率

表6 零售损耗率/%

零售方式	加油机付油			量提付油	称重付油
油品	汽 油	煤 油	柴 油	煤 油	润滑油
损耗率	0.29	0.12	0.08	0.16	0.47

5.7 运输损耗率

表7 运输损耗率/%

运输方式 行航里程/km 油品名称	水 运			铁路运输			公路运输	
	500以下	501~1500	1501以上	500以下	501~1500	1501以上	50以下	50以上
汽 油	0.24	0.28	0.36	0.16	0.24	0.30	0.01	每增加50kg,增加0.01;不足50km,按50km计算。
其 他	0.15			0.12				

注:水运在途九天以上,自超过日起,按同类油品立式金属罐的储存损耗率和超过天数折算。

附加说明:

本标准由中国石油化工总公司销售公司提出。

本标准由中国石油化工总公司销售公司技术归口。

本标准由中国石油化工总公司销售公司华东公司起草。

本标准起草人沈源孙、李英华、尤隆周。

参 考 文 献

1 中华人民共和国计量法 . 北京：中国计量出版社，1986

2 国家质量监督检验检疫总局 . 中华人民共和国国家计量技术规范 . 通用计量术语及定义 JJF1001—2011 . 北京：中国计量出版社 . 2011

3 中华人民共和国国家计量技术规范汇编 . 术语 . 北京：中国计量出版社，2001

4 中华人民共和国国家标准 GB/T1885—1998 石油计量表 . 北京：中国标准出版社，1998

5 中华人民共和国国家标准 GB/T13894—92 石油和液体石油产品液位测量法（手工法）. 北京：中国标准出版社，1992

6 中华人民共和国国家标准 GB/T8927—88 石油和液体石油产品温度测量法 . 北京：中国标准出版社，1988

7 中华人民共和国国家标准 GB/T4756—1998 石油液体手工取样法 . 北京：中国标准出版社，1998

8 中华人民共和国国家标准 GB/T1884—2000 原油和液体石油产品密度实验室测定法（密度计法）. 北京：中国标准出版社，2000

9 中华人民共和国国家标准 GB/T8929—88 原油水含量测定法 . 北京：中国标准出版社，1988

10 中华人民共和国国家标准 GB/T260—77 石油产品水分测定法 . 北京：中国标准出版社，1977

11 中华人民共和国国家标准 GB/T9109.5—88 原油动态计量油量计算 . 北京：中国标准出版社，1988

12 中华人民共和国国家标准 GB/T11085—89 散装液态石油产品损耗标准 . 北京：中国标准出版社，1989

13 中华人民共和国国家标准 GB/T19779—2005 石油和液体石油产品油量计算静态计量 . 北京：中国计量出版社，2005

14 中华人民共和国计量检定规程 JJG1014—89 罐内液体石油产品技术规范 . 北京：中国计量出版社，1989

15 中华人民共和国计量检定规程 JJG4—1999 钢卷尺 . 北京：中国计量出版社，1999

16 中华人民共和国计量检定规程 JJG130—2011 工作用玻璃液体温度计 . 北京：中国计量出版社，2011

17 中华人民共和国计量检定规程 JJG42—2011 工作玻璃浮计 . 北京：中国计量出版社，2011

18 中华人民共和国计量检定规程 JJG168—2005 立式金属罐容量试行检定规程 . 北京：中国计量出版社，2005

19 中华人民共和国计量检定规程 JJG266—96 卧式金属罐容积 . 北京：中国计量出版社，1996

20 中华人民共和国计量检定规程 JJG133—2005 汽车油罐车容量 . 北京：中国计量出版社，2005

21 中华人民共和国计量检定规程 JJG702—2005 船舶液货计量舱 . 北京：中国计量出版社，2005

22 中华人民共和国计量检定规程 JJG667—1997 液体容积式流量计 . 北京：中国计量出版社，1997

23 中华人民共和国计量检定规程 JJG897—1995 质量流量计 . 北京：中国计量出版社，1995

24 中华人民共和国计量检定规程 JJG443—2006 燃油加油机 . 北京：中国计量出版社，2006

25 中华人民共和国计量检定规程 JJG198—1994 速度式流量计 . 北京：中国计量出版社，1994

26 中华人民共和国计量检定规程 JJG97—2002 液位计 . 北京：中国计量出版社，2002

27 中华人民共和国计量检定规程 JJG234—1990 动态称量轨道衡 . 北京：中国计量出版社，1990

28 中华人民共和国计量检定规程 JJG142—2002 非自行指示 . 北京：中国计量出版社，2002

29 中华人民共和国计量技术规范 JJF1004—2004 流量计量名词术语及定义 . 北京：中国计量出版社，2004

30 中国石油化工总公司 Q/SH039-019—90 成品油计量管理标准 . 1990

31 肖素琴主编 . 油品计量员读本 . 北京：中国石化出版社 . 2001

32 中国石油化工总公司销售公司编 . 石油管理手册 . 北京：中国烃加工出版社，1990

33 中国石油化工总公司销售公司编 . 新编石油商品知识手册 . 北京：中国石化出版社，1996

34 辽宁省质量计量检测研究院编 . 计量技术基础知识 . 北京：中国计量出版社，2001

35 李小亭，王树彩，林世增，齐湛谊，岳中炎编著 . 长度计量 . 北京：中国计量出版社，2002

36 李吉林，汪开道，张锦霞，蔡怀礼编著 . 温度计量 . 北京：中国计量出版社，1999

37 李孝武，刘景利，刘焕桥，沙克兰，戚瑛编著 . 力学计量 . 北京：中国计量出版社，1999

38 黄锦材编著 . 质量计量 . 北京：中国计量出版社，1990

39 谢纪绩，翟秀贞，王池，陈红编著 . 燃油加油机 . 北京：中国计量出版社，1998

第一版后记

我写这本书，立意就在"基础"。其理由有三：一是遵循中国石油化工股份有限公司对在职职工提出的"应知应会"要求。作为石油计量员，学习和掌握初级知识很有必要，这是"知"与"会"的前提；二是面向广大的基层计量员。中国的石油计量队伍，不是"纺锤形"而是"宝塔形"。让众多的油库、加油站计量员乃至与之相关的人员多学点知识，夯实基础，应该说是我们的一份责任；三是撇掉一些中级高级的石油计量知识，把初级知识尽可能讲通俗点，讲明白点，以便于提高初学者的兴趣，而且能把这些知识融于实践中去。

虽然是"基础"，但不能离开大纲，中国石油化工集团公司销售企业计量员管理办法(试行)第九条中的八个方面的内容就是大纲。因此，在编写过程中，套用一部电影片名，叫做"一个也不能少"。

作为"教材"，是给教师多一点授课的内容空间，根据情况教学时，围绕"基础"的定位去扩充或缩减。而初学者也可循序渐进，逐步消化，达到学懂弄通的目的。列有习题答案结果(计算题部分)，便于做题者对照；但又不列出计算过程，这就给了做题者思考与计算的空间，以巩固学习效果。

编写中，我参阅了大量最新最近的国家和企业的标准、规程、法规，并按需编录。对几个标准(规程)对某一内容要求或提供的参数不一时，我接受新近的内容和参数，但仍将稍前的标准(规程)附录于书后；同时我也参照了中国石化集团公司炼油事业部组织编写的《油品计量员读本》，因为它是这方面的权威论著，是"大纲"的具体体现。

在编写中我得到销售公司、中国石化出版社和省、市公司领导的大力支持，魏伟、叶正华在打印、校对上做了很多的工作，一并感谢他们。

尽管作了努力，也想写得完美些，但肯定存在一些缺陷，祈望领导、专家和同仁批评指正。

曾强鑫

2003 年 10 月

第二版后记

我写的这本《油品计量基础》教材承蒙各位领导和同仁的厚爱，已经发行了六个年头。在这期间，我收到了大家很多好的建议，我在实际教学中也在逐步完善这本教材。这几年时间，我国的石油计量也有了较大的发展。一些新的石油计量国家标准、规程、规定陆续发布，使得石油计量内容有所变动，这就使我萌生了修订教材的念头。

在这次修订中，主体框架不变，比较合理地编排了教学内容，减少了"附录"部分较多的文档，增大了各章习题篇幅，补充了包括"油品计量教学幻灯片"、"习题及习题答案集"和"油品计量计算程序"在内的教学小光盘。这样做既便于教师教学，又能使学员比较全面地掌握知识，还利于计量员在工作中学习与实践。

感谢中国石化出版社的大力支持。

曾强鑫

2009 年 4 月

第三版后记

时代总是不断地发展和前进，石油计量领域的知识随着科技的发展在不断地更新。我写的这本《油品计量基础》教材承蒙各位领导和同仁的厚爱也与时俱进。

本次教材修订，依然沿用了第一版、第二版的主体框架。随着较多相应的国家计量技术标准、规范、规程的修订，也对许多相应的教学内容进行了修改。鉴于各位同仁尤其是新接触石油计量领域的计量员厚爱包括"油品计量教学幻灯片"、"习题及习题答案集"和"油品计量计算程序"在内的教学内容，这次也进行了必要的修改，可以在中国石化出版社网站www.sinopec-press.com下载。

感谢中国石化出版社的大力支持。

曾强鑫

2016 年 1 月